Introduction to electron foundation

초보자를 위한

전자기초 입문

이와모토 히로시(岩本 洋) 지음 | 이영실 엮음

BM (주)도서출판 성안당

日本 옴사 · 성안당 공동 출간

초보자를 위한

전자기초 입문

Original Japanese edition
SHINDENKI BIGINAASHIRIIZU HAJIMETE MANABU DENSHI KISO NYUUMON HAYAWAKARI
by Hiroshi Iwamoto

published by Ohmsha, Ltd.

This Korean language edition co-published by Ohmsha, Ltd. and SUNG AN DANG Publishing Co.

머 리 말

일렉트로닉스(전자공학)는 현대 산업의 모든 분야에서 활용되고 있으며 일상생활과도 깊이 관련되어 있는 학문이다. 이와 같은 배경하에서 전자공학의 기초인 '전자기초'에 대한 지식의 필요성이 높아졌으며 공업고등학교에서는 전자기초에 관련된 학과 과정을 두고 있다.

이 책은 9장으로 구성되어 있으며 다이오드와 트랜지스터/트랜지스터 증폭회로/FET 증폭회로·전원회로·여러 가지의 반도체 소자/논리회로와 디지털 IC/전파와 음파/라디오 수신기/여러 가지의 부품과 테스터/여러 가지의 음향기기/라디오·음향기능 검정시험(3급·4급) 문제를 그 내용으로 하고 있다.

전자공학의 중심인 증폭회로로서 가장 많이 사용되고 있는 전류귀환 증폭회로가 어떤 방식으로 구성되었는지를 상세히 해설했다. 또한 각각의 소단원마다 '복습' 문제를 실어 내용을 완전히 이해할 수 있도록 한 것은 이 책의 특징이라 할 수 있다.

이 책에서는 다음과 같은 점에 유의했다.

(1) 전자공학의 기초를 학습한다는 관점에서 상세한 이론은 피하고 내용에 따라 처음에는 정성적인 학습으로 이해를 깊게 하고 그 후에 정량적인 학습으로 진행했다.

(2) 그림은 삽화를 그리거나 그림 중에 설명을 추가하여 이해하기 쉽도록 하였다.

(3) 용어는 일본 문부성 '학술용어집 전기공학편(증정판)' 및 JIS(일본공업규격)에 따랐다.

(4) 전기용 그림기호는 JIS에 따랐으며 논리기호는 관례로 널리 사용되고 있는 ANSI 규격(MIL 기호)을 사용했다.

독자는 이 책을 공부함으로써 전자공학의 기초를 쌓아 이를 바탕으로 고도한 전자기술 학습으로 진행할 수 있기를 바란다.

全國高等學校長協會 顧問　岩 本　洋

차 례

제 1장 다이오드와 트랜지스터

제 2장 트랜지스터 증폭회로

제 3장 FET 증폭회로·전원회로·여러 가지의 반도체 소자

제 4장 논리회로와 디지털 IC

제 5장 전파와 음파

제6장 라디오 수신기

제7장 여러 가지의 부품과 테스터

제8장 여러 가지의 음향기기

A History of Electrical technology

그림으로 보는 전기의 역사

1 기원 전의 호박과 자석

BC 600년
정전기의 발견
탈레스

그리스의 7현인 중의 한사람으로 탈레스라고 하는 철학자가 있었다. 기원전 600년경 탈레스는 당시의 그리스인들이 호박을 마찰하여 깃털을 흡인하거나 자철광으로 철편을 흡인하는 것을 보고 그 원인을 연구한 끝에 '만물에는 신령이 충만하다. 철을 흡인하는 마그니스는 신령을 가지고 있을 것이다' 라고 말했다고 한다. 여기서 마그니스란 자철광을 말한다. 또한 그리스인은 호박을 일렉트론이라고 하여 발틱해 연안에서 수입하여 팔찌나 목걸이를 만들고 있었다. 당시의 보석상들도 호박을 마찰하면 깃털이 흡인된다는 것을 알고 있었고 신들의 정령 또는 마력 때문이라고 생각하고 있었다.

자침의 응용
중국

한편 중국인은 기원 전 2500년경 쯤 천연자석에 대한 지식이 있었던 것 같다. 또한 '여씨춘추(呂氏春秋)' 라는 책에는 나침반에 관한 기술이 있는데 그것은 기원 전 1000년경의 일이다. 중국에서는 일찍부터 자침이 방위를 찾는데 사용되었다고 한다.

2 자기·정전기와 볼타의 전지

14세기
항해용 나침반
의 발명

일반적으로 말하는 마찰전기에 대해서는 기원 전에는 하나의 현상으로서 알려져 있었는데 오랫동안 별다른 진전이 없었다.

나침반은 13세기에 들어와서도 바늘 형태로 만든 자철광을 볏짚 위에 놓고 물에 띄워 항해하는 정도였다. 14세기 초기에 자침을 실로 매단 항해용 나침반이 만들어졌다.

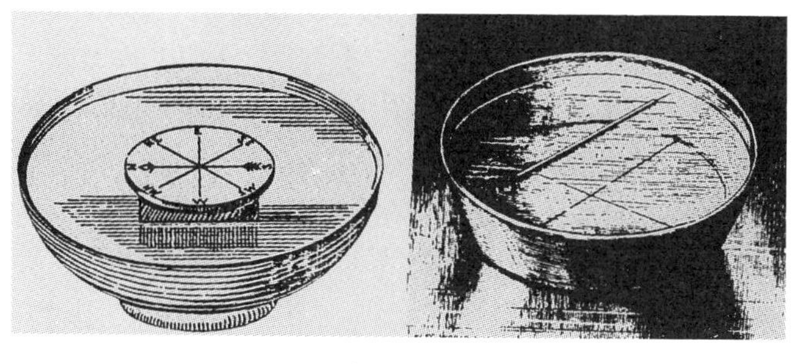

물에 띄운 자침

이와 같은 나침반은 1492년 콜롬부스의 아메리카 대륙 발견, 그리고 1519년 마젤란의 세계일주 항로의 발견에 많은 도움이 되었다고 생각된다.

(1) 자기·정전기와 길버트

영국인 길버트는 엘리자베스 여왕의 주치의로 있으면서 자기에 대한 연구를 하고 있었다. 그는 다년간에 걸친 자기에 관한 시험 성과를 종합하여 1600년에 '자기에 대하여'라고 하는 제목의 책을 발표했는데 거기에서 그는 지구는 큰 자석이라는 것과 나침반의 복각(伏角)에 대하여 설명하였다.

엘리자베스 여왕에게 실험해 보이고 있는 길버트

또한 길버트는 호박을 마찰시키면 깃털이 흡입되는 현상을 연구하고 이와 같은 현상은 호박뿐만 아니라 유황, 수지, 유리, 수정, 다이아몬드 등에도 존재한다는 것을 밝혔다.

1600년
자기의 연구
길버트

현재는 대전현상으로 마찰전기계열(모피·플란넬·세라믹스·에나멜·유리·종이·실크·호박·금속·고무·유황·셀룰로이드)이 있으며 이 계열 중 2개를 서로 마찰시키면 계열 중 앞쪽 물질이 플러스로, 뒤쪽 물질이 마이너스로 대전된다는 것이 명백해졌다.

또한 길버트는 정전력을 실험하기 위해 벨서튬 회전기라고 하는 구식 전기시험기를 고안했다.

당시에는 사색에만 의존하는 연구방법이 성행했는데 진정한 연구는 실험을 기초로 해야 된다고 주장하고 이를 실천한 점은 근대 과학 연구방법의 시초라 할 수 있다.

(2) 낙뢰와 정전기

1748년
피뢰침의 발명
프랭클린

기원전 중국에서는 낙뢰에 대하여 다음과 같이 생각하고 있었다. 낙뢰는 낙뢰를 관장하는 5명의 신의 조화물로 신의 우두머리를 뇌조(雷祖)라 하였고 그 밑에 북을 울리는 뇌공(雷公)과 2개의 거울로 하계를 비추는 뇌모(雷母)가 있다는 것이다.

아리스토텔레스 시대에 이르러서는 상당히 과학적으로 뇌운은 대지의 증기로 되어 있으며 이 뇌운이 한기와 함께 수축되면 뇌우와 함께 빛을 낸다고 생각하게 되었다.

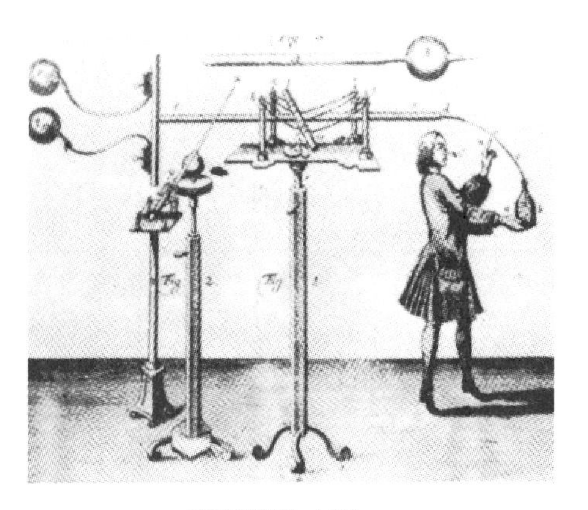
라이덴병의 실험

낙뢰가 정전기에 의한 것이라고 생각한 사람은 영국인 월이다(1708년). 프랭클린도 같은 생각으로 1748년 피뢰침을 고안했다.

마찰전기계열의 플러스 전하와 마이너스 전하에 대하여 전기에는 플러스, 마이너스의 2종류가 있다는 것과 이것을 플러스 전기, 마이너스 전기라고 명칭을 붙인 사람이 프랭클린이다(1747년).

이와 같은 정전기를 어떻게 하면 '저장할 수 있을까'에 대해 많은 과학자들이 연구를 거듭해 왔다.

1746년
라이덴병의
발명
뮈센브르크

1746년, 라이덴 대학교수 뮈센브르크는 전기를 축적할 수 있는 병을 발명했다. 이것이 후에 유명한 '라이덴병'이라고 하는 것이다.

뮈센브르크는 물을 병에 저장하듯이 전기를 병에 축적하려는 생각에서 물을 병에 넣고 마찰 유리막대를 철사를 통하여 물에 넣어 보았다. 병과 막대에 손이 접촉하는 순간 강한 쇼크을 받은 그는 '왕을 시켜 준다 해도 두번 다시 이렇게 무서운 실험은 하고 싶지 않다'고 말했다고 한다.

프랭클린은 라이덴병에 전기를 축적하려는 생각에서 1752년 6월 연을 뇌운 속에 띄워 실험했다. 그 결과 뇌운은 때로는 플러스 때로는 마이너스가 된다는 것을 발견했다. 이 연의 실험은 유명해졌고 그후 많은 과학자들이 관심을 가지고 계속 시험을 했는데 1753년 7월 러시아의 리히만은 그 실험 도중 전기 쇼크를 받아 사망했다.

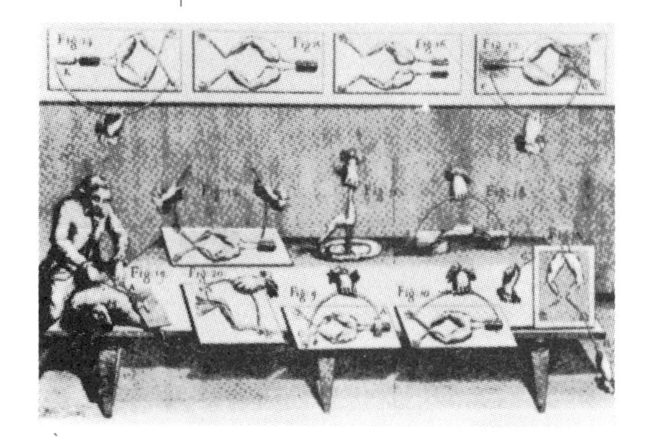
갈바니의 개구리의 실험

전기에 의한 쇼크는 병의 치료에 이용되어 1700년대부터 전기 쇼크 요법이 실행되었다. 볼로냐대학(이탈리아) 교수 갈바니는 개구리를 해부하던 중 메스가 발의 근육에 접촉하면 근육이 경련을 일으킨다는 것을 발견했다. 전기 쇼크 요법이 활발한 시대였으므로 그는 개구리의 근육 경련의 원인이 전기라고 생각했다. 그는 이 전기를 '동물전기'라 명명하였고 1791년 같은 제목으로 논문을 발표했다.

1800년
전지의 발명
볼타

파비아대학(이탈리아) 교수 볼타는 갈바니의 실험을 반복적으로 실시한 결과 '동물전기'에 의문을 가지게 되었고 그후 지속적인 연구로 1800년 '이종 도전물질의 접촉에 의하여 발생하는 전기에 대하여'라는 논문을 발표했다. 즉 2종류의 금속을 접촉시키면 전기가 발생한다는 현상이다.

그리고 여러 가지의 금속을 가지고 실험한 결과 금속의 전압열은 아연·납·주석·철·동·은·금·흑연이며 이 전압열 중 2종류의 금속을 접촉시키면 접촉된 금속 중 앞쪽 금속이 플러스로, 뒤쪽 금속이 마이너스로 대전된다는 것을 명백히 밝혔다. 또한 묽은 황산 속에 동과 아연 전극을 넣은 볼타의 전지가 발명되었다. 전압의 단위 볼트는 그의 이름에서 유래한 것이다.

1800년대 초기는 나폴레옹이 프랑스 혁명 후 나폴레옹 시대를 전개하던 무렵이다. 나폴레옹은 이탈리아에서 개선한 후 1801년 볼타를 파리로 불러 전기 실험을 하도록 지시했다.

그 결과 볼타는 나폴레옹으로부터 금패와 레지옹도뇌르 훈장을 받았다.

나폴레옹 앞에서 실험을 하는 볼타

(3) 볼타 전지의 이용과 전자기학의 발전

1820년
전류에 의한
자계의 발견
엘스테드

볼타의 전지가 발명된 후 볼타 전지를 이용한 여러 가지 실험이나 연구가 진행되었다. 독일에서는 물의 전기분해가 실시되었고 영국에서는 염화 칼륨에서 칼륨을, 염화 나트륨에서 나트륨을 얻는 연구가 이루어졌다. 영국의 화학자 데비에 의하여 볼타의 전지를 2,000개나 연결한 아크 방전 실험이 실시되었다. 이 실험에서는 플러스 전극과 마이너스 전극끝에 목탄을 달아 그 간격을 조정하여 방전시킴으로써 강한 빛이 발생하였다. 이것이 전기 조명의 기원이다.

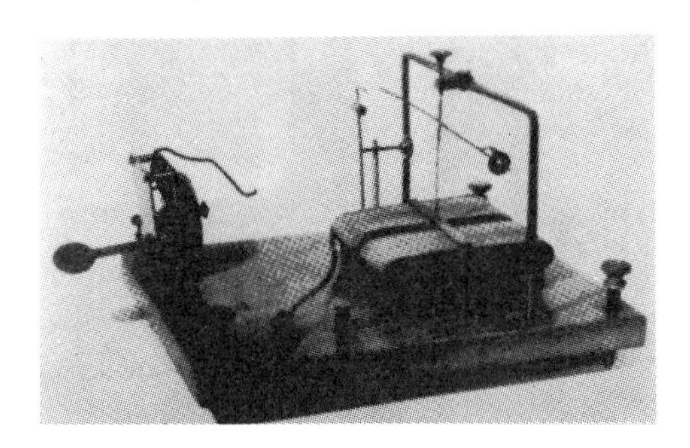

실링의 단침 전신기

1820년, 코펜하겐(덴마크)대학 교수 엘스테드는 볼타의 전지에 연결해 놓은 도선 옆에 자침을 놓은 결과 그것이 회전하는 것을 발견하고 논문을 발표했다.

이 논문을 본 러시아의 실링이 코일과 자침을 조합한 전신기를 발명하였고(1831년) 이것이 전신의 기원이 되었다.

패러데이

1826년
옴의 법칙
발견
옴

1831년
전자유도 현상
의 발견
패러데이

그 후 프랑스의 암페어가 전류 주위에 생기는 자계의 방향에 대한 암페어의 법칙(1820년)을 발견하고 패러데이가 획기적인 전자유도 현상을 발견(1831년)하는 등 전자기학은 비약적으로 발전했다.

한편 전기회로에 관한 연구도 진행되어 옴이 전기저항에 관한 옴의 법칙(1826년)을 발견하고 키르히호프가 회로망에 관한 키르히호프의 법칙(1849년)을 발견하는 등 전기학이 확립되었다.

3 유선통신의 역사

과학기술은 군사적인 요청에 의해 발전해 왔다고 주장하는 사람들이 있는데 분명히 그런 부분이 있다.

나폴레옹의 진공을 겁내고 있던 영국은 완목식 통신기로 프랑스군의 움직임을 본부에 연락하고 있었다. 또한 스웨덴·독일·러시아 등의 각국도 군사에 이 통신기를 이용하는 통신망을 만들었고 이를 위해 막대한 예산을 배정했다고 한다.

이 통신기를 전기식으로 개량하려는 착상이 유선통신의 시작이라고 하겠다.

(1) 유선통신의 원리

1837년
전신기의 발전
쿠크와
휘트스톤

실링의 전자식 전신기 외에 독일의 젬메링이 발명한 전기화학식 전신기, 가우스와 웨버(독일)의 전신기, 쿠크와 휘트스톤(영국)의 5침식 전신기 등이 있다. 또한 전신기

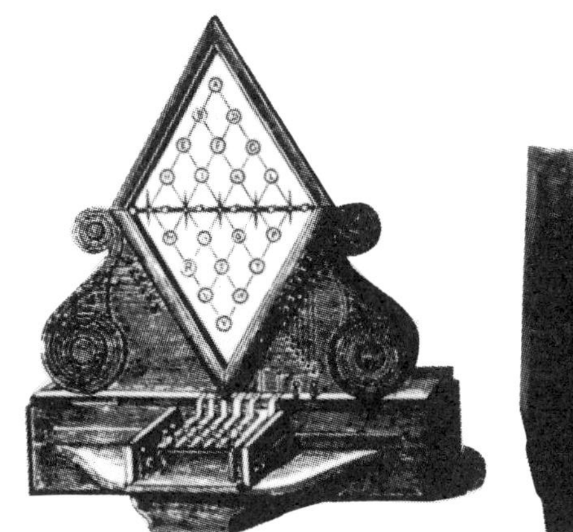

쿠크와 휘트스톤의 5침식 전신기

의 형식은 음향식, 인쇄식, 지침식, 벨식 등 여러 가지이다.

그 중에서 쿠크와 휘트스톤의 5침식 전신기는 런던－웨스트 드레이톤 간 20km에 5개의 전신선을 부설하여 실제로 사용했다는 점에서 유명하다.

그것이 1837년의 일이다.

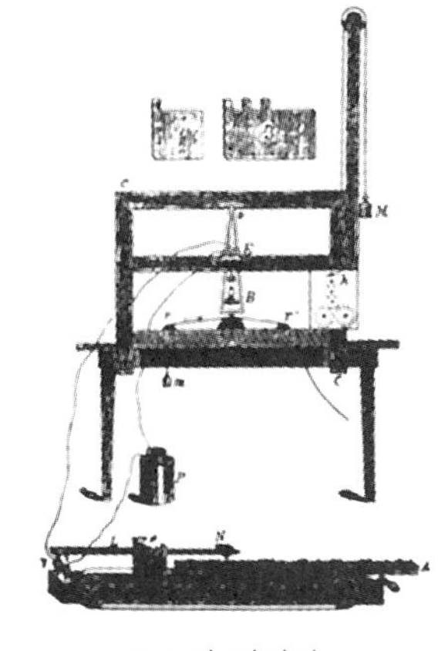

모스의 전신기

(2) 모스(Morse)의 전신기

1837년, 미국에서 모스의 전신기가 완성되었다. 모스 신호(톤·츠)로 유명한 모스이다.

모스는 화가가 되기 위해 런던에서 공부했는데 1815년 미국으로 돌아가는 배 안에서 보스톤대학 교수인 잭슨으로부터 전신에 관한 이야기를 듣고 모스 신호와 전신기를 착상하게 되었다고 한다. 모스는 전신선 부설을 위해 마그네틱·텔레그래프 회사를 만들어 1846년에 뉴욕·보스턴 간, 필라델피아·피츠버그 간, 토론토·버팔로·뉴욕 간에서 전신사업을 시작했다.

모스의 사업이 대성공을 거두자 미국 각지에서 전신회사가 생겨났고 전신사업은 점차 확대되어 갔다.

1837년
모스 전신기의
발명 모스

1846년에는 모스의 전신기에 음향 수신기가 장착되어 사용법도 쉬워졌다고 한다.

(3) 전화와 교환기

1876년
전화의 발명
벨과 그레이

1876년 2월 14일, 미국의 발명가 벨과 그레이는 별도로 전화기의 특허권을 신청했는데 벨의 특허원이 그레이의 출원계보다 2시간 정도 빨라 벨이 특허권을 취득했다.

1878년, 벨은 전화회사를 설립, 전화기를 제조하여 전화사업의 발전에 전력했다.

전화가 발달하자 교환기의 역할이 중요해졌다.

1877년경의 교환기는 티켓식 교환기라 하여 교환원이 통신 요청을 받아 티켓을 다른 교환원에게 전달하는 것이었다.

1891년 자동교환기의 발명 스트로저

그 후에 여러번 개량을 거쳐 블록 다이어그램식이 개발되었고 뒤이어 자동적으로 교환을 하는 방식이 개발되기에 이르렀다(1879년)

1891년, 스트로저식 자동교환기가 완성되었고 이로부터 자동교환 방식이 완성되었다. 그 후의 지속적인 연구로 현재의 전자교환기에 이르렀다.

스트로저식 자동교환기

(4) 해저통신 케이블

육상의 통신망이 점차 정비되자 다음은 바다를 사이에 둔 나라와 통신하기 위해 해저에 통신 케이블을 부설하는 것을 연구하기에 이르렀다. 1840년경 이미 휘트스톤은 해저 케이블을 생각했던 것 같다.

해저 케이블은 전선의 기계적 강도, 절연, 부설 방법 등 육상 케이블에서는 없던 해결해야 할 과제가 있었다.

1845년 해저 케이블 부설 영국

1845년 영국해협해저 전신회사가 설립되었고 영국에서 캐나다까지, 도버 해협을 사이에 둔 프랑스까지 해저 케이블을 부설하는 사업이 전개되었다.

케이블 부설의 아가메논호

해저 케이블의 부설은 부설중 케이블이 끊어지는 등 난공사였음에도 불구하고 시대의 요청에 힘입어 각국이 이 사업에 진출하게 되었다.

1851년 칼레·도버 간에 최초의 해저 케이블이 부설되어 통신에 성공했다. 이것을 계기로 유럽 주변, 미국 동부 주변에 다수의 케이블이 부설되었다.

현재는 전 세계적으로 바다에 케이블이 부설되어 통신에 이용되고 있다.

4 무선통신의 역사

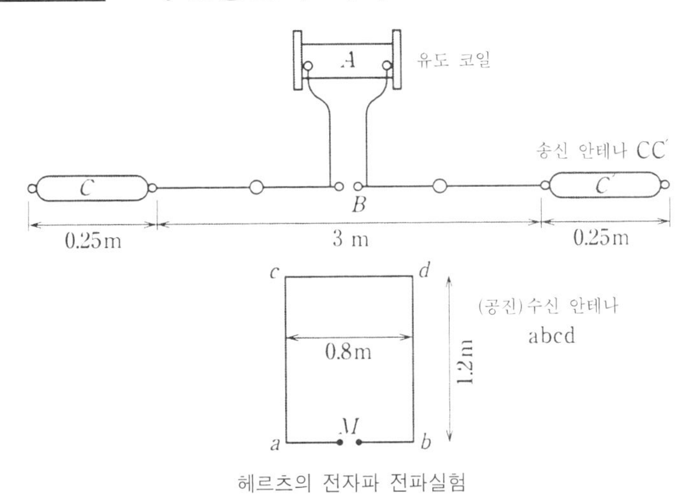

헤르츠의 전자파 전파실험

세계 각지의 정보가 TV에서 방영되는데 이것은 전파에 의한 것이다.

최초로 전파를 발생시킨 실험은 1888년 독일의 헤르츠에 의하여 실시되었다. 그 실험에서 헤르츠는 전파가 빛과 같이 직진·반사·굴절 현상이 있다는 것을 명백히 했다.

주파수의 단위 Hz는 그의 이름에서 유래한 것이다.

마르코니와 무선장치

(1) 마르코니의 무선장치

헤르츠의 실험을 잡지에서 본 이탈리아의 마르코니는 1895년 최초의 무선장치를 만들었다. 이 무선장치를 사용하여 약 3km 떨어진 거리에서 모스 신호에 의한 통신실험을 했다. 그는 무선통신을 기업화하기 위해 무선통신·신호회사를 설립했다.

1899년에는 도버 해협을 넘은 통신에 성공하였고 1901년에는 영국에서 2,700km 떨어진 뉴펀들랜드에서 모스 신호의 수신에 성공했다.

1895년
무선전신의 발명
마르코니

마르코니는 무선통신 분야에서 많은 성공을 거든 반면에 해저 케이블 회사는 이해가 대립된다는 이유로 뉴펀들랜드에 무선국 설치를 반대하는 등 마르코니의 반대자가 적지 않았다.

(2) 고주파의 발생

1903년
고주파의 이용
파울젠

무선통신에는 안정된 고주파를 발생시키는 것이 필수적이다.

닷델은 코일과 콘덴서를 사용한 회로에서 고주파를 발생시켰지만 주파수는 50kHz 미만, 전류도 2~3A로 작았다.

1903년 네덜란드의 파울젠은 알코올 증기 속에서 생긴 아크로 1MHz의 고주파를 발생시켰고 페텔전은 이것을 개량하여 출력 1kW의 장치를 만들었다.

그 후에 독일에서 기계식 고주파 발생장치가 고안되었고 미국의 스텔라나 페센덴, 독일의 골트슈미트 등은 고주파 교류기에 의한 방법을 개발하는 등 많은 과학자나 기술자가 고주파 발생 연구에 착수했다.

(3) 무선전화

1906년
무선전화의
발명
알렉센더슨

모스 신호가 아닌 사람의 말을 보내기 위해서는 음성신호를 실을 반송파가 필요하며 이때 반송파는 고주파여야 한다. 1906년 GE사의 알렉센더슨은 80kHz의 고주파 발생장치를 만들어 무선전화 실험에 처음으로 성공했다.

무선전화로 음성을 보내 그것을 받으려면 송신하기 위한 고주파 발생장치와 수신하기 위한 검파기가 필요하다.

1913년
헤테로다인
수신기 발명
페센덴

페센덴은 수신장치로서 헤테로다인 수신방식을 고안하여 1913년에는 그 실험에 성공했다.

닷델은 송신장치로서 파울젠 아크 발신기를 사용하고 수신장치로서 전해검파기를 사용한 수신기식을 고안했다. 당시로서는 모두가 불꽃발진기를 사용하고 있었기 때문에 잡음이 많았고 실험단계에서는 성공했지만 실용화와는 거리가 멀었다.

닷델의 고주파 발생장치

전파를 안정적으로 발생시키고 잡음이 적은 상태로 수신하기 위해서는 진공관의 출현이 기대되었다.

(4) 2극관과 3극관

1883년, 에디슨은 점등된 전구의 필라멘트에서 전자가 튀어나와 전구의 일부분이 검게 되는 것을 발견하고 이것을 에디슨 효과라고 명명했다.

1904년
2극관 발명
플레밍

1904년, 플레밍은 에디슨 효과에서 힌트를 얻어 2극관을 만들었으며 이것을 검파에 이용했다.

1907년
3극관 발명
드 포레스트

1907년, 미국의 드 포레스트는 2극관의 양극과 음극 사이에 그리드라고 하는 또 하나의 전극을 설치한 3극관(오디온)을 발명했다.

드 포레스트와 3극관

이 3극관은 신호 전압의 증폭에 사용되는 동시에 피드백 회로를 설치하여 고주파를 안정적으로 발생시킬 수도 있는 것으로 획기적인 회로소자라 할 수 있다.

3극관은 더욱 개량되어 단파나 초단파의 고주파를 발생시킬 수 있게 되었다. 또한 3극관은 전자류를 제어할 수 있는 기능이 있어 그 후 출현한 브라운관이나 오실로스코프와 밀접한 관계가 있다.

5 전지의 역사

1790년, 갈바니는 개구리의 해부에서 '동물전기'를 제창하였으며 그것을 계기로 볼타는 2종류의 금속을 접촉시키면 전기가 발생한다는 것을 밝혔다. 이것이 전지의 기원이라고 할 수 있다.

1799년
볼타 전지의
발명
볼타

1799년, 볼타는 동과 아연 사이에 염수를 스며들게 한 종이를 넣고 그것을 적층한 전지, '볼타의 전퇴'를 만들었다. 퇴(堆)라고 하는 글자는 높이 쌓는다는 의미로 전퇴는 전지의 작은 요소를 높이 쌓은 것이라는 의미이다.

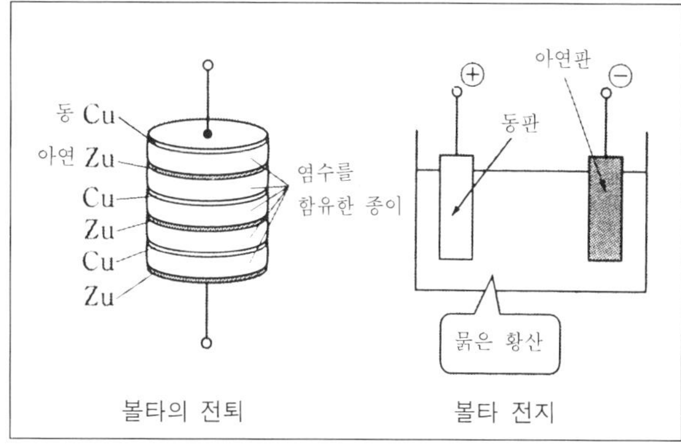

볼타의 전퇴　　볼타 전지

(1) 1차 전지

한번 방전해 버리면 다시 사용할 수 없는 전지를 1차 전지라고 한다. 볼타는 볼타의 전퇴를 개량하여 볼타 전지를 만들었다.

1836년
다니엘 전지의
개발
다니엘

1836년, 영국의 다니엘은 질그릇통 속에 양극과 산화제를 넣은 다니엘 전지를 개발했다. 볼타 전지에 비하여 장시간 전류를 얻을 수 있었다.

1868년, 프랑스의 르크랑셰가 르크랑셰 전지를 발표하였고 1885년에는 일본의 오이(尾井)가 오이 건전지를 발명했다. 오이 건전지는 전해액을 스폰지에 스며들게 해 운반을 편리하게 한 독특한 것이었다.

1917년, 프랑스의 페리는 공기전지를, 1940년에 미국의 루벤은 수은전지를 발명했다.

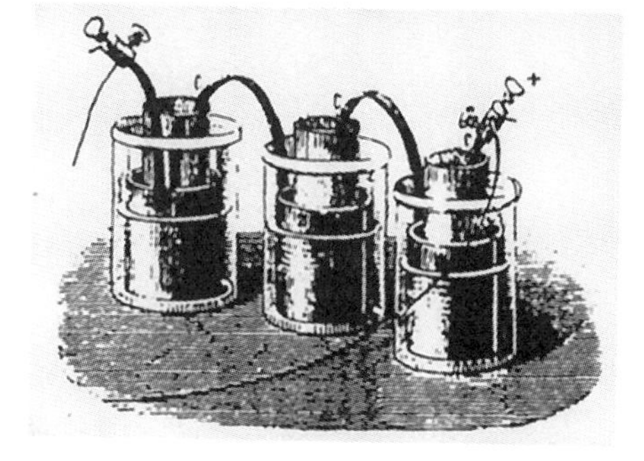
다니엘 전지

(2) 2차 전지

1859년
2차 전지의
발명
프란데

방전해 버려도 충전하여 다시 사용할 수 있는 전지를 2차 전지라 한다. 1859년 프랑스의 프란데는 충전하면 몇번이든지 사용할 수 있는 납축전지를 발명했다. 이것은 최초의 2차전지로 묽은 황산 속에 전극으로 납을 넣은 구조였다. 현재 자동차의 배터리에 사용되고 있는 것과 같은 타입이다.

1897년, 일본의 시마즈 겐조는 10암페어시의 용량을 가진 납축전지를 개발, Genzo Simazu의 이니셜을 따서 GS 배터리라는 상품명으로 판매했다.

1899년, 스웨덴의 융그너는 융그너 전지를, 1905년에 에디슨은 에디슨 전지를 만들었다. 이들 전지는 전해액으로 수산화칼륨을 사용하고 있으며 이것이 후일 알칼리 전지라 불리는 것이다.

1948년 미국의 뉴먼은 니켈·카드뮴 전지를 발명했다. 이것은 충전할 수 있는 건전지라는 점에서 획기적인 것이었다.

(3) 연료전지

1939년
연료전지의
발명
글로브

1939년, 영국의 글로브는 산소와 수소의 반응중에 전기 에너지가 발생한다는 것을 발견하고 실험에 의하여 연료전지의 가능성을 명백히 했다. 즉, 물을 전기분해하면 산소와 수소가 되는데 그 반대로 외부에서 양극측에 산소, 음극측에 수소를 보내어 전기 에너지와 물을 만드는 것이다.

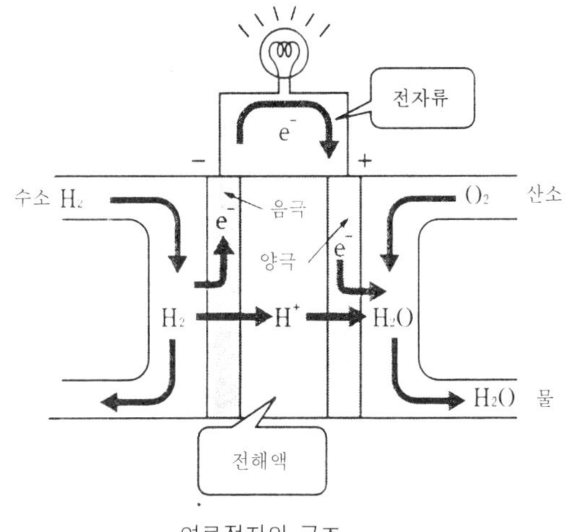

연료전지의 구조

당시에는 실험단계로서 실용화되지는 않았으나 1958년 케임브리지대학(영국)에서 출력 5kW의 연료전지가 완성되었다. 1965년, 미국의 GE사가 연료전지의 개발에 성공, 이 전지가 1965년 유인우주비행선 제미니 5호에 탑재되어 비행사의 음료수와 비행선의 전기 에너지로서 이용되고 있다. 또한 1969년 달표면에 도착한 아폴로 11호에도 선내용 전원으로 연료전지가 사용되었다.

1954년
태양전지의
발명
샤핀

(4) 태양전지

1873년, 독일의 지멘스는 셀렌과 백금을 사용한 광전지를 발명했다. 이 셀렌 광전지는 현재 카메라의 노출계에 사용되고 있다.

1954년, 미국의 샤핀은 실리콘을 사용한 태양전지를 발명했다. 이 실리콘 태양전지는 pn 접합 실리콘에 태양빛이나 전등빛이 조사되면 전기 에너지가 발생하는 것이다.

인공위성이나 솔라 카, 또는 시계나 전자계산기 등에 널리 이용되고 있으며 변환효율이 보다 높은 소자 개발이 진행되고 있다.

인공위성에 사용되고 있는 태양전지

6 조명의 역사

영국의 산업혁명(1760년대)으로 공장에서 '물품을 만드는' 이른바 대량생산의 시대가 되었다. 이에 따라 야간의 조명이 중요한 요소로 등장했다.

런던의 투광조명(1848년)

1815년 아크 등의 발명 데이비

1815년, 영국의 데이비는 볼타의 전지를 2,000개나 사용하여 아크를 발생시킨 유명한 실험을 했다.

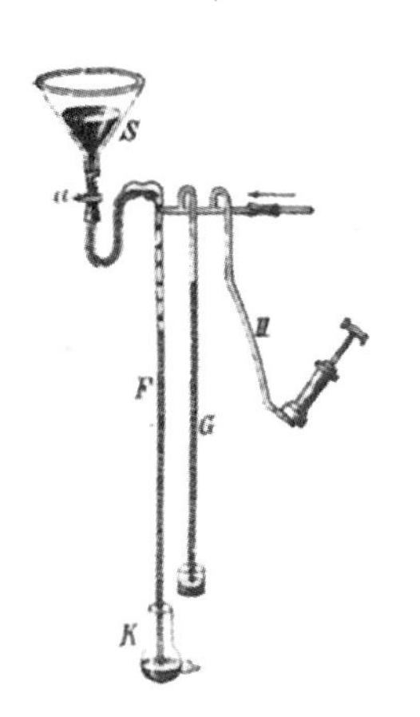

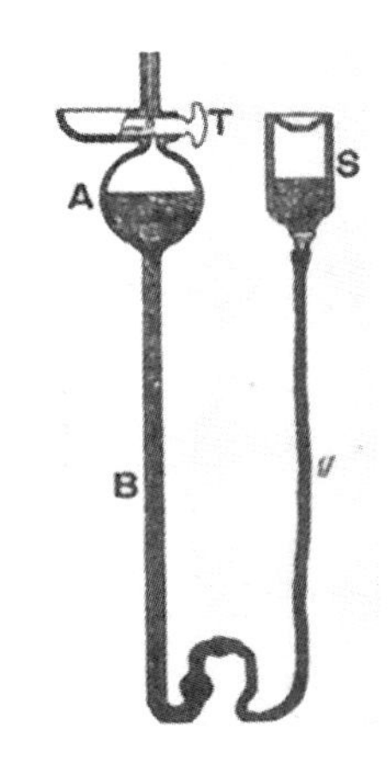

슈프링겔의 진공 펌프

(1) 백열전구

1860년, 영국의 스완은 탄화면사로 필라멘트를 만들어 이것을 유리구에 넣어 탄소선 전구를 발명했다.

그러나 당시의 진공기술로는 장시간 필라멘트를 가열하여 점등시키는 것은 불가능했다.

즉 필라멘트가 유리구 속에서 산화하여 연소되어 버렸다.

스완이 생각한 백열전구의 원리는 현재의 백열전구의 기원이며 그 후 필라멘트의 연구와 진공기술의 개발 등이 진전되어 실용화에 이르게 되었다. 스완은 대단한 발명을 했다고 할 수 있다.

1860년 스완 전구의 발명 스완

1865년, 슈프링겔은 진공현상을 연구하기 위해 수은 진공 펌프를 개발했다. 이것을 알게 된 스완은 1878년에 유리구 내의 진공도를 높이고 필라멘트로서 면사를 황산으로 처리한 후에 탄화하는 등의 연구를 바탕으로 스완의 전등을 발표했다. 이 백열전구는 파리 만국박람회에 출품되고 있다.

스완의 전등

1879년 백열전구의 발명 에디슨

1879년, 미국의 에디슨은 백열전구를 40시간 이상 점등시키는데 성공했다. 1880년, 에디슨은 백열전구에 사용되는 필라멘트의 재료로서 대나무가 우수하다는 것을 발견하고 일본, 중국, 인도의 대나무를 채집하여 실험을 거듭했다.

에디슨은 직원인 무어를 일본에 파견하여 교토, 야하타에서 양질의 대나무를 구하여 약 10년에 걸쳐 야하타의 대나무로 필라멘트를 제조했다. 대나무 필라멘트 전구 제조를 위해 1882년에 런던과 뉴욕에 에디슨 전등회사를 설립했다.

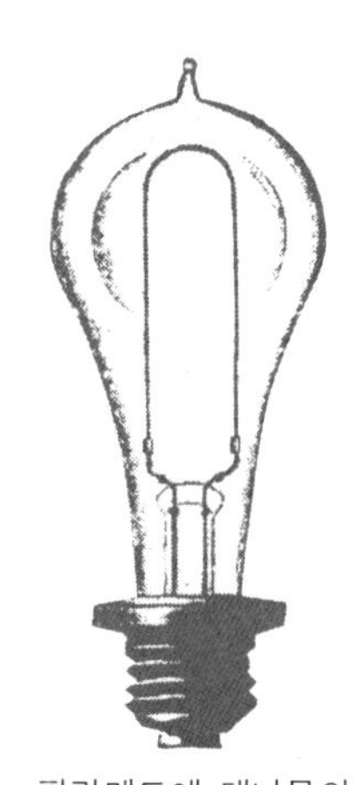
필라멘트에 대나무의 탄화물을 사용한 에디슨 전구

1886년 동경전등회사의 설립

일본에서는 1886년에 동경전등회사가 설립되어 1889년부터 일반 가정에 백열전구가 보급되기 시작했다.

1910년, 미국의 크리지는 필라멘트에 텅스텐을 사용한 텅스텐 전구를 발명했다.

1913년, 미국의 랑뮤어는 유리구 속에 가스를 봉입하여 필라멘트의 증발을 방지한 가스가 봉입된 텅스텐 전구를 발명했다.

1925년, 일본의 不破橘三은 내면 무광택 전구를 발명했다.

1931년, 일본의 三浦順一은 2중 코일로 된 텅스텐 전구를 발명했다.

이상과 같은 경위를 거쳐 현재 우리들이 누리고 있는 백열전구를 이용한 일상생활이 존재하는 것이다.

(2) 방전 램프

1902년 방전 램프의 발명 휴잇

1902년, 미국의 휴잇은 유리구 내에 수은증기를 넣어 아크 방전시킨 수은 램프를 발명했다. 이 램프는 수은증기의 기압이 낮으면 자외선이 많이 나오기 때문에 살균 램프로 사용되고 있다. 또한 고압이 되면 강한 빛을 발한다.

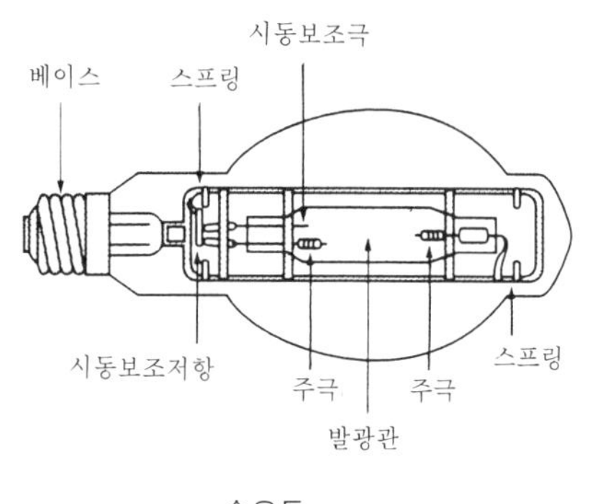

수은등

현재 광장 조명이나 도로 조명에 널리 사용되고 있는 형광수은 램프는 수은의 아크 방전에 의한 빛과 자외선이 유리구에 칠한 형광체에 닿아 발하는 빛을 혼합해서 이용하고 있다.

1932년, 네덜란드의 필립스사는 파장이 590nm로 단색광을 발하는 나트륨 램프를 개발했다.

이 램프는 자동차 도로의 터널 조명에 널리 사용되고 있다.

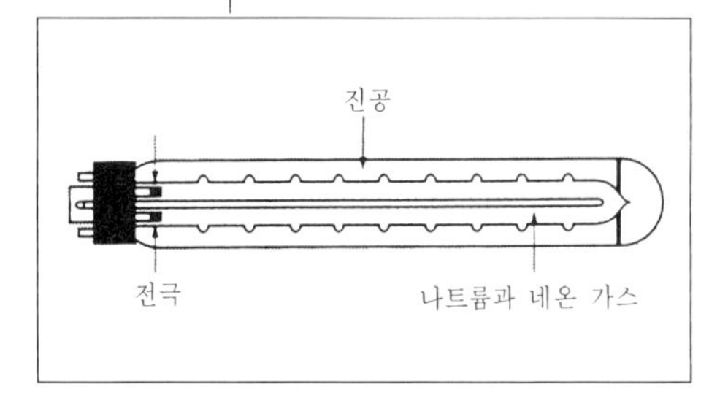

나트륨 램프

1938년, 미국의 인먼은 현재 널리 사용되고 있는 형광 램프를 발명했다. 이 램프는 수은 아크 방전으로 생긴 자외선이 램프의 안쪽에 칠한 형광체에 닿아 여러 가지 색의 빛을 발하며 일반적으로는 백색 형광체가 많이 사용되고 있다.

7 전력기기의 역사

1820년, 엘스테드의 전류에 의한 자기작용의 발견은 전동기의 기원이라고 할 수 있으며, 1831년 패러데이에 의한 전자유도의 발견은 발전기나 변압기의 기원이라고 할 수 있다.

(1) 발전기

1832년
발전기의 발명
빅시

1832년, 프랑스의 빅시는 수동식 직류발전기를 발명했다. 이것은 영구자석을 회전하여 자속을 변화시켜 코일에 발생하는 유도기전력을 직류전압으로 얻는 것이다.

1866년, 독일의 지멘스는 자려식 직류발전기를 발명했다.

1869년, 벨기에의 그램은 환상(環狀) 전기자를 만들어 환상 전기자형 발전기를 발명했다. 이 발전기는 수력 회전자를 회전시키는 것으로 개량 1874년에는 3.2kW의 출력을 얻게 되었다.

1882년, 미국의 고튼은 2상 방식에 의한 발전기로 출력 447kW, 높이 3m, 무게 22톤의 거대한 발전기를 제작했다.

2상 방식에 의한 고튼의 거대한 발전기

미국의 테슬러는 에디슨사에 있을 무렵 교류의 개발을 시도하였지만 에디슨은 직류방식을 고집했기 때문에 2상 교류발전기와 전동기의 특허권을 웨스팅하우스사에 팔았다.

1896년
교류송전의
개시
테슬러

1896년, 테슬러의 2상 방식은 나이아가라 발전소에서 가동하여 출력 3,750kW, 5,000V를 40km 떨어진 버팔로시에 송전하고 있다.

1889년, 웨스팅하우스사는 오리건주에 발전소를 건설하여 1892년에 15,000V를 비츠필에 송전하는데 성공했다.

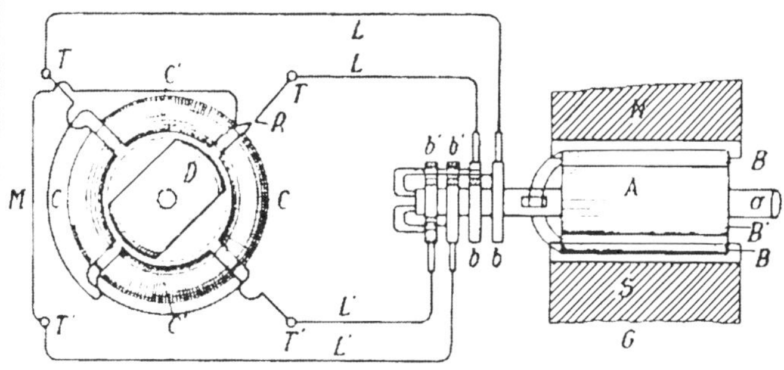

테슬러의 2상 발전기와 전동기 (우측은 1888년의 테슬러의 유도전동기)

웨스팅하우스의 유도전동기 (1897년)

(2) 전동기

1834년, 러시아의 야코비가 전자석에 의한 직류전동기를 시험 제작했다. 1838년, 전지 320개의 전원으로 전동기를 회전시켜 배를 주행시켰다. 또한 미국의 다벤포트나 영국의 데비드슨도 직류 전동기를 만들어(1836년) 인쇄기의 동력원으로 사용하고 있었는데 전원이 전지였기 때문에 널리 보급되지는 않았다.

1887년, 테슬러의 2상 전동기는 유도전동기로서 실용화를 꾀하게 되었다.

1897년, 웨스팅하우스는 유도전동기를 제작, 회사를 설립하여 전동기의 보급에 노력했다.

1834년 전동기의 발전 야코비

(3) 변압기

교류전력을 보내는 경우 교류전압을 승압하여 수용가가 이용할 때 보내온 교류전압을 강압하는데 변압기는 필수적이다.

1831년, 패러데이는 자기가 전기로 변환되는 것을 발견하여 이것이 변압기의 기원이 되었다.

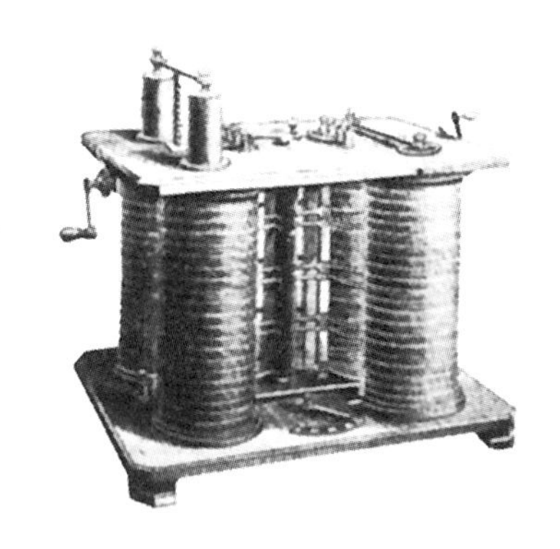
고랄과 깁스의 변압기(1883년)

1882년 변압기의 발명 깁스

1882년, 영국의 깁스는 '조명용, 동력용 전기배분방식' 특허를 취득했다. 이것은 개자로식 변압기를 배전용에 이용하는 것이었다.

웨스팅하우스는 깁스의 변압기를 수입, 연구하여 1885년에 실용적인 변압기를 개발했다. 또한 그 전해인 1884년 영국의 홉킨슨이 폐자로식 변압기를 제작했다.

(4) 전력기기와 3상 교류기술

1891년 3상 교류송전의 개시 도브로월스키

2상 교류는 4개의 전선을 사용하는 기술이었다. 독일의 도브로월스키는 권선을 연구하여 120°씩 각도를 변경한 3개의 점에서 분기선을 내어 3상 교류를 발생시켰다. 이 3상 교류에 의한 회전자계를 사용하여 1889년에 출력 100W의 최초의 3상 교류전동기를 제작했다.

드리보 도브로월스키

같은 해 도브로월스키는 3상 4선식 교류결선 방식을 연구하여 1891년에 프랑크푸르트의 송전실험(3상 변압기 150VA)은 성공을 거두었다.

8 전자회로 소자의 역사

플레밍의 2극관

현대는 컴퓨터를 포함하여 일렉트로닉스가 활발한 시대이다. 그 배경은 전자회로 소자가 진공관→트랜지스터→집적회로의 흐름으로 진전된 것과 밀접한 관계가 있다.

(1) 진공관

진공관은 2극관→3극관→4극관→5극관의 순서로 발명되었다.

1904년
2극관의 발명
플레밍

2극관 : 에디슨은 전구의 필라멘트에서 전자가 방출되는 '에디슨 효과'를 발견했다. 1904년 영국의 플레밍은 '에디슨 효과'에서 힌트를 얻어 2극관을 발명했다.

1907년
3극관의 발명
드 포레스트

3극관 : 1907년, 미국의 드 포레스트는 3극관을 발명했다. 당시에는 진공기술이 미숙하여 3극관의 제조에 실패하였으나 개량을 거듭하는 과정에서 3극관에 증폭작용이 있는 것을 발견, 드디어 일렉트로닉스 시대의 막이 열리게 되었다.

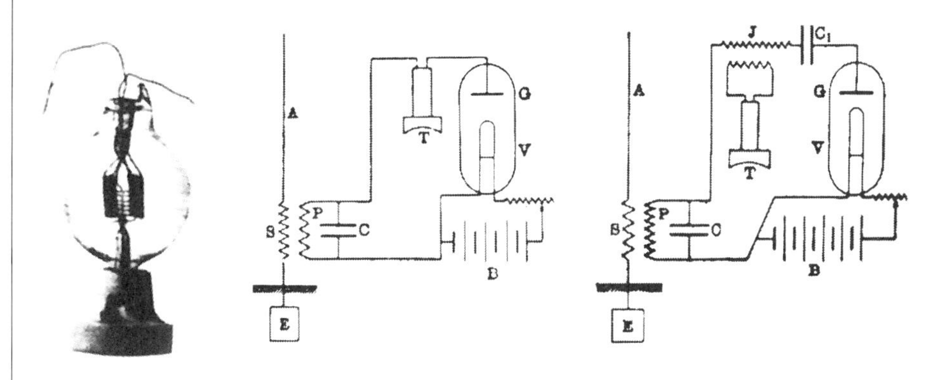

드 포레스트의 3극관

발진기는 마르코니의 불꽃장치에서 3극관에 의한 발진기로 되었다. 3극관은 3개의 전극이 있으며 플레이트와 캐소드 및 그 사이에 제어 그리드를 설치하여 캐소드에서의 전자류를 그리드로 제어하는 구조이다.

1915년
4극관의 발명
라운드

4극관 : 1915년, 영국의 라운드는 3극관의 그리드와 플레이트 사이에 또 하나의 전극(차폐 그리드)을 설치하여 플레이트에 흐르는 전자류의 일부가 제어 그리드로 돌아오지 않도록 연구했다.

1917년
5극관의 발명
요브스트

5극관 : 1927년, 독일의 요브스트는 4극관에서 전자류가 플레이트에 충돌하면 플레이트에서 2차 전자가 방출되므로 이것을 억제하기 위한 억제 그리드를 플레이트와 차폐 그리드 사이에 설치한 5극관을 발명했다.

이 외에 진공관의 크기를 소형으로 하여 초단파용으로 개량한 에이콘관은 1934년에 미국의 톰프슨이 발명했다.

1948년
트랜지스터의
발명
쇼크레이
바딘
브라텐

1961년
IC의 발명
텍사스인스트
루먼트사

또한 진공관의 용기를 유리가 아니고 금속제로 만든 ST관(1937년), 형상을 소형으로 한 MT관(1939년) 등이 발명되었다.

(2) 트랜지스터

반도체 소자를 대별하면 트랜지스터와 집적회로(IC)가 된다. 2차 대전 후에는 반도체 기술의 발달로 일렉트로닉스가 급격히 발전했다.

트랜지스터는 미국의 벨연구소에서 쇼크레이, 바딘, 브라텐에 의하여 1948년에 발명되었다.

실리콘 파워 트랜지스터

이 트랜지스터는 불순물이 적은 게르마늄 반도체의 표면에 2개의 금속침을 접촉시키는 구조로 점접촉형 트랜지스터라고 한다.

1949년, 접합형 트랜지스터가 개발되어 실용화가 더욱 진전되었다.

1956년, 반도체의 표면에 불순물 원자를 고온으로 침투시켜 p형이나 n형 반도체를 만드는 확산법이 개발되었고 1960년에는 실리콘 결정을 수소 가스와 할로겐화물 가스 중에 놓고 반도체를 만드는 에피택시얼 성장법이 개발되어 에피택시얼 플레이너형 트랜지스터가 만들어졌다. 이와 같은 반도체 기술의 발전으로 집적회로가 개발되었다.

(3) 집적회로

1956년경 영국의 다머는 트랜지스터의 원리에서 집적회로의 출현을 예상했다.

1958년경, 미국에서도 모든 회로소자를 반도체로 만들어 집적회로화하는 것이 제안되었다.

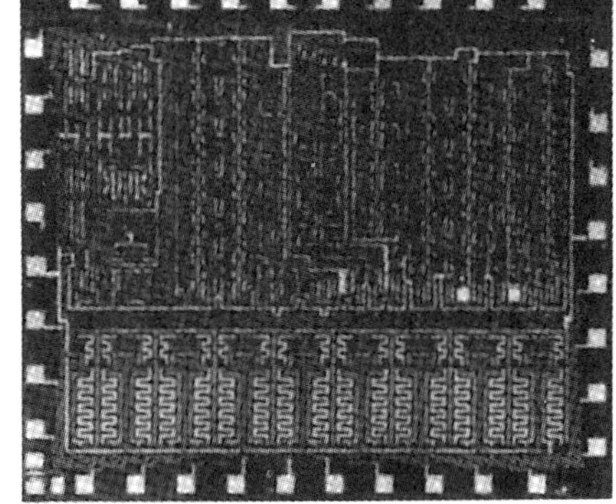
고밀도 집적회로

1961년 텍사스인스트루먼트사는 집적회로의 양산을 시작했다.

집적회로는 하나 하나의 회로소자를 접속하는 것이 아니라 하나의 기능을 가진 회로를 반도체 결정 중에 매입한다는 개념의 소자이므로 소형화를 기할 수 있고 접점이 적기 때문에 신뢰성이 향상된다는 이점이 있다.

집적회로는 해를 거듭할수록 그 집적도가 증가하여 소자수 100개까지의 소규모 IC에서 100~1,000개의 중규모 IC에 이어 1,000~100,000개의 대규모 IC, 100,000개 이상의 초대형 IC의 순으로 개발되어 여러 가지의 장치에 사용되게 되었다.

제 1 장

다이오드와 트랜지스터

전기회로나 전자회로를 구성하는 부품을 회로소자라 한다. 저항, 콘덴서, 코일 등의 회로소자를 수동소자라 하며 트랜지스터나 IC 등의 회로소자는 능동소자라 한다. 라디오나 TV의 능동소자로 처음에는 진공관이 사용되었는데 그 후에 트랜지스터나 IC가 사용되게 되었다.

트랜지스터에 대해서는 1947년 미국의 벨연구소에서 바덴과 브라텐이 게르마늄의 표면에 2개의 침을 세워 접근시키면 증폭작용이 생기는 것을 발견하여 이것을 점접촉 트랜지스터라고 명명했다. 1948년 같은 연구소의 쇼크레이는 접합형 트랜지스터를 발명했다.

1957년, 일본의 물리학자 江崎玲於奈는 에사키 다이오드(터널 다이오드)를 발명했다. 이것은 터널 효과(마이너스성 저항)를 가진 다이오드로 발진회로에 응용된다.

1956년경 모든 회로소자를 반도체 속에 구성하고자 하는 시도가 있었고, 1959년에는 플레이너 집적회로의 특허가 텍사스인스트루먼트사에서 출원되었다. 집적회로는 소형·경량으로 고성능의 능동소자로서 컴퓨터나 통신기 등의 전자장치에 널리 사용되고 있다. 또한 일상생활에서 사용되고 있는 가전제품에도 집적회로가 필수요소이다.

여기서는 다이오드와 트랜지스터의 원리, 종류, 용도 등 외에 트랜지스터의 증폭작용에 대하여 설명한다.

반도체의 종류에는 어떤 것이 있는가?

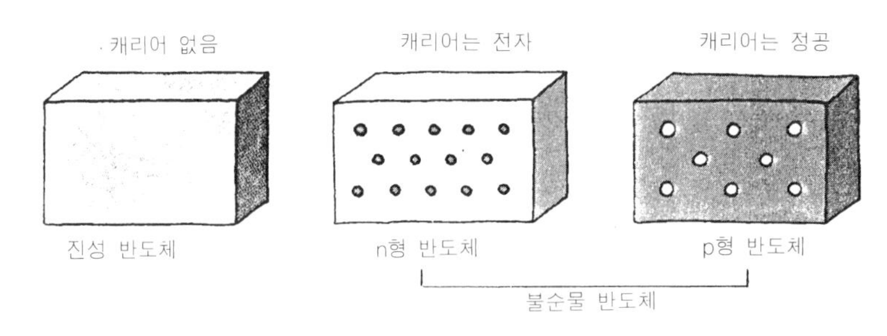

1. 실리콘

실리콘 Si(규소)는 대표적인 반도체이며 다른 원자와 결합 상태로 다량으로 존재한다. 실리콘 원자는 원자핵 주위에 전자가 회전하는 3개의 길(궤도)이 있으며 **그림 1**(a)와 같이 가장 바깥쪽 궤도에 4개의 전자가 회전하고 있다. 이와 같은 전자를 **가전자**라 한다. 실리콘의 가전자는 4개이므로 실리콘은 4가의 원자라 한다. 반도체 소자 중에서 이 가전자의 움직임은 중요한 의미를 가진다. 실리콘 원자를 그림 (b), (c)와 같이 표시할 수도 있다. 여기서는 그림 (c)와 같이 표시하여 설명하기로 한다.

2. 3가의 원자와 5가의 원자

다이오드, 트랜지스터 등을 만드는 경우 4가의 실리콘 외에 3가의 원자와 5가의 원자가 필요하다. 3가의 원자에는 인듐(In)이나 알루미늄(Al)이 있고 5가의 원자에는 비소(As)나 인(P)이 있다. 그림 2(a)는 인듐의 원자 모형이고 그림 (b)는 비소의 원자 모형이다.

3. p형 반도체와 n형 반도체

Si의 결정은 **그림 3**과 같이 Si 원자끼리 손을 잡은 것 같은 형태로 가전자를 공유하고 있다. 이 결합방식을 **공유결합**이라 한다.

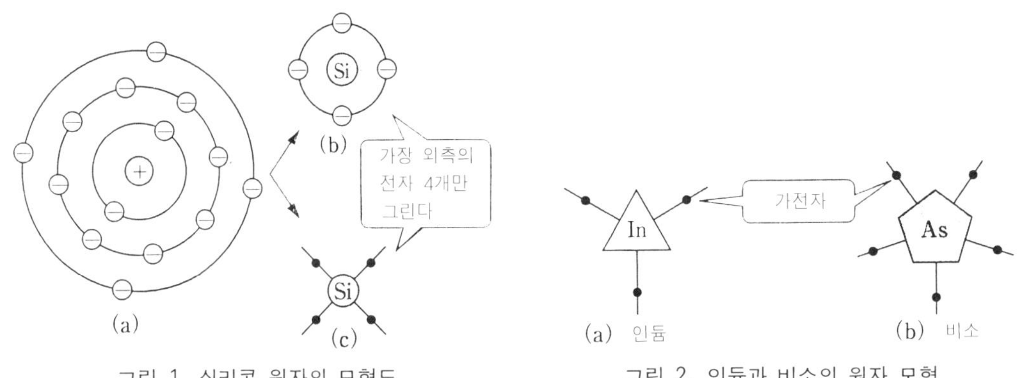

그림 1. 실리콘 원자의 모형도

그림 2. 인듐과 비소의 원자 모형

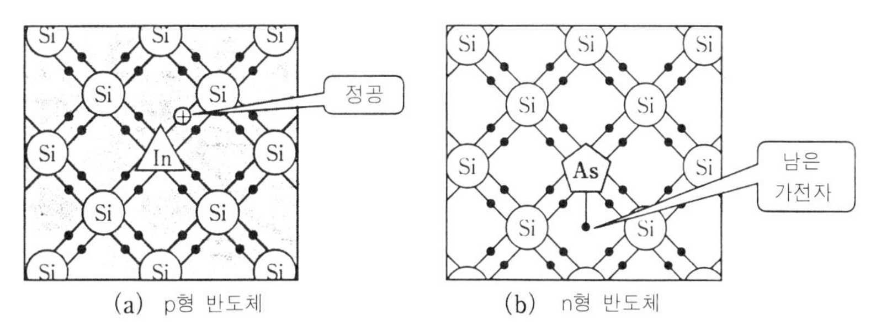

(a) p형 반도체 (b) n형 반도체

그림 3. 2가지 타입의 반도체

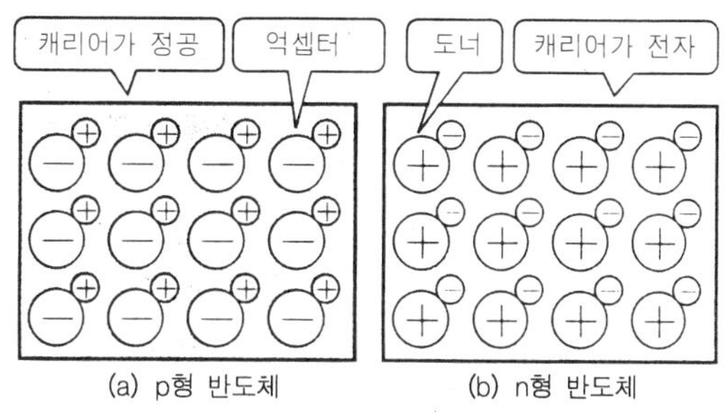

(a) p형 반도체 (b) n형 반도체

그림 4. 억셉터와 도너

그림 3(a)와 같이 Si 결정 중에 소량의 In 원자를 혼합하면 In 원자는 3개의 가전자밖에 포함하지 않으므로 구멍이 생기게 된다.

이 구멍은 밖에서 전자(−)가 낙하할 수 있는 구멍이며 +의 전기를 가지는 것으로 생각하여 플러스의 구멍 즉 **정공**(正孔)이라고 한다. 3가의 원자 1개에 대하여 정공이 1개 생긴다. 또한 반도체의 경우 전기를 운반하는 것을 **캐리어**라 하며 3가의 원자가 있는 반도체의 캐리어는 정공이다. 정공은 정(positive)의 전기를 가진 캐리어이므로 이와 같은 반도체를 **p형 반도체**라 한다.

한편 그림 3(b)는 Si 결정 중 5가의 비소(As)를 혼합한 결정 구조이다. As 원자는 5개의 가전자를 가지고 있기 때문에 공유결합 상태에서 전자 1개가 남는다. 이 전자가 캐리어가 된다. 전자는 부(negative)의 전기를 가진 캐리어이므로 이와 같은 반도체를 **n형 반도체**라 한다.

4. 억셉터와 정공, 도너와 전자

다이오드 등의 동작원리를 조사할 때 p형 반도체에서는 3가의 원자 In과 정공에 착안하고 n형 반도체에서는 5가의 원자 As와 전자에 착안한다.

여기서 그림 4(a)와 같이 큰 원에 −라 표시한 것이 In이고 이것을 **억셉터**라 한다.

그림 4(b)의 원에 +라 표시한 것이 As로 이것을 **도너**라고 한다.

5. pn 접합과 캐리어

그림 5(a)는 p형 반도체와 n형 반도체를 접합했을 때 나타내는 캐리어의 분포상태이고 그림 5(b)는 접합면 부근에서 전자 ⊖와 정공 ⊕가 결합하고 있는 것이다. 그림 5(c)는 그 결

과로서 접합면 부근은 **플러스 이온**과 **마이너스 이온**만으로 되어 캐리어는 없어진다는 것을 표시하고 있다. 이 영역을 **공핍층**(空乏層)이라 한다.

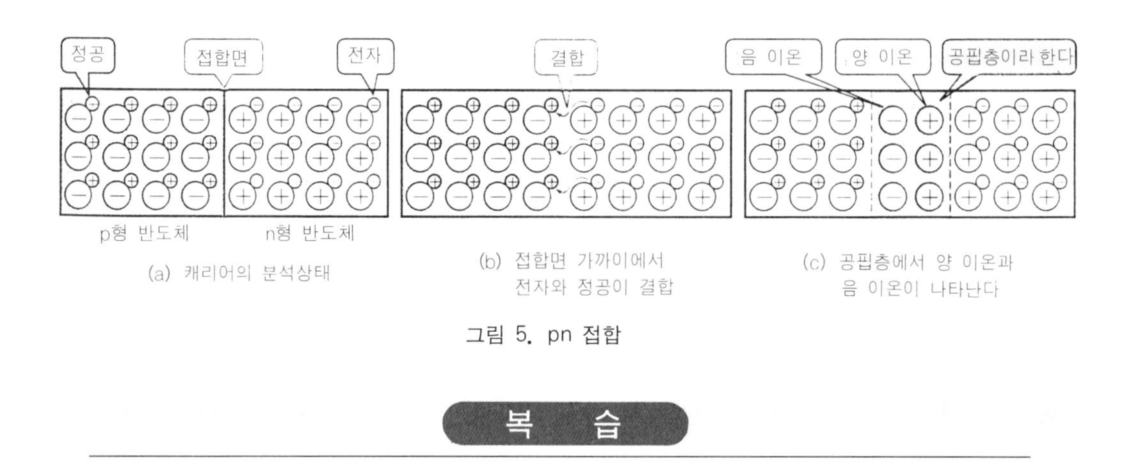

그림 5. pn 접합

복 습

1. 다음 문장의 ( ) 안에 적절한 용어를 기입하라.
(1) Si는 (①)가, In은 (②)가, As는 (③)가의 원자이다.
(2) In이 들어 있는 반도체를 (④)라 하고 As가 들어 있는 반도체를 (⑤)라고 한다.
(3) p형 반도체의 캐리어는 (⑥)이고 n형 반도체의 캐리어는 (⑦)이다.

② 다이오드는 어떻게 작용하는가?

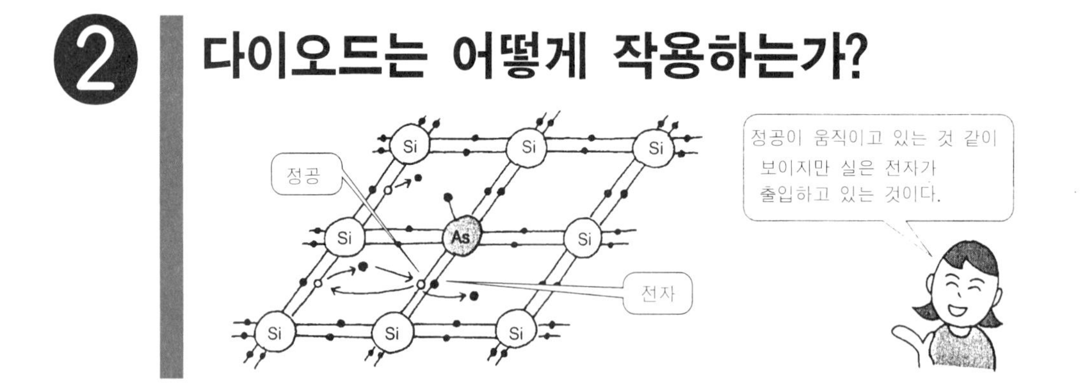

1. 공핍층에 나타난 직류전압

p형 반도체와 n형 반도체를 접합하면 공핍층이 생겨 그 영역에는 −이온과 +이온이 남는다.

이 이온은 억셉터 원자에서 정공이 없어졌기 때문에 생긴 마이너스(−)의 전기를 가진 원자와 도너 원자에서 전자가 없어졌기 때문에 생긴 플러스(+)의 전기를 가진 원자이다.

+이온은 p영역에서 n영역으로 정공이 흐르는 것을 방해하고 −이온은 n영역에서 p영역으로 전자가 흐르는 것을 방해하는 작용을 한다. 공핍층이 생기면 **그림 1**과 같이 직류전압이 나

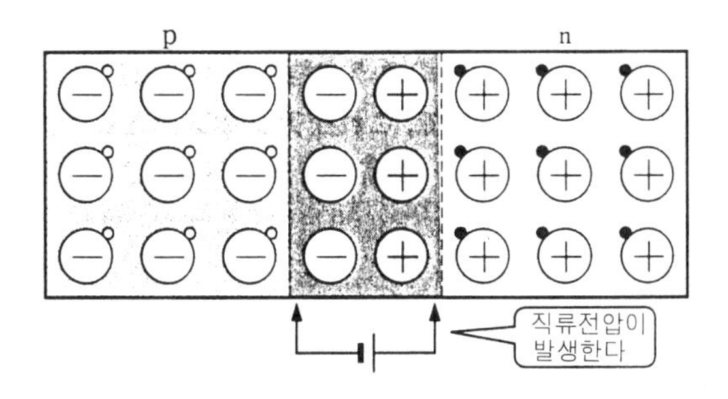

그림 1. 공핍층에 나타난 직류전압

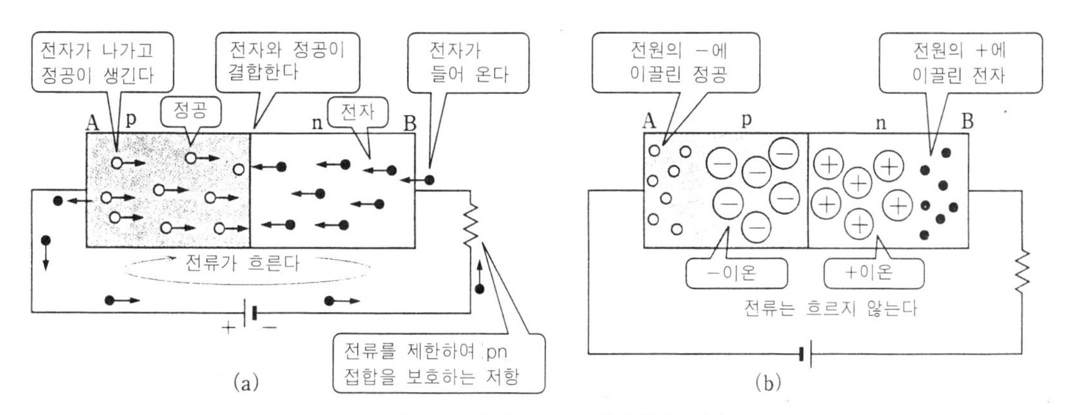

그림 2. 순방향전압(a)과 역방향전압(b)

타난다. 이 전압값은 실리콘의 경우 0.6V 정도이고 게르마늄의 경우 0.2V 정도이다.

2. pn 접합에 가하는 직류전압

그림 2(a)는 pn 접합에 전류가 흐르도록 전압을 가한 것이다. 이와 같은 전압을 **순방향전압**이라 한다. 전류는 왜 흐르는 것일까?

접합면에서는 n영역의 전자가 전원의 +극에 이끌려 p영역의 정공과 결합한다. 단자 A에서는 가전자가 빠져 나가 정공이 생기고 우측 방향으로 이동해 간다. 단자 B에서는 전원의 한극에서 전자를 보내 좌측 방향으로 이동한다.

pn 접합에 공핍층이 생기는 것을 설명했는데 순방향전압을 가하면 공핍층은 소멸되고 전류가 흐른다. pn 접합을 통하여 전류가 흐른다는 것은 접합면 부근에서 전자와 정공의 결합이 연속적으로 발생하여 단자 A에서는 정공이 연속적으로 생기고 단자 B에서는 연속적으로 전자를 보내 오게 된다. 그림 2(b)와 같은 전압을 가하는 방법에서는 전류가 흐르지 않는다. 단자 A에서 p영역의 정공은 전원의 한극에 이끌려 모이게 되고 새로이 정공이 생기지는 않는다.

또한 단자 B에서 n영역의 전자는 전원의 +극에 이끌려 새로 전자를 보내 오지는 않는다. 따라서 공핍층은 확대되어 그림 2와 같이 +이온과 −이온이 생긴다. 이와 같이 전압을 가하는 방법을 **역방향전압**이라 한다.

이상에서 순방향전압으로는 실리콘의 경우 0.6V 이상, 게르마늄의 경우 0.2V 이상의 전압

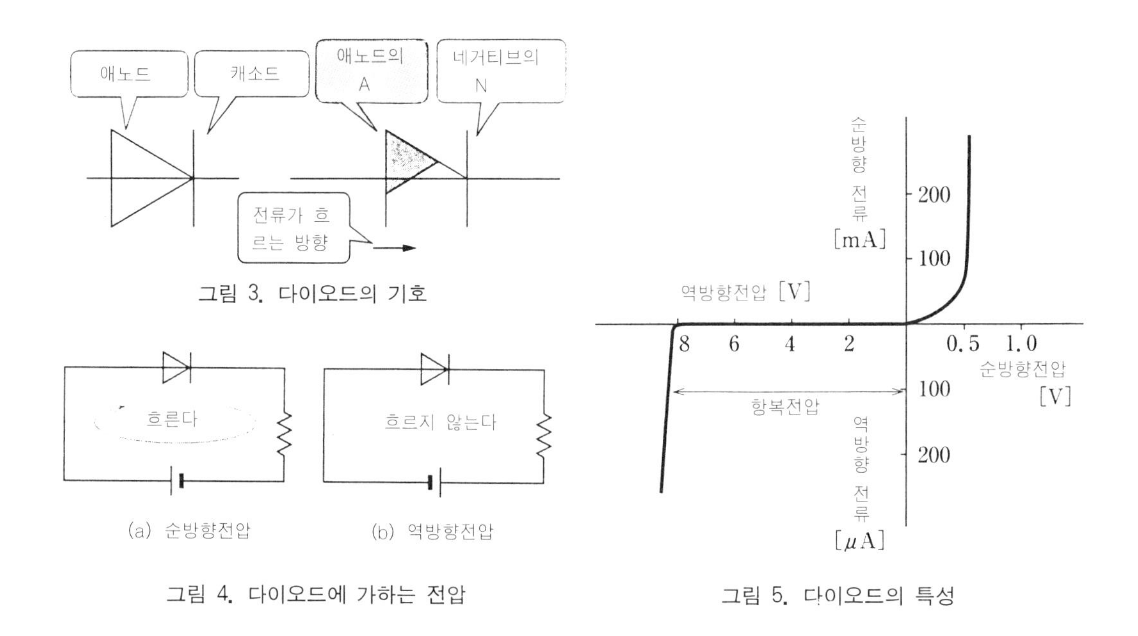

그림 3. 다이오드의 기호

(a) 순방향전압 (b) 역방향전압

그림 4. 다이오드에 가하는 전압

그림 5. 다이오드의 특성

을 가하면 공핍층이 없어지고 전류가 흐르게 된다.

3. 다이오드의 기호

pn 접합에 의한 회로소자를 **다이오드**라 한다. 다이(di)는 '2개' 라는 의미이고 오드(ode)는 electrode '전극' 을 뜻한다. 즉 2개의 전극을 가진 회로소자라는 것이다.

그림 3에 다이오드의 그림기호를 나타내었다. pn 접합의 p형측 전극을 애노드(양극), n형측을 캐소드(음극)라 한다. 그림기호의 애노드와 캐소드의 기억방법을 우측에 표시했다.

4. 다이오드에 가하는 전압과 그 특성

그림 4는 다이오드를 사용한 회로이며 그림 (a)는 순방향전압, 그림 (b)는 역방향전압을 가하는 방법이다.

그림 5는 그 **전압·전류특성**이다. 순방향전압을 가하면 전류가 흐르는데 이것을 **순방향전류**라 한다. 역방향전압을 어느 정도 이상 가하면 갑자기 전류가 흐르기 시작한다(**역방향전류**). 이 전압을 **항복전압**이라 한다.

복 습

1. 다음 문장의 ( ) 안에 적절한 용어를 기입하라.

(1) pn 접합에서 전류가 흐르도록 가하는 전압을 (①)이라 한다. 또한 전류가 흐르지 않는 전압을 (②)이라 한다.

3 다이오드는 어떻게 사용하는가?

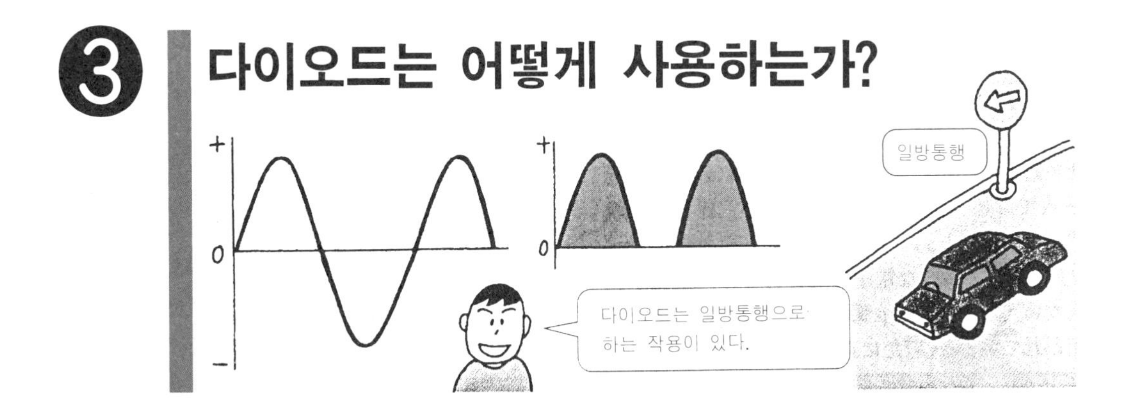

1. 정류회로

다이오드의 작용은 전류를 한방향으로만 흐르게 한다는 것이다. 즉 애노드에 +, 캐소드에 −의 전압을 가했을 때 다이오드에 전류가 흐르고 그 반대 극성의 전압을 가했을 때에는 흐르지 않는다.

이와 같은 다이오드의 작용을 이용하여 전원회로의 일부 정류회로에 다이오드를 사용한다. 그림 1은 가장 간단한 정류회로의 일례이다. 회로 부품은 변압기, 다이오드, 저항기, AC 플러그만 사용하면 만들 수 있다.

변압기는 교류전압을 필요한 전압으로 변경하는 것이며 이 경우 AC 100V를 그 보다 낮은 교류전압으로 내리는 작용을 한다. 정류용 다이오드는 한방향으로만 전류를 흐르게 하기 위한 것으로 이와 같은 작용을 정류라 한다.

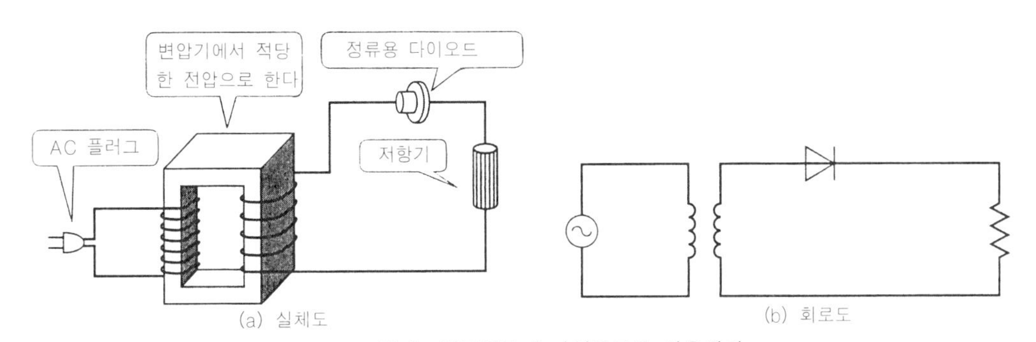

그림 1. 정류회로에 다이오드를 사용한다

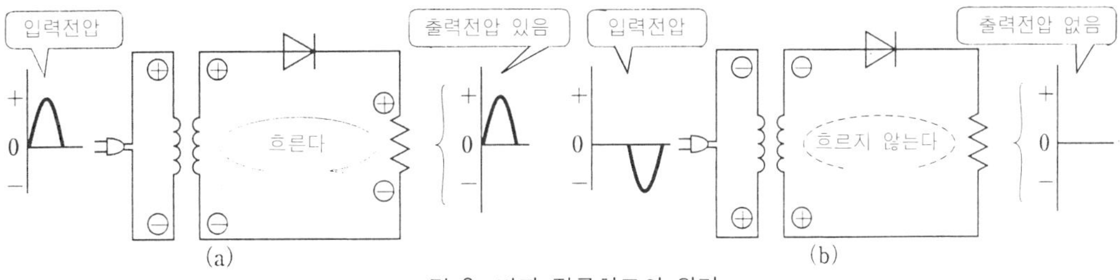

그림 2. 반파 정류회로의 원리

2. 반파 정류회로

그림 2와 같은 회로를 반파 정류회로라 한다. 그림 2(a)는 다이오드의 애노드측에 +, 캐소드측에 −의 전압이 가해진 상태이므로 전류가 화살표와 같이 흘러 저항의 양단에는 그림과 같은 극성의 전압강하가 생긴다. 따라서 입력전압이 플러스의 반파일 때 저항에는 같은 위상의 플러스의 반파가 나타나며 이것이 출력전압이 된다.

그런데 그림 2(b)와 같이 입력전압이 마이너스의 반파일 때에는 다이오드의 애노드측이 −, 캐소드측이 +가 되므로 다이오드에 전류가 흐르지 않고 출력전압은 나타나지 않는다. 이상에서 입력전압으로 사인파 입력전압이 회로에 가해지면 그림 3과 같은 출력전압으로 된다.

3. 전파 정류회로

그림 4와 같은 회로를 전파 정류회로라 한다.

그림 4(a)는 입력전압이 플러스의 반파일 때, 그림 4(b)는 입력전압이 마이너스의 반파일 때, 다이오드 D_1 또는 D_2에 전류가 흐른다. 따라서 저항의 양단에는 그림과 같은 출력전압이 나타나므로 사인파 입력전압의 전파에 대하여 정류할 수 있다. 이와 같은 정류방식을 전파 정류라 한다.

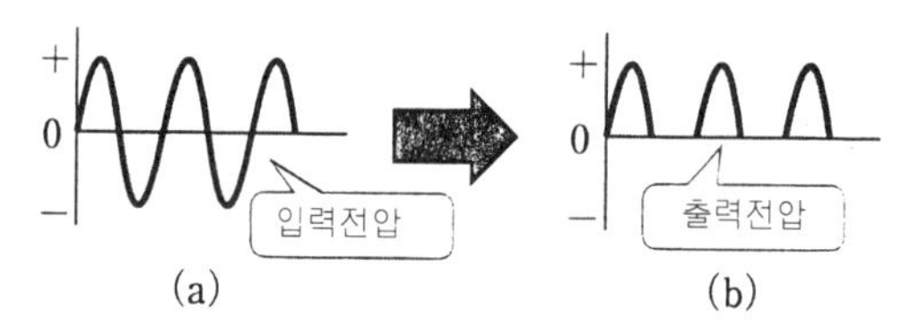

그림 3. 반파 정류회로의 정류파형

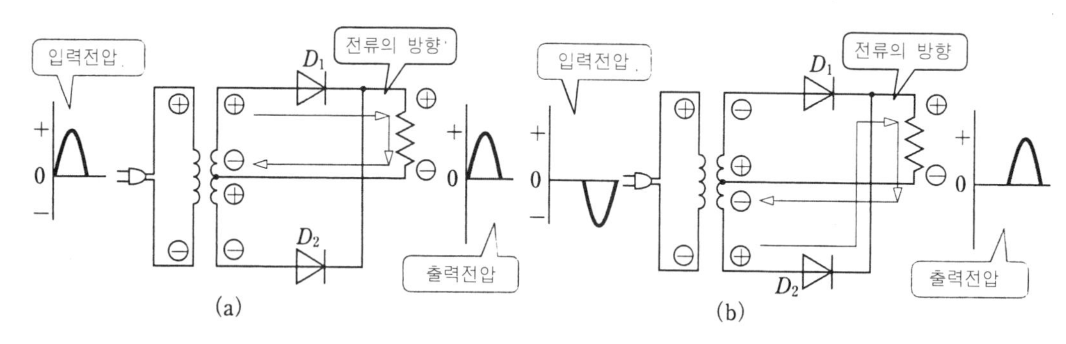

그림 4. 전파 정류회로의 원리

4. 브리지 정류회로

그림 5와 같은 회로를 브리지 정류회로라 한다. 그림 5(a)는 입력전압이 플러스의 반파일 때이며 D_2, D_4에 전류가 흘러 출력전압이 그림과 같이 나타난다. 그림 5(b)는 입력전압이 마이너스의 반파일 때이며 D_1, D_3에 전류가 흘러 출력전압이 그림과 같이 나타나므로 사인파 입력전압의 전파에 대하여 정류할 수 있다.

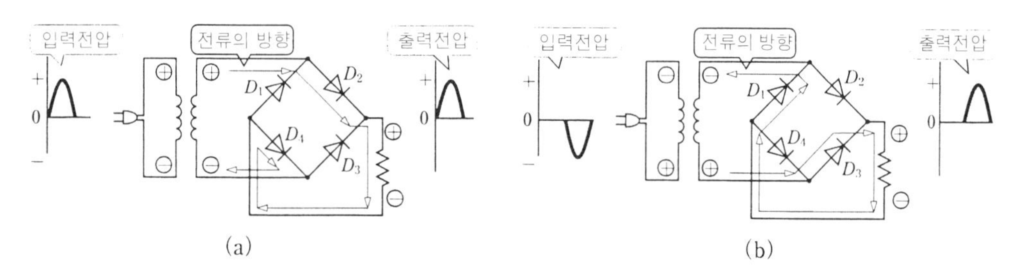

그림 5. 브리지 정류회로

복 습

1. 다음 문장의 ( ) 안에 적절한 용어를 기입하라.

(1) 전류를 한방향으로만 흐르게 하는 작용을 (①)라 하며 그와 같은 작용을 하는 소자가 (②)이다.

트랜지스터는 어떻게 작용하는가?

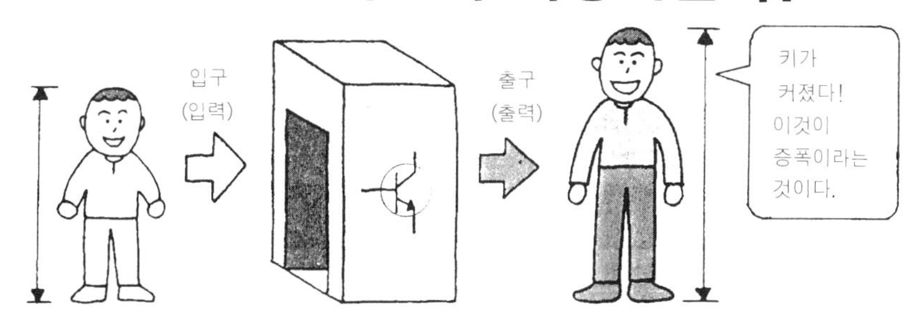

1. 트랜지스터의 내부 구조

그림 1(a)는 트랜지스터의 내부 구조이다. 그림 1과 같이 p형 반도체를 중심으로 하여 그 양측을 n형 반도체로 끼운 구조를 npn형 트랜지스터라 하고 n형 반도체를 중심으로 하여 그 양측을 p형 반도체로 끼운 구조를 pnp형 트랜지스터라 한다.

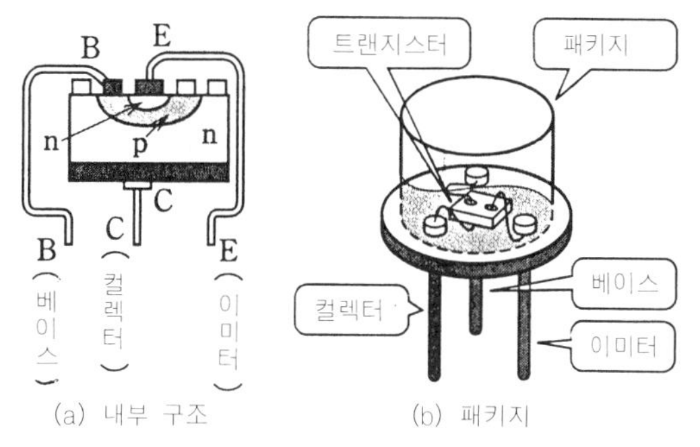

그림 1. 트랜지스터(합금접합)

트랜지스터는 베이스, 컬렉터, 이미터

라고 하는 3개의 전극이 있다. 베이스는 '기초', 컬렉터는 '모으는 것', 이미터는 '방사하는 것'의 의미이며 베이스를 기초로 하여 이미터에서 방사된 전자나 정공을 컬렉터에서 모은다고 생각하면 된다.

트랜지스터 그 자체는 그림 1(b)와 같이 매우 작은 것이므로 패키지에 수납하여 취급이 용이하도록 베이스(B), 컬렉터(C), 이미터(E)의 단자를 장착한다.

2. 트랜지스터의 그림기호

그림 2(a)는 npn형 트랜지스터의 기호와 내부 구조를 대응시켜 표시한 그림이다. 기호 중에 화살표가 있는데 이것은 전류의 방향을 표시하고 있다.

그림 2(b)는 pnp형의 경우이다. 역시 화살표는 전류의 방향을 표시한다.

그림 2(c)는 npn형 그림기호의 기억방법이다.

npn형의 n은 펜의 흐름이 우측 하방으로 향한다고 기억하고 pnp형의 p는 펜의 흐름이 좌측 상방으로 향한다고 기억한다.

3. 트랜지스터의 명칭

트랜지스터의 명칭은 일본공업규격에 의하여 그림 3과 같이 부여하는 것을 원칙으로 한다.

4. 트랜지스터의 동작원리

그림 4(a)는 npn형 트랜지스터의 원리도이다. 이미터의 전자는 전원 V_1, V_2의 한극에 반발하여 베이스로 이동한다. 베이스에서 전자는 정공과 결합하는데 베이스의 폭이 매우 좁기 때문에 대부분의 전자는 V_2의 +극에 이끌려 컬렉터로 이동하여 V_2의 +극으로 향한다. 따라서 베이스 전류는 매우 작은 값이다. 이미터 전류 I_E, 컬렉터 전류 I_C, 베이스 전류 I_B 사이에는

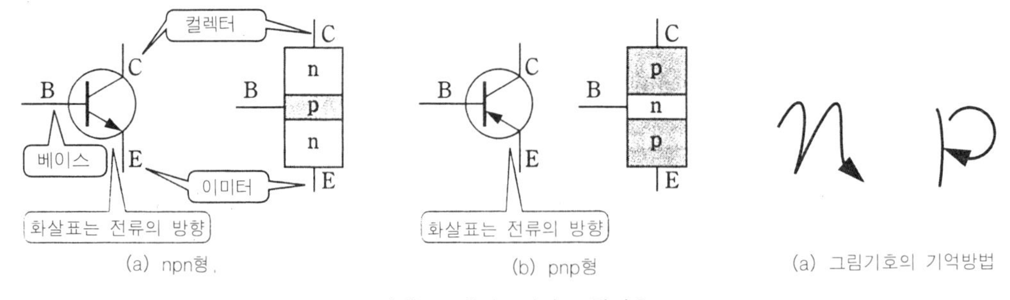

그림 2. 트랜지스터의 그림기호

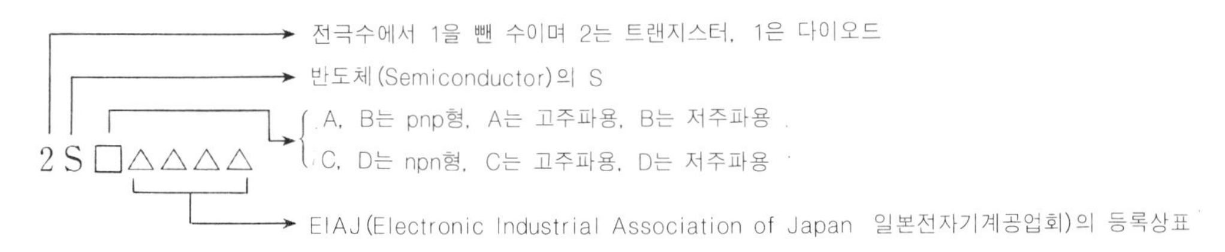

그림 3. 트랜지스터의 명칭 표시방법

다음과 같은 관계가 있다.

$$I_E = I_C + I_B \qquad (1)$$

그림 4(a)는 이미터를 입력단자와 출력단자 공통으로 하고 있으므로 **이미터 접지회로**라 한다. 이미터 접지회로의 경우 컬렉터 전류의 변화분 ΔI_C와 베이스 전류의 변화분 ΔI_B의 비를 **전류증폭률**이라 하며 h_{fe}로 표시한다.

$$h_{fe} = \frac{\Delta I_C}{\Delta I_B} \qquad (2)$$

h_{fe}의 값은 50~200 정도이다. 즉, 베이스 전류를 약간 변화시키면 컬렉터 전류가 크게 변화하게 된다.

그림 4(b)는 pnp형 트랜지스터의 그림으로 전류의 방향이 반대인 점에 주의한다. 식 (1), (2)의 관계는 그림 4(a)와 같다.

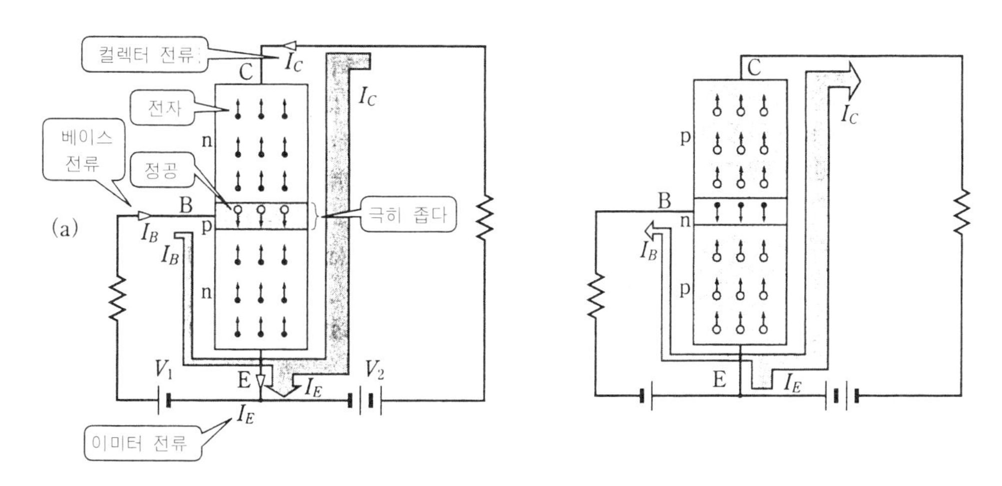

그림 4. 트랜지스터의 동작원리

복 습

1. 다음 문장의 ( ) 안에 적절한 용어를 기입하라.

(1) 베이스 전류가 10μA, 컬렉터 전류가 1.4mA일 때 이미터 전류는 (①)이다. 또한 ΔI_B가 6μA일 때 ΔI_C가 1.2mA라 하면 전류증폭률은 (②)이다.

5 트랜지스터에는 어떤 성질이 있는가?

1. 간단한 실험회로에서 증폭도를 구한다

트랜지스터에는 여러가지 특성(성질)이 있는데 그 중에서 가장 기본적인 것으로 전류증폭률이 있다.

전류증폭률 h_{fe}에 대해서는 이미 설명했는데 엄밀하게는 소신호 전류증폭률이라 하여 직류 전류증폭률과 구별하고 있다.

직류 전류증폭률은 I_C와 I_B의 비이며 기호 h_{FE}로 표시한다. h_{FE}는 회로를 설계할 때에 많이 사용된다.

h_{fe}와 h_{FE}는 다음과 같이 표시된다.

소신호 전류증폭률 $$h_{fe} = \frac{\Delta I_C}{\Delta I_B}$$

직류 전류증폭률 $$h_{FE} = \frac{\Delta I_C}{\Delta I_B}$$

그림 1(a)는 npn형 저주파 증폭용 트랜지스터의 h_{fe}, h_{FE}의 측정회로이다. 실제로 실험할 수 있도록 가급적 간단한 회로로 하여 저항이나 미터 값에 구체적인 수치를 표시했다. 직류전류

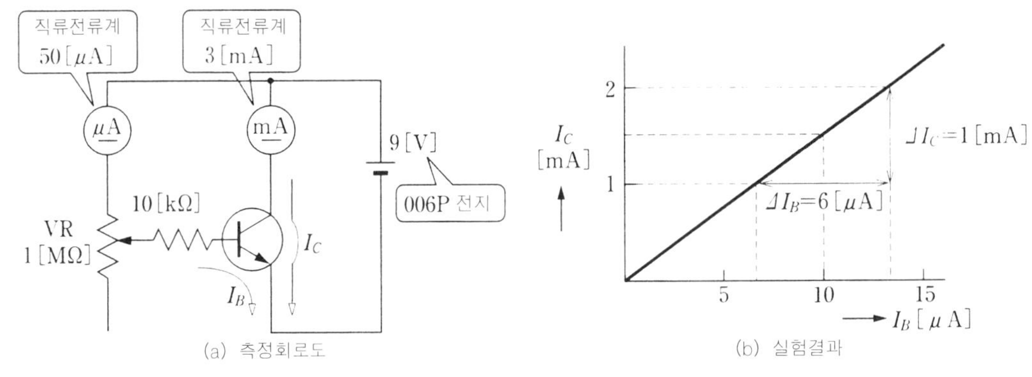

그림 1. h_{fe}와 h_{FE}의 측정

계 (mA) 는 테스터도 무방하다.

측정 순서는 다음과 같다.

①그림 1(a)의 측정회로도에 따라 각 부품과 트랜지스터를 접속한다.

가변저항기 VR은 저항값을 최대로 한다.

②VR을 조정하여 컬렉터 전류 I_C를 흐르게 하고 그 때의 I_C와 I_B를 기록한다.

③측정값에서 그림 1(b)와 같이 그래프를 그린다.

이상에서 h_{fe}와 h_{FE}를 다음과 같이 구한다.

$$h_{fe} = \frac{\Delta I_C}{\Delta I_B} = \frac{1\times10^{-3}}{6\times10^{-6}} \fallingdotseq 167$$

$$h_{FE} = \frac{I_C}{I_B} = \frac{1.5\times10^{-3}}{10\times10^{-6}} = 150$$

(단, $I_C = 1.5$〔mA〕의 값)

트랜지스터의 $I_B - I_C$ 특성은 엄밀하게는 직선이 되지 않는다. 따라서 h_{fe}, h_{FE}를 표시할 때에는 컬렉터 전류 I_C의 값을 표시해 둘 필요가 있다.

2. 트랜지스터의 정특성

그림 2와 같이 트랜지스터 각 단자 간의 전압과 전류의 관계를 표시한 그래프를 **트랜지스터의 정특성**이라고 한다. 그림 중의 V_{CE}는 트랜지스터의 컬렉터와 이미터 간의 직류전압이고 V_{BE}는 베이스와 이미터 간의 직류전압이다.

제1상한은 **출력특성**이라고 하며 **출력 어드미턴스** h_{oe}는 $\Delta I_C/\Delta V_{CE}$이고 단위는 〔S〕(지멘스)이다.

제2상한은 이미 설명한 **전류증폭률**이며 단위는 없다.

제3상한은 **입력특성**이라고 하며 **입력 임피던스** h_{ie}는 $\Delta V_{BE}/\Delta I_B$이며 단위는 〔Ω〕이다.

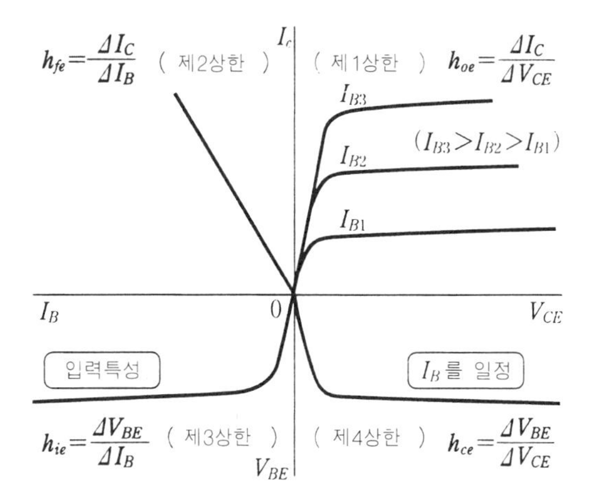

그림 2. 트랜지스터의 정특성

제4상한은 전압귀환율이라고 하며 h_{re}는 $\Delta V_{BE}/\Delta V_{CE}$로 주어지고 단위는 없다.

이상과 같이 4개의 상수 h_{oe}, h_{fe}, h_{ie}, h_{re}가 있으며 이것을 h 파라미터라 한다. h 파라미터 단위는 〔Ω〕이나 〔S〕 또는 무차원으로 혼성(hybrid : 하이브리드)이므로 그 머리문자에 의하여 h 파라미터라 한다. 또한 첨자인 e는 이미터 접지, i는 input(입력), o는 output(출력), f는 forword(전방), r은 (후방)이라는 의미가 있다.

3. 트랜지스터의 최대 정격

트랜지스터의 각 단자에 가할 수 있는 최대의 전압이나 흐르게 할 수 있는 최대의 전류 등을 트랜지스터의 최대 정격이라고 한다(표 1).

컬렉터손 P_C는 $P_c=I_c \cdot V_{CE}$이며 I_C나 V_{CE}가 최대 정격의 값보다 작아도 P_c가 P_{cm}을 초과하지 않도록 해야 된다(그림 3).

표 1 트랜지스터의 최대정격(2SD 1478)

항 목	기 호	단 위	값
컬렉터-이미터 전압	V_{CEm}	V	2.5
컬렉터 전압	I_{cm}	mA	500
허용 컬렉터손	P_{cm}	mW	200
베이스-이미터 전압	V_{BEm}	V	3

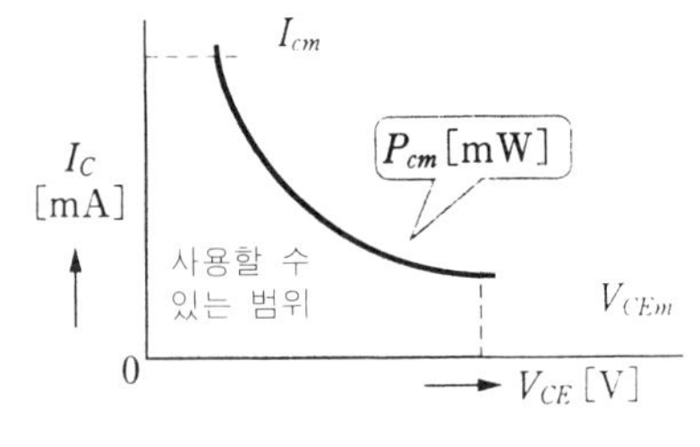

그림 3. V_{CE}〔V〕

복 습

1. 다음 문장 중의 ( ) 안에 적절한 용어를 기입하라.
(1) ΔI_C와 ΔI_B의 비를 (①)이라고 하며 I_C와 I_B의 비를 (②)이라 한다.
(2) 트랜지스터의 각 단자 간의 직류전압과 전류의 관계를 표시한 그래프를 (③)이라고 한다.
(3) 트랜지스터에 가할 수 있는 전압이나 흐르게 할 수 있는 전류의 최대값을 트랜지스터의 (④)이라고 한다.
2. 트랜지스터의 전류를 측정한 결과 $I_C=3$〔mA〕, $I_B=10$〔μA〕였다. h_{FE}를 구하라.

전계효과 트랜지스터(FET)

게이트
소스
드레인
전류의 통로(채널)
드레인 전류
FET는 게이트의 전압으로 채널의 폭을 제어하는 소자이다.

1. 접합형 FET의 동작원리

트랜지스터에는 전계효과형 트랜지스터라고 하는 것이 있으며 영어로 field-effect transistor라 하여 FET로 표시한다. 그림 1은 FET의 구조와 동작원리를 나타내고 있다. 그림 1(a)는 FET의 구조로 이와 같은 구조를 접합형 FET라고 한다.

전극은 D, S, G의 3개가 있다.

D : 드레인(drain)

S : 소스(source)

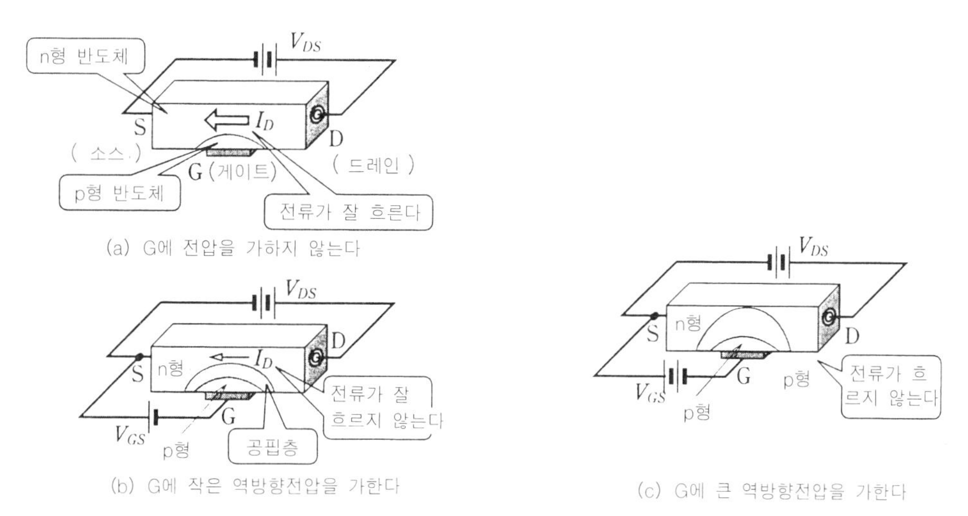

그림 1. FET의 구조와 동작원리

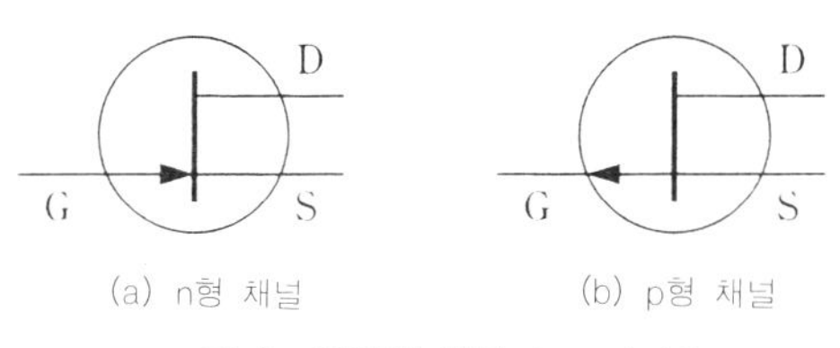

그림 2. 접합형 FET의 그림기호

G : 게이트(gate)

그림 1(a)와 같이 드레인·소스 간에 전압 V_{DS}를 가하면 전류 I_D(**드레인 전류**)가 흐른다.

다음에 그림 1(b)와 같이 게이트·소스 간의 pn 접합에 역방향 전압 V_{GS}를 약간 가하면 드레인 전류가 흐르는 통로(이것을 **채널**이라 한다)가 좁아져 전류 I_D가 흐르기 어려워진다.

또한 그림 1(c)와 같이 큰 역방향 전압 V_{GS}를 가하면 채널이 없어지고 전류는 흐르지 않는다. 이와 같이 I_D가 흐르는 통로인 채널은 게이트에 가한 V_{GS}에 의하여 생기는 공핍층으로 인해 넓어지거나 좁아진다.

그림 1(c)와 같이 V_{GS}를 점차 크게 하면 공핍층이 채널을 막게 된다. 이 때의 전압을 **핀치 오프 전압**이라고 한다.

채널이 n형 반도체일 때 **n형 채널**이라 하고 채널이 p형 반도체일 때를 **p형 채널**이라 한다.

그림 2(a)에 n형 채널, 그림 2(b)에 p형 채널의 그림기호를 나타내었다.

2. 트랜지스터와 FET의 비교

그림 3은 npn형 트랜지스터와 n채널 접합형 FET를 비교한 그림이며 전극명, 전압, 전류는 다음과 같이 대응하고 있다.

전극 $C \to D$, $E \to S$, $B \to G$

전압 $V_{BE} \to V_{GS}$, $V_{CE} \to V_{DS}$

전류 $I_C \to I_D$, $I_B \to I_G$(단, $I_G = 0$)

트랜지스터는 V_{BE}에 의하여 I_B를 흐르게 하고 그 I_B에 의하여 I_C를 제어하는 소자이므로 전류에 의하여 전류를 제어한다고 할 수 있다.

FET는 V_{GS}에 의하여 I_D를 제어하는 소자이므로 전압에 의하여 전류를 제어한다고 할 수 있다.

3. MOS형 FET의 동작원리

FET에는 접합형 FET 외에 MOS형 FET가 있다. MOS형 FET의 MOS란 metal oxide semiconductor(금속산화물 반도체)의 머리글자를 의미한다.

그림 4와 같이 게이트 G는 금속에 접속되고 그 위에 SiO_2 등의 산화물, 그 위에 반도체가 있는 구조로 되어 있다.

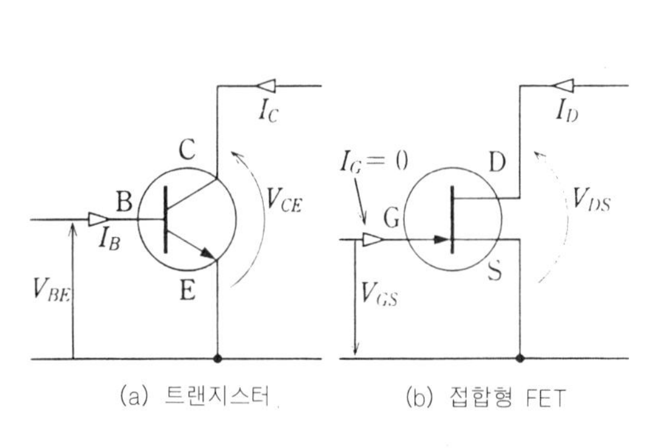

(a) 트랜지스터 (b) 접합형 FET

그림 3. 트랜지스터와 FET의 비교

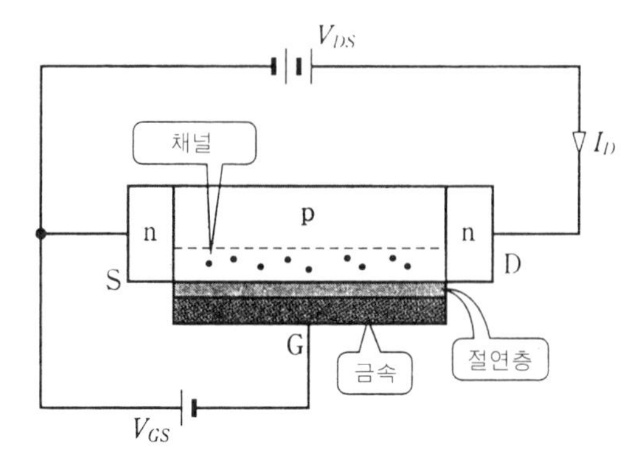

그림 4. MOS형 FET

그림 4와 같이 p형 반도체는 SiO_2의 절연층을 끼고 금속전극을 붙이면 p형 반도체의 절연층 가까운 부분에 전자가 모여 채널이 구성되는 성질이 있다.

이 채널은 V_{GS}를 가하면 좁아져 I_D가 작아진다. 즉 V_{GS}에 의하여 채널의 폭을 제어할 수 있으므로 I_D를 제어할 수 있다. 이와 같이 V_{GS}가 가해지면 채널이 좁아져 I_D가 감소하는 특성을 가진 것을 디플리션형(depletion type)이라 한다. deplete는 '감소시킨다' 라는 의미이다.

반대로 V_{GS}가 가해지면 I_D가 증가하는 타입을 엔핸스먼트형(enhancement type)이라고 한다. enhance는 '증가시킨다' 라는 의미가 있다.

FET는 소비전력이 적어 집적회로의 구성요소로 흔히 이용된다. C-MOSIC은 MOS형 FET를 구성요소로 한 IC이다.

복 습

1. 다음 문장 중 ( ) 안에 적절한 용어를 기입하라.
(1) FET에는 3개의 전극이 있다. D는 (①), S는 (②), G는 (③)라고 한다.
(2) 드레인 전류가 흐르는 통로를 (④)이라고 하며 (⑤)과 (⑥)이 있다.
(3) 접합형 FET에서 V_{GS}를 크게 하면 I_D가 0이 된다. 이 전압을 (⑦)이라고 한다.
(4) MOS형 FET의 M은 (⑧), O는 (⑨), S는 (⑩)라는 의미이다.

7 집적회로(IC)

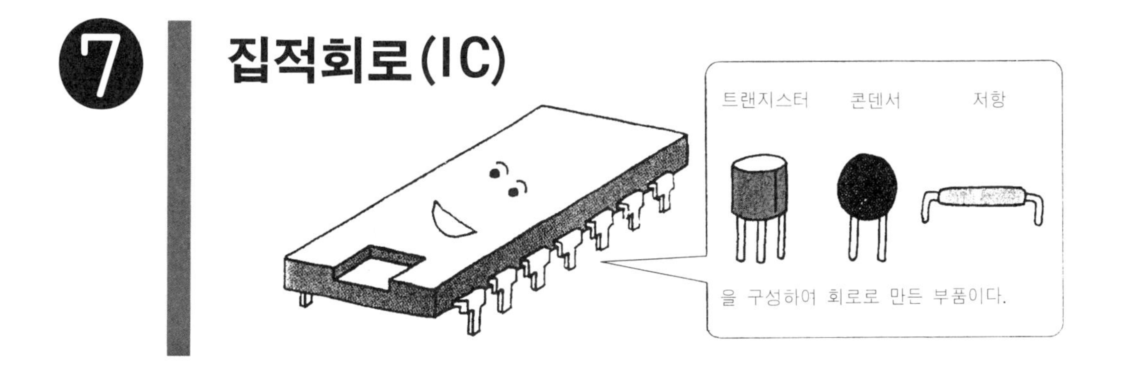

1. IC의 구조

IC는 integrated circuit의 머리문자를 취한 용어로 **집적회로**라고도 한다. 집적회로는 그 명칭과 같이 많은 트랜지스터·다이오드·저항·콘덴서 등의 회로소자를 집적한 회로이다.

IC는 컴퓨터를 비롯한 여러 가지의 전자장치에 사용되어 우리가 일상생활에서 사용하는 가전제품에 불가결한 것이 되었다. 그림 1에 IC의 구조를 나타내었다. 그림과 같이 실리콘 기판 위에 p형 반도체와 n형 반도체를 만들고 그 p형과 n형의 조합으로 트랜지스터나 다이오드를 구성한다. 또한 저항은 p형 반도체에 의해, 콘덴서는 pn 접합에 의해 만들 수 있다.

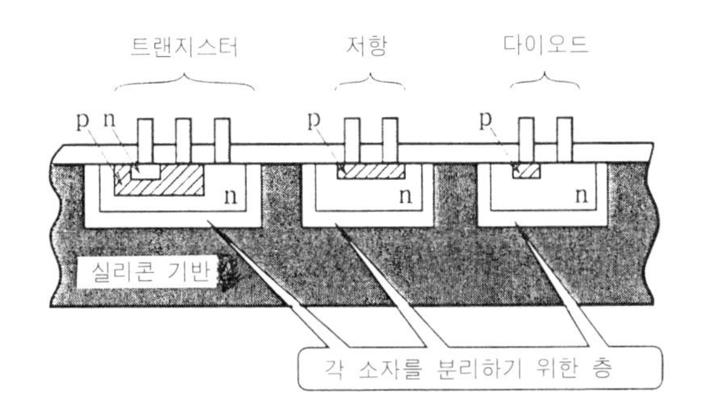

그림 1. IC의 구조

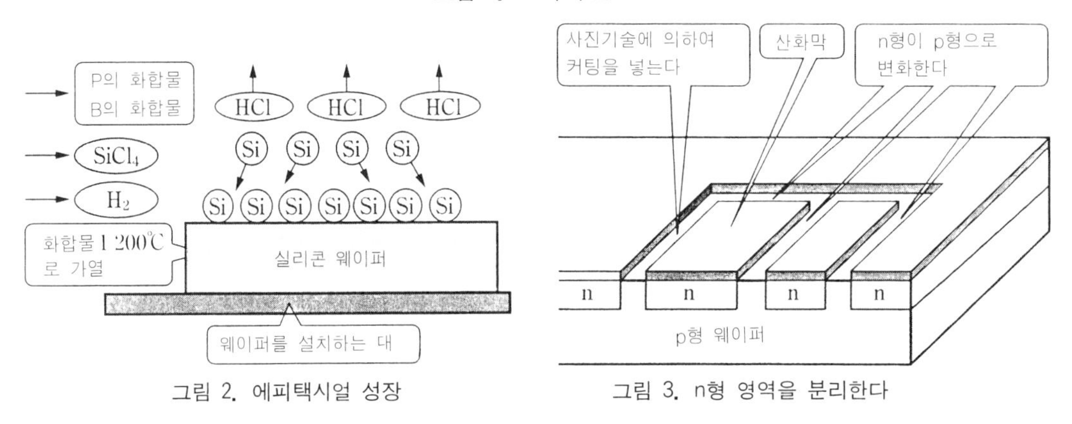

그림 2. 에피택시얼 성장

그림 3. n형 영역을 분리한다

IC는 그 구조에 따라 분류하면 **모놀리식 IC**와 **하이브리드 IC**가 있다.

모놀리식은 mono(하나의)와 lithic(돌)의 복합용어이며 하나의 작은 실리콘 기판(**칩**이라고 한다)으로 되어 있다. 하이브리드는 hybrid(혼성)의 뜻이며 트랜지스터나 다이오드는 실리콘을 재료로 쓰고 저항이나 콘덴서는 다른 재료로 되어 있다.

그림 1은 모놀리식 IC의 예이다.

2. IC를 만드는 방법

실리콘의 기판을 **실리콘 웨이퍼**라고 한다. **그림 2**와 같이 1,200℃ 정도로 가열한 실리콘 웨이퍼의 표면에 가스상의 $SiCl_4$(사염화실리콘)과 H_2(수소)를 보내면 Si(실리콘)과 HCl(염화수소)로 분해되어 Si 원자가 웨이퍼의 표면에 부착하여 Si 결정이 생긴다. 이와 같이 Si 원자가 적층되어 결정으로 성장하는 것을 **에피택시얼 성장**이라고 한다.

보내는 가스 중에 5가의 화합물로서 PCl_3(삼염화인)을 약간 혼합하면 n형으로 되고 3가의 화합물로서 BBr_3(삼브롬화붕소)를 약간 혼합하면 p형으로 된다.

먼저 실리콘 웨이퍼를 p형으로 에피택시얼 성장시킨 다음, 이 p형 위에 n형을 에피택시얼 성장시키면 pn 접합을 할 수 있다. 여기서 산화막 처리를 하여 n형의 표면을 산화막으로 덮는다.

n형 영역을 분리하려면 **그림 3**과 같이 사진기술에 의하여 산화막에 커팅을 넣어 삼브롬화붕소 가스를 보내면 붕소가 n형 영역 중에 확산되어 n형이 p형으로 되어 p형 웨이퍼와 접합된다. 이와 같은 방식으로 n형 영역이 분리된다.

이상과 같은 방법으로 pn 접합, pnp 접합을 만들고 배선하는 부분에 알루미늄을 증착시킨다. 증착이란 진공중에서 알루미늄을 가열, 용해하여 증발시켜 표면에 부착시키는 것이다.

3. IC에는 어떤 종류가 있는가?

IC의 종류는 여러 가지가 있으며 분류방법도 다양하다. 구조에 따라 분류하는 방법은 이미 설명했다. IC 속의 소자 수를 **집적도**라 한다.

① SSI(small scale integrated circuit)
 소규모 집적회로 집적도 10^2개 이하

② MSI(medium scale integrated circuit)
 중규모 집적회로 집적도 $10^2 \sim 10^3$개

③ LSI(large scale integrated circuit)
 대규모 직접회로 집적도 $10^3 \sim 10^5$개

④ VLSI(very large scale integrated circuit)
 초대규모 집적회로 집적도 10^5개 이상

IC의 집적도는 1960년대에 10^2개 정도였는데 반도체 기술의 진전에 따라 집적도는 해마다 높아져 1970년대 후반에는 10^4개 정도, 1980년대 후반에는 10^6개 정도가 되었고 현재는 10^7개 정도이다.

4. IC의 특징

IC의 특징을 저항, 콘덴서, 트랜지스터 등을 조립하여 만든 전자회로와 비교해 본다.

먼저 IC의 장점은 ①소형이며 가볍다, ②하나의 칩상에서 같은 공정으로 몇 개라도 트랜지스터를 생산할 수 있기 때문에 특성이 일정하다, ③대량 생산하므로 가격이 저렴하다, ④소비전력이 적다, ⑤칩 속에 소자가 만들어져 있으므로 진동에 강하다, ⑥납땜 장소가 적기 때문에 고장이 적다.

IC의 단점은 ①열에 약하다, ②코일을 칩 속에 구성하기 어렵다, ③큰 용량의 콘덴서를 IC화하는 것이 곤란하다.

복 습

1. 다음 문장 중 ( ) 안에 적절한 용어를 기입하라.

(1) IC의 구조에 따라 분류하면 (①) IC와 (②) IC가 있다.

(2) 실리콘의 기판을 (③)라 하며 그 위에 Si 원자를 (④) 성장시켜 3가나 5가 화합물의 가스에 의해 (⑤)형이나 (⑥)형 반도체를 만든다.

(3) IC 속의 소자 수를 (⑦)라 하며 VLSI의 그것은 (⑧)개 이상이며 (⑨) 집적회로라 한다.

제1장의 정리

IC의 기초가 되는 실리콘 웨이퍼의 순도는 IC를 만드는데 매우 중요한 요소이다. 이전에는 9가 10개 배열되는 텐 나인이라는 순도였는데 일레븐 나인을 거쳐 현재는 9가 12개 배열되는 트웰브 나인으로 고순도의 실리콘 웨이퍼를 얻을 수 있게 되었다.

그림 1에 실리콘의 정제법(불순물을 제거하여 순수한 것으로 만든다)을 나타내었다. 그림 1(a)와 같이 고주파 가열용의 코일을 고주파 전원에 접속하여 코일에 고주파 전류를 흐르게 한다. 코일 속에 있는 실리콘 결정은 용해되는데 그 때에 불순물이 용해된 부분에 들어 오는 성질이 있으므로 코일을 서서히 움직이면 불순물이 한 방향으로 모인다.

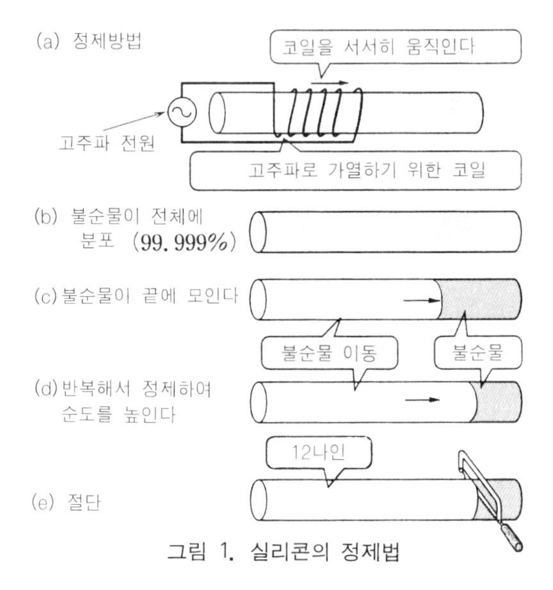

그림 1. 실리콘의 정제법

그림 1(b)는 화학적으로 정제한 실리콘이며 9가 5개 배열된 파이브 나인의 순도이다. 그림 1(c), (d)와 같이 몇 번씩 정제를 반복하여 불순물을 일단으로 보내면 드디어 트웰브 나인이라는 고순도의 실리콘이 만들어 지므로 그림 1(e)와 같이 불순물이 혼합된 부분을 절단하여 필요한 실리콘으로 한다.

해 답

〈20 페이지〉
1. ① 4 ② 3 ③ 5 ④ p형 반도체 ⑤ n형 반도체 ⑥ 정공 ⑦ 전자

〈22 페이지〉
1. ① 순방향전압 ② 역방향전압

〈25 페이지〉
1. ① 정류 ② 다이오드

〈27 페이지〉
1. ① 1.41mA ② 200

〈30 페이지〉
1. ① 소신호 전류증폭률 ② 직류 전류증폭률 ③ 정특성 ④ 최대 정격
2. 300

〈33 페이지〉
1. ① 드레인 ② 소스 ③ 게이트 ④ 채널 ⑤, ⑥ n형 채널, p형 채널 ⑦ 핀치오프 전압 ⑧ metal 금속 ⑨ oxide 산화물 ⑩ semiconductor 반도체

〈35 페이지〉
1. ①, ② 모놀리식, 하이브리드 ③ 웨이퍼 ④ 에피택시얼 ⑤, ⑥ p, n ⑦ 집적도 ⑧ 10^5 ⑨ 초대규모

제 2 장

트랜지스터 증폭회로

트랜지스터 증폭회로는 대별하면 낮은 주파수의 증폭, 높은 주파수의 증폭, 그 중간 주파수의 증폭으로 분류된다. 낮은 주파수, 즉 저주파란 30Hz~30kHz 정도 범위의 주파수이며 인간이 음으로 들을 수 있는 주파수로 그런 의미에서 가청주파수라고도 한다.

여기서는 우선 저주파의 트랜지스터 증폭회로에 대하여 설명하겠는데 트랜지스터 증폭회로로서 현재 널리 사용되고 있는 전류귀환 바이어스 회로(전류귀환 증폭회로)가 어떤 연구단계를 거쳐 발전하게 되었는지를 설명한다. 그 도입으로서 주변의 마이크로폰과 스피커의 작동에서 마이크의 출력전압을 증폭하지 않으면 스피커에서 음이 나오지 않는 것을 확인한다.

다음에 증폭의 주역인 트랜지스터를 어떻게 동작시키는지, 트랜지스터가 온도에 민감하기 때문에 발생하는 문제를 회로의 연구에 의하여 어떻게 해결하는지, 그리고 끝으로 전류귀환 바이어스 회로가 탄생하기까지를 정성적으로 설명하고 또한 고정 바이어스 회로와 전류귀환 바이어스 회로를 다시 정량적으로 설명한다. 정량적인 설명이란 양 바이어스 회로의 설계라고 할 수 있다.

또한 저주파의 전력 증폭용으로 라디오 수신기 등에 많이 사용되고 있는 푸시풀 증폭회로의 개념이나 OP 앰프의 개념에 대해서도 알기 쉽게 설명한다.

트랜지스터 증폭회로를 만들자(1)

(마이크로폰과 스피커를 직접 만든다)

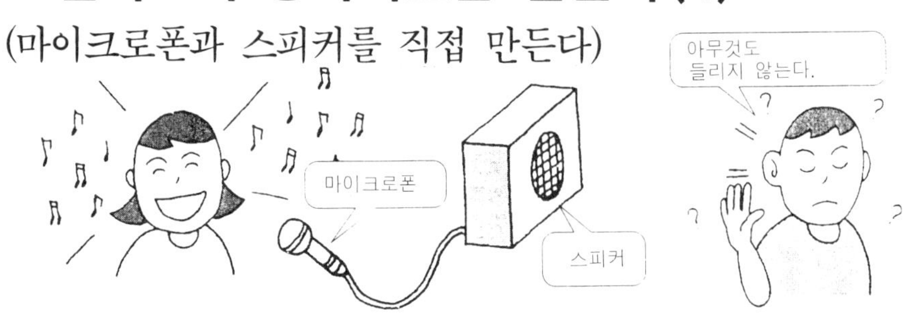

1. 마이크로폰

우선 우리들과 친숙한 마이크로폰에 대하여 알아보기로 한다.

마이크를 향하여 노래를 부르면 스피커에서 목소리가 나온다. 이것은 음성에 의한 음파가 어떤 구조에 의하여 전기신호로 변환되는 것이다. 그 구조를 그림으로 설명한다.

마이크로폰의 종류는 여러 가지가 있는데 여기서는 대표적인 **다이내믹 마이크로폰**에 대하여 설명한다.

그림 1은 다이내믹 마이크로폰의 구조와 원리를 나타낸 그림이다. 그림 1과 같이 영구자석과 요크라고 하는 자성체가 접촉하여 배치되고 영구자석을 둘러 싸듯이 **가동 코일**(보이스 코일이라고도 한다)이 **진동판**(다이어프램이라고도 한다)에 붙어 있다.

음성이 음파로 되어 진동판에 도달하면 진동판이 좌우로 진동한다. 진동판이 움직이면 가동 코일도 함께 움직인다.

가동 코일은 영구자석과 그에 의해 자화된 요크 사이에 있으며 가동 코일은 N극에서 S극으로 향하고 있는 자속을 끊게 된다. 따라서 그림과 같이 플레밍의 오른손의 법칙에 따르는 방향으로 기전력이 발생한다.

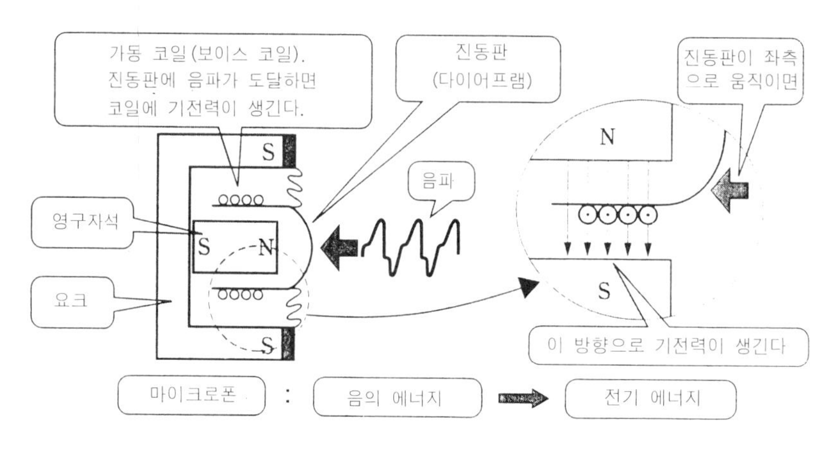

그림 1. 다이내믹 마이크로폰의 구조와 원리

이와 같이 음파가 전기로 변환되는 것이다.

2. 스피커

스피커의 종류는 여러 가지가 있는데 여기서는 다이내믹 스피커에 대하여 설명한다.

그림 2는 다이내믹 스피커의 구조와 원리를 나타낸 그림이다.

그림과 같이 영구자석과 요크의 배치 관계는 다이내믹 마이크로폰의 경우와 같다. 보이스 코일(가동 코일)은 영구자석과 요크로 된 자계 속에 있으며 코일은 콘과 연동하여 움직일 수 있는 구조로 되어 있다.

여기서 그림과 같이 전류가 흐르면 플레밍의 왼손 법칙에 따르는 방향으로 코일이 움직인다. 코일이 움직이면 콘도 움직여 콘의 움직임에 따라 공기가 진동하여 음파가 된다.

3. 증폭회로의 역할

마이크로폰에서 음성을 전기로 변환할 수 있고 스피커에서 그 전기를 음성으로 변환할 수 있다는 것을 알았다.

여기서 그림 3(a)와 같이 마이크로폰과 스피커를 직접 연결하여 마이크로폰을 향하여 말을 해 본다. 상당히 큰 소리를 내도 스피커에서는 전혀 소리가 나오지 않는다. 무슨 이유에서 일

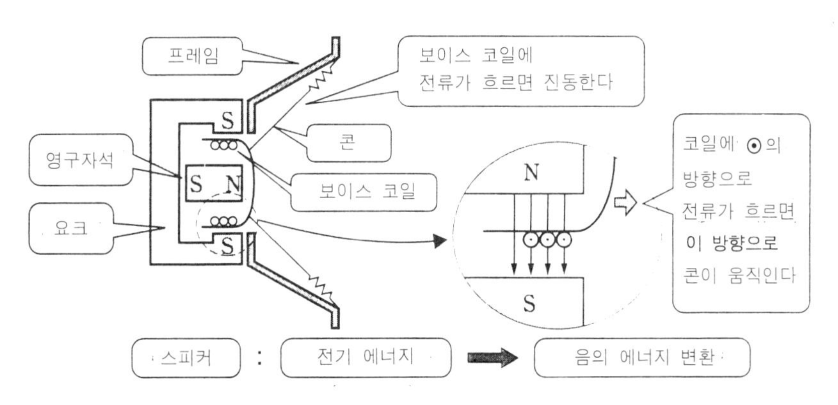

그림 2. 다이내믹 스피커의 구조와 원리

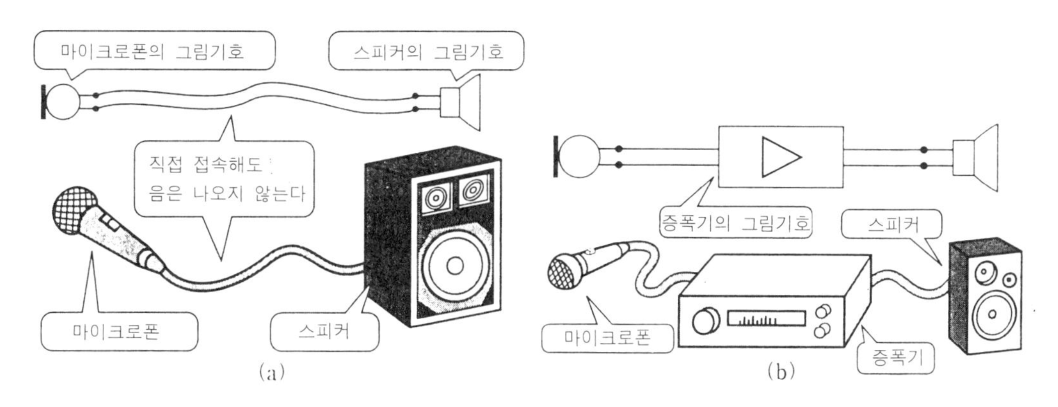

그림 3. 증폭회로의 역할

까? 그것은 마이크로폰에서의 전기신호가 너무 미약하기 때문이다.

또한 마이크로폰과 스피커의 그림기호는 JIS(일본공업규격)에서 그림과 같이 정하고 있다.

마이크로폰의 극히 미약한 전기신호를 스피커를 진동시킬 정도로 크게 해 주는 것이 증폭회로이다(그림 3(b)). 일반적으로 증폭회로는 음성에 의한 전기신호를 크게 하는 역할뿐만 아니라 화상에 의한 전기신호나 제5장에서 설명하게 될 온도 센서, 압력 센서, 광 센서 등에서 얻은 전기신호를 증폭하는 데에도 사용되며 그 용도는 매우 다양하다.

복 습

다음 문장의 ( ) 안에 적절한 용어를 기입하라.

(1) 마이크는 음파에 의하여 보이스 코일을 진동시켜 코일이 자속을 끊었을 때 발생하는 (①)을 이용하는 장치이며, 스피커는 자계 속의 코일에 전류가 흐르면 코일이 진동하여 코일에 접속한 (②)의 진동으로 공기를 진동하여 음파가 되는 장치이다.

(2) 마이크에서는 미약한 출력밖에 얻을 수 없으므로 이것을 (③)하는 회로가 필요하다.

② 트랜지스터 증폭회로를 만들자(2)

1. 트랜지스터에 마이크를 접속한다.

마이크로폰을 향하여 음성을 냈을 때에 발생하는 출력전압은 극히 작다. 여기서 그 작은 전압을 크게 하기(증폭이라고 한다) 위해 그림 1(a)와 같이 마이크를 트랜지스터의 베이스 B와 이미터 E 사이에 접속해 보았다.

그러나 스피커에서는 전혀 소리가 나오지 않았다. 그것은 트랜지스터에 베이스 전류(직류)가 흐르고 있지 않기 때문이다.

베이스 전류를 흐르게 하기 위해 그림 1(b)와 같이 직류전원을 마이크와 트랜지스터의 이미터 사이에 접속하려고 생각했다. 그러나 그림과 같은 접속의 방법으로는 보이스 코일의 저항이

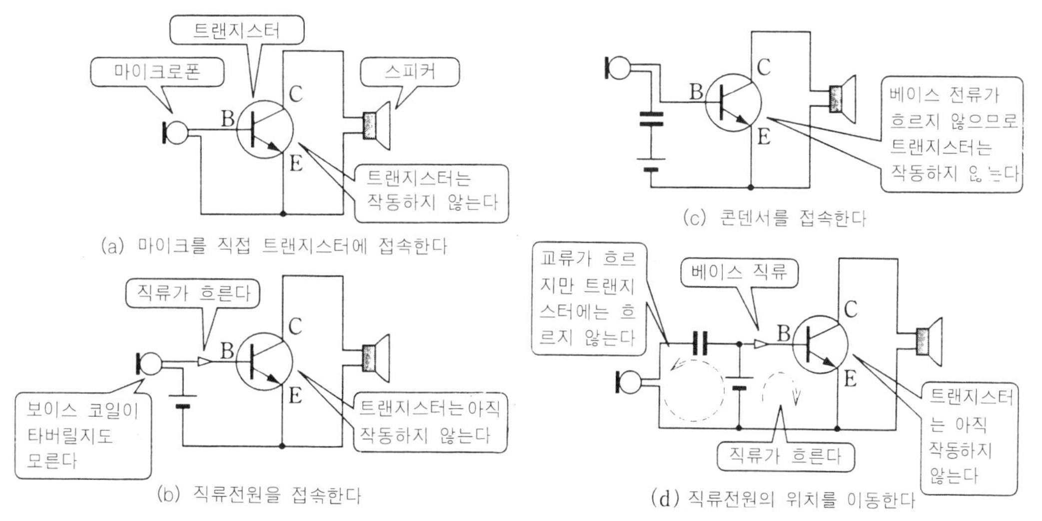

그림 1. 증폭회로가 완성되기까지(1)

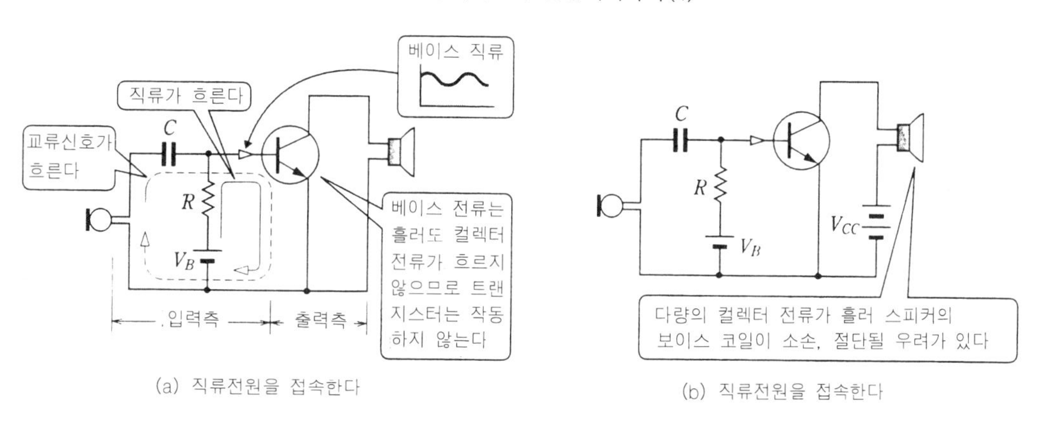

그림 2. 증폭회로가 완성되기까지(2)

매우 작기 때문에 흐르는 전류에 의하여 코일이 소손되어 절단될 가능성도 있다.

보이스 코일에 직류가 흐르지 않게 하기 위해서는 콘덴서를 그림 1(c)와 같이 접속한다. 콘덴서는 직류를 통과시키지 않고 교류를 통과시키는 성질이 있으므로 그림 1(c)와 같이 하면 마이크에서의 교류신호가 트랜지스터에 흐를 것이라 생각했으나 트랜지스터에 직류의 베이스 전류가 흐르지 않으므로 트랜지스터는 동작하지 않는다.

그러면 트랜지스터에 직류를 흐르게 하고 마이크의 교류신호를 베이스에 가하기 위해서는 어떻게 하면 될까? 여기서 그림 1(d)와 같이 콘덴서를 접속하는 것을 생각했는데 역시 이 경우에도 트랜지스터는 동작하지 않는다. 그것은 마이크에서 나온 교류신호는 전부 전원측으로 흐르고 트랜지스터로 흐르지 않기 때문이다. 즉 직류전원의 내부 저항은 트랜지스터의 베이스·이미터 간의 저항에 비하여 극히 작기 때문이다.

2. 입력측은 완성되었고 이번에는 출력측을 연구한다

트랜지스터 회로의 입력측이란 그림 2(a)와 같이 마이크에서 트랜지스터의 베이스·이미터까지를 말한다. 트랜지스터에 마이크의 교류신호를 흐르게 하기 위해서는 직류전원 V_B에 저항 R을 접속하여 교류신호가 V_B로 흐르지 않도록 한다. 이와 같이 하면 교류신호의 베이스 전류가 직류 위에 실린 형태로 흐른다. 이것으로 입력측은 거의 완성되었다고 할 수 있다. 자세한 내용은 차후 다시 연구해 보기로 하자.

입력측은 완성되었지만 아직 트랜지스터는 동작하지 않는다. 트랜지스터를 작동시켜 스피커를 진동시키기 위해서는 스피커에 전류를 흐르게 할 필요가 있다. 즉 입력측에서 들어간 교류신호를 트랜지스터에서 증폭하여 스피커에 증폭된 교류신호를 흐르게 해야 된다. 이를 위해서는 출력측을 연구하여 컬렉터 전류(직류)를 흐르게 한다. 여기서 그림 2(b)와 같이 스피커에 직렬로 직류전원을 접속하는 것을 생각해 보았다. 그러나 이대로는 큰 컬렉터 전류에 의하여 스피커의 보이스 코일이 소손 절단될 우려가 있어 좀더 출력측(트랜지스터의 컬렉터 · 이미터에서 스피커까지)에 대한 연구가 필요하다.

3. 입력측과 출력측에 필요한 전류파형을 생각한다

여기서 다시 입력측과 출력측에 필요한 전류파형을 생각해 보면 그림 3과 같이 된다. 요컨대 컬렉터 전류의 교류분을 스피커의 보이스 코일에 흐르게 하는 것이다.

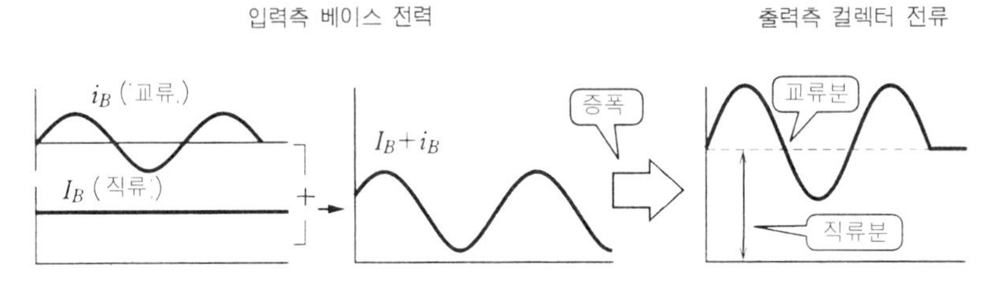

그림 3. 입출력에 필요한 전류파형

복 습

1. 다음 문장의 ( ) 안에 적절한 용어를 기입하라.
(1) 마이크로폰이나 스피커에 직류전원을 접속할 때 주의점은 (①)이다.
(2) 트랜지스터를 작동시키기 위해서는 입력측에서 (②) 전류를 흐르게 할 필요가 있다.
(3) 스피커를 진동시키는데 필요한 것은 컬렉터 전류로서 (③)분을 흐르게 하는 것이다.

3 트랜지스터 증폭회로를 만들자(3)

1. 직류가 스피커에 흐르지 않도록 하는 연구

직류가 스피커에 흐르면 보이스 코일이 타서 끊어질 우려가 있다. 여기서 그림 1과 같이 콘덴서 C_2를 스피커에 직렬로 접속했다. 이와 같이 하면 분명히 스피커에는 직류가 흐르지 않는다. 그러나 스피커에 교류를 흐르게 할 수는 없다. 왜냐 하면 직류전원 V_{CC}의 내부 저항은 콘덴서 C_2의 리액턴스에 비해 극히 작기 때문에 컬렉터 전류의 교류분은 모두 V_{CC}를 통하여 흐르기 때문이다.

2. 교류분만을 스피커에 흐르게 하는 연구

교류분을 스피커에 흐르게 하기 위해서는 직류전원 V_{CC}에 교류가 흐르지 않도록 할 필요가

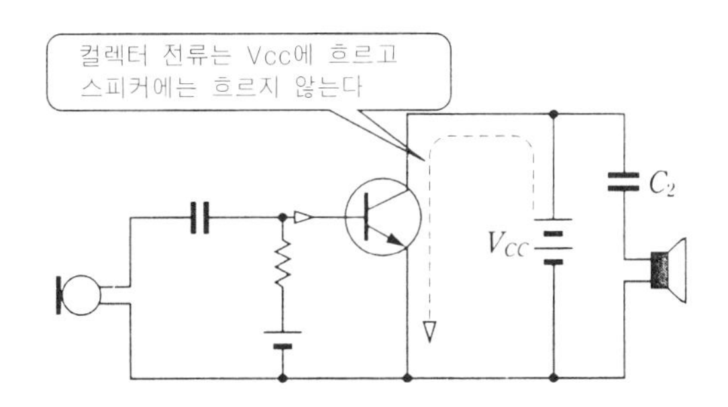

그림 1. 직류가 스피커로 흐르지 않도록 연구

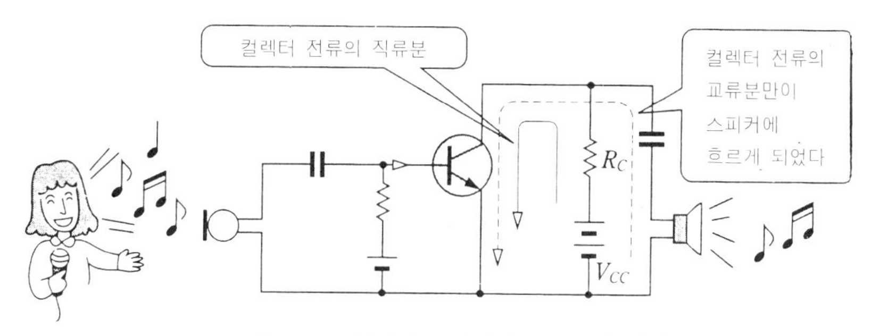

그림 2. 교류분만이 스피커에 흐르도록 연구

있다. 여기서 **그림 2**와 같이 V_{CC}에 직렬로 저항 R_C를 접속했다. 이로써 겨우 스피커에 교류가 흐르게 되었다. 더구나 트랜지스터에는 컬렉터 전류의 직류분과 교류분이 흐르고 있으므로 입력측의 교류신호를 증폭할 수 있게 되어 비로소 트랜지스터 증폭회로로 동작하게 되었다. 입력측에서 마이크를 향하여 노래를 부르면 그 음성은 증폭되어 스피커에서 노래가 들린다.

3. 전원을 하나로 한다

그림 2의 증폭회로는 전원이 2개 있다. 회로는 가급적 간단히 하는 것이 좋다. 간단히 한다는 것은 회로의 부품수를 줄이는 것이다. 전원은 2개보다 1개가 좋다.

여기서는 **그림 3**과 같이 전원을 하나로 한 회로를 연구했다. 이와 같은 회로로 하면 트랜지스터의 베이스와 컬렉터에 V_{CC}에서 전압을 가할 수 있으며 직류를 흐르게 할 수 있다.

교류신호를 트랜지스터 증폭회로에서 증폭하기 위해서는 이와 같이 일정한 직류전압을 베이스와 컬렉터에 가하고 직류를 베이스와 컬렉터에 흐르게 한다. 그 때의 직류전압을 **바이어스 전압**이라 하며 전류를 **바이어스 전류**라 한다. 이 바이어스 전압과 바이어스 전류를 합쳐 바이어스라 하고 그림 3의 회로는 **고정 바이어스 회로**라 한다.

4. 열폭주

바이어스는 주위 온도의 변화에 따라 변하는 경우가 있다. 트랜지스터는 반도체 결정으로 되어 있으며 주위 온도가 상승하면 결정 중의 정공이나 자유전자가 증가하여 컬렉터 전류가 증가한다. 컬렉터 전류가 증가하면 트랜지스터에서 발생하는 열이 높아져 트랜지스터의 온도가 높아진다. 점점 컬렉터 전류가 증가하게 되어 마침내 트랜지스터가 파괴되는 경우가 있다. 이와 같은 현상을 **열폭주**라 한다(**그림 4**).

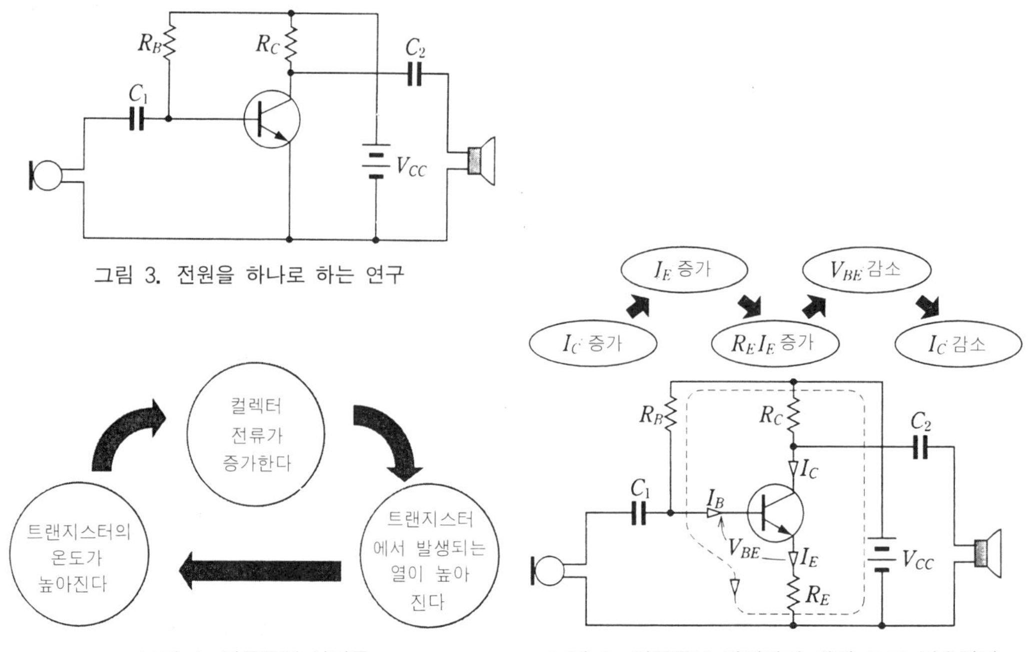

그림 3. 전원을 하나로 하는 연구

그림 4. 열폭주의 사이클

그림 5. 열폭주를 방지하기 위해 R_E를 접속한다

5. 열폭주는 어떻게 방지하는가?

열폭주를 방지하기 위해서는 주위 온도가 상승하여 컬렉터 전류가 증가했을 때 컬렉터 전류를 감소시켜야 한다.

그림 5와 같이 이미터 단자에 저항 R_E를 접속했다고 하자. 여기서 $V_{CC} \to R_B \to V_{BE} \to R_E$의 폐회로를 고려하면 키르히호프의 제2법칙에 의하여 다음 식이 성립된다(그림 5의 파선방향에 따라).

$$V_{CC} = R_B I_B + V_{BE} + R_E I_E$$

따라서, $V_{BE} = V_{CC} - R_B I_B - R_E I_E$

여기서 $I_E = I_C + I_B$이므로 I_C 증가 → I_E 증가 → V_{BE} 감소가 되어, V_{BE}가 감소하면 I_B가 감소하여 결과적으로 I_c가 감소하게 되어 열폭주를 억제할 수 있다.

복 습

1. 다음 문장 중의 ( ) 안에 적절한 용어를 기입하라.
(1) 스피커에는 컬렉터 전류의 (①)분만을 흐르게 한다.
(2) 그림 3과 같이 전원을 하나로 한 회로를 (②)회로라 한다.
(3) 트랜지스터에 일정한 직류를 흐르게 할 필요가 있는데 이것을 (③) 전류라 한다.
(4) 주위 온도의 상승에 의하여 트랜지스터가 파괴되는 현상을 (④)라고 한다.

4 트랜지스터 증폭회로를 만들자(4)

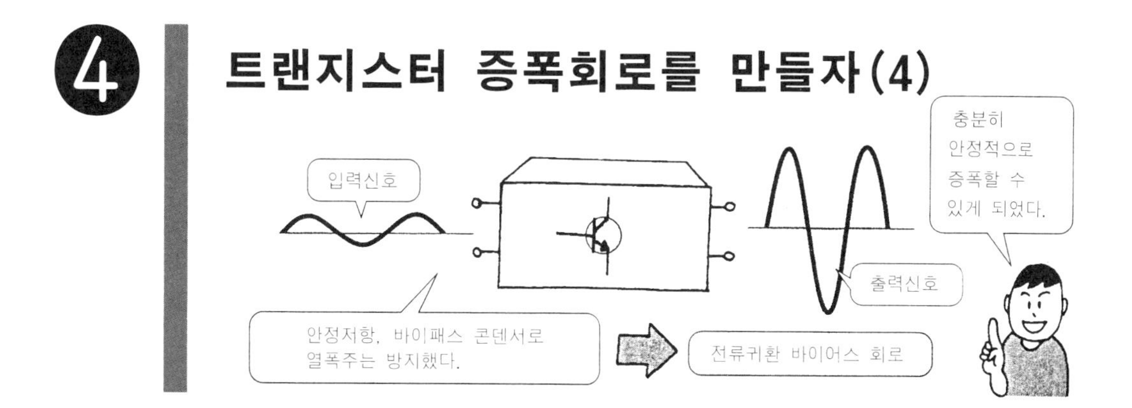

1. 교류신호가 잘 흐르지 않도록 하는 연구

열폭주를 방지함으로써 안정된 증폭을 위해 이미터에 저항 R_E를 접속했다. 이 R_E를 안정저항이라 한다. 그런데 R_E를 접속하면 교류신호의 증폭도가 작아진다. 이것을 그림 1에서 고찰해 본다.

그림 1(a)는 이미터 E에 아무 것도 접속하지 않았다. 이 회로에서 입력신호인 v_s와 베이스·이미터 간의 교류전압 v_{BE}는 크기가 같으므로 v_{BE}를 기초로 충분히 증폭된 컬렉터 전압 v_c를 얻을 수 있다.

그런데 그림 1(b)와 같이 이미터에 R_E를 접속하면 R_E의 양단에는 $i_E \cdot R_E$의 교류전압 v_{RE}가 발생한다. 이 v_{RE}와 v_S, v_{BE} 사이에는

$$v_S = v_{BE} + v_{RE}$$

따라서, $v_{BE} = v_S - v_{RE}$

의 관계가 성립하며 v_{BE}가 v_{RE} 로 인해 작아진다. 그 결과 v_c는 그림 1(a)의 경우에 비해 작아진다. R_E로 인해 교류가 흐르기 어렵다는 것은 이상과 같은 이유이다.

2. 교류신호를 흐르기 쉽게 하기 위한 연구

여기서는 교류신호를 흐르기 쉽게 하기 위해 이미터에 콘덴서 C_E를 접속한다. 콘덴서는 직류는 통과시키지 않고 교류만 통과시킨다. 콘덴서의 이러한 성질을 이용하여 교류신호를 C_E를 통하여 흐르게 한다. 이 콘덴서는 R_E의 측로(바이어스)라는 의미이며 바이패스 콘덴서라 한다.

그림 2는 바이패스 콘덴서 C_E를 안정저항 R_E에 병렬로 접속한 증폭회로이다.

3. 바이패스 콘덴서의 작용

그림 3에서 바이패스 콘덴서의 작용에 대해 설명한다. 단, 그림 3(a)와 그림 3(b)는 콘덴서로서는 적당하지 않은 값으로 설명하고 있으므로 주의한다.

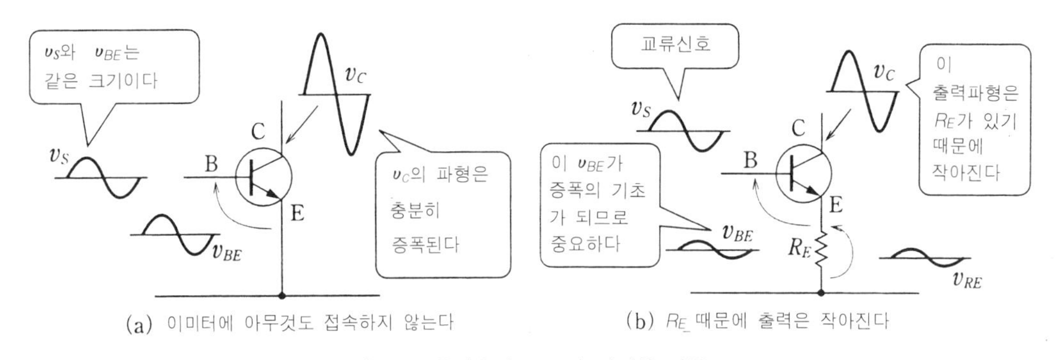

(a) 이미터에 아무것도 접속하지 않는다 (b) R_E 때문에 출력은 작아진다

그림 1. 교류신호가 흐르기 어려운 이유

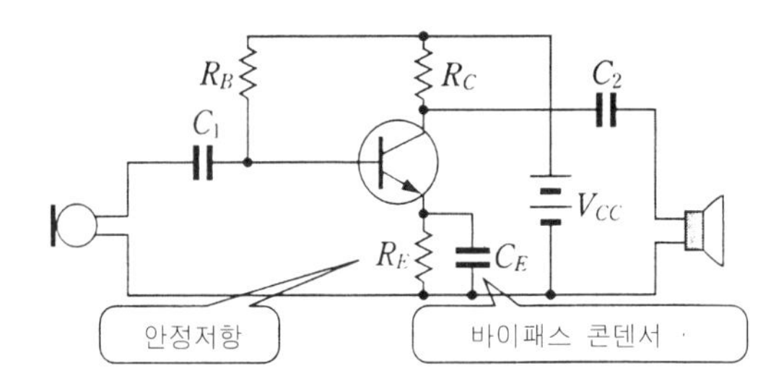

그림 2. 교류신호를 흐르게 하기 위해 C_E를 접속한다

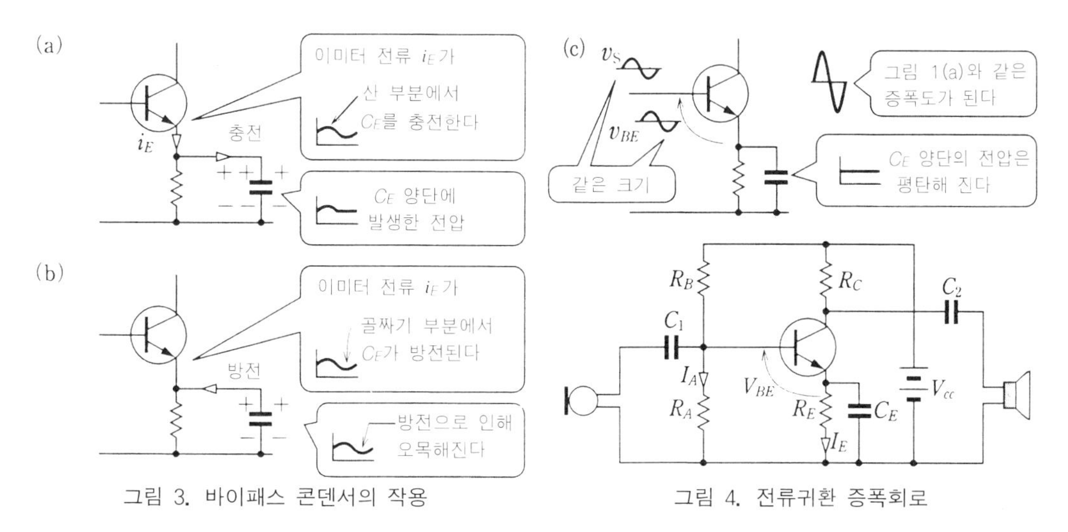

그림 3. 바이패스 콘덴서의 작용

그림 4. 전류귀환 증폭회로

그림 3(a)에서 이미터 전류 i_E는 교류이며 파형의 꼭대기 부분에서 C_E를 충전한다. 따라서 C_E 양단의 전압은 충전을 위해 산형의 파형이 된다. 그림 3(b)에서 이미터 전류 i_E의 골짜기 부분에서는 C_E의 전하가 방전되며 C_E 양단의 전압은 방전으로 인해 오목한 파형이 된다.

여기서 그림 3(c)와 같이 C_E의 값을 적정값으로 하면 C_E의 양단 전압(R_E의 양단 전압)은 평탄하게 된다. 따라서 C_E 양단의 전압에 교류분은 없다. 즉 $v_{BE}=v_S-v_{RE}=v_S-0=v_S$가 되며 v_s와 v_{BE}는 크기가 같게 된다. 그 결과 R_E가 접속되어 있지 않는 그림 1(a)와 같은 증폭도가 된다. 바이패스 콘덴서를 접속함으로써 R_E에 의한 증폭도의 저하를 방지할 수 있었지만 그림 2의 회로에 하나의 문제가 있다. 그것은 주위 온도의 상승으로 캐리어가 증가하여 베이스·이미터 간의 저항(h_{ie})이 감소하기 때문에 베이스·이미터 간 전압 V_{BE}가 작아져 증폭도가 변동하는 것이다.

4. 전류귀환 증폭회로

그림 4와 같은 회로, 즉 저항 R_A를 접속한 회로를 살펴보면

$$V_{BE}=R_AI_A-R_EI_E$$

이며 온도 상승에 의하여 I_E가 증가하면 V_{BE}는 감소하고 I_C의 증가(I_E의 증가)를 방해하므로 V_{BE}는 일정하게 된다. 즉 I_A는 온도에 관계 없이 일정하다. 이 회로를 전류귀환 증폭회로라 하며 가장 많이 사용되고 있는 증폭회로이다.

복 습

1. 다음 문장 중의 ( ) 안에 적절한 용어를 기입하라.

(1) 전류귀환 증폭회로에서 이미터에 접속한 저항 R_E를 (①)이라 하며 C_E를 (②)라 한다. C_E의 역할은 R_E에 의한 증폭도의 (③)를 방지하는 것이다.

(2) 전류귀환 증폭회로에서 주위 온도의 상승에 의한 (④)의 감소를 방지하기 위해 R_A를 접속한다.

5 고정 바이어스 회로와 전류귀환 바이어스 회로

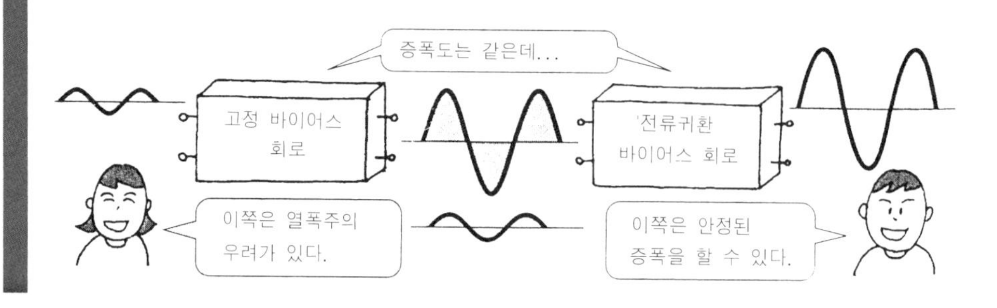

1. 고정 바이어스 회로

고정 바이어스 회로는 가장 간단한 바이어스 회로이다. 그림 1은 고정 바이어스 회로라 부르며 그림 1(a)가 실체 배선도, 그림 1(b)가 회로도이다.

그림 1과 같이 베이스 전류 I_B는 전원전압 V_{CC}로부터 저항 R_B를 통하여 흐른다. I_B는 그림 1(b)의 1점 쇄선으로 표시한 폐회로에 의한 식에서,

$$V_{CC} = R_B I_B + V_{BE}$$

따라서, $$I_B = \frac{V_{CC} - V_{BE}}{R_B} \qquad (1)$$

가 된다. 또한 저항 R_B는 바이어스 전류를 흐르게 하기 위한 저항이므로 **바이어스 저항**이라고도 한다. 식 (1)에서 V_{BE}는 실리콘 트랜지스터의 경우 약 6V, V_{CC}는 그림 1(a)의 실체 배선도와 같이 006P 전지일 때 9V이다. 바이어스 저항 R_B를 구하는 경우에도 식 (1)을 변형하여 계산하는데 I_B 의 값은 식(1) 이외의 계산에 의하여 구한다.

컬렉터 전류 I_C는 그림 1(b)의 1점 쇄선으로 표시한 폐회로에서 다음과 같이 구할 수 있다.

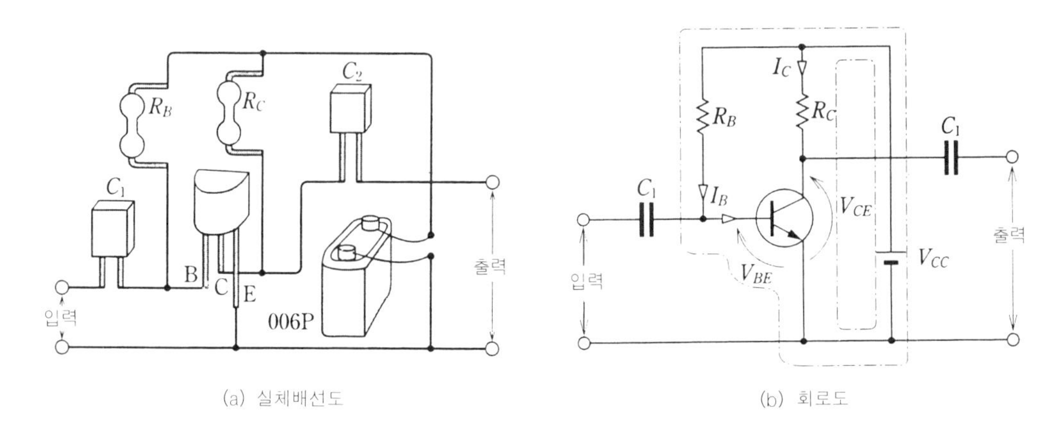

그림 1. 고정 바이어스 회로

$$I_C = \frac{V_{CC} - V_{CE}}{R_C} \text{ 또는,}$$

$$I_C = h_{FE} I_B = \frac{h_{FE}(V_{CC} - V_{BE})}{R_B}$$

예제 그림 1의 고정 바이어스 회로에서 컬렉터 전류를 1mA, h_{FE}를 100이라 했을 때 R_B를 구하라. 단, 실리콘 트랜지스터를 사용했다.

해답 $V_{BE} = 0.6$, $V_{CC} = 9$이다.
먼저 $I_B = I_C / h_{FE} = 1/100 = 0.01$〔mA〕
따라서

$$R_B = \frac{V_{CC} - V_{BE}}{I_B} = \frac{9 - 0.6}{0.01} = 840〔\text{k}\Omega〕$$

2. 전류귀환 바이어스 회로

그림 2와 같은 회로를 전류귀환 바이어스 회로라 한다. 먼저 입력파형과 출력파형의 위상 관계에 대해 설명한다.

①입력전압 v_i 증가→②베이스 전류 i_B 증가→③컬렉터 전류 i_C 증가→④저항 R_C의 전압강하 $R_C i_C$ 증가→⑤컬렉터 전압 V_C 저하.

즉, ①v_i 증가→ ⑤V_C 저하가 된다. 반대로 v_i 감소→V_C 증가가 되어 그림 2와 같이 위상이 반전된다.

다음은 회로의 안정도에 대해 설명한다. 여기서는 직류만을 취급한다.

먼저 $V_{BE} = R_A I_A - R_E I_E$ (1)

다음에 $V_{CC} = R_B(I_A + I_B) + R_A I_A$

따라서 $I_A = \dfrac{V_{CC} - R_B I_B}{R_A + R_B}$ (2)

식 (2)를 식 (1)에 대입하면

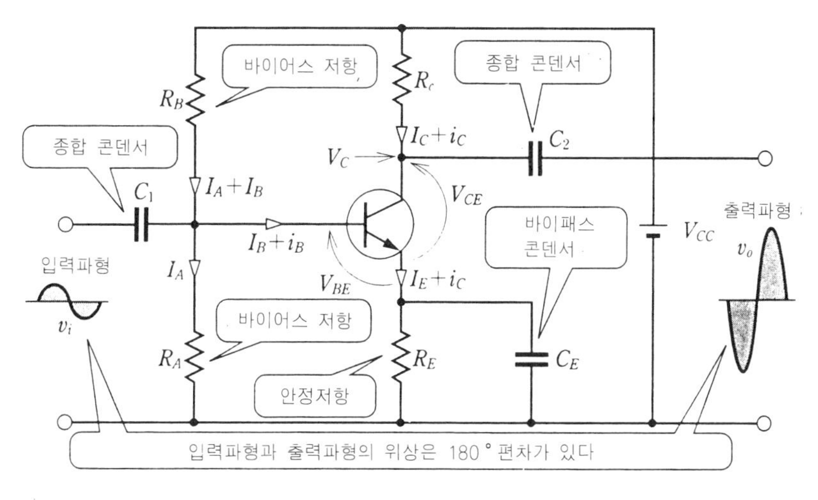

그림 2. 전류귀환 바이어스 회로

$$V_{BE}=\frac{(V_{CC}-R_BI_B)R_A}{R_A+R_B}-R_EI_E \qquad (3)$$

또한 $I_E=I_B+I_C$이며 여기서 주위 온도가 상승하여 I_C가 증가했다. 식 (3)에서

I_C 증가→I_E 증가→R_EI_E 증가→V_{BE} 감소

로 된다. V_{BE}가 감소하면 I_B가 감소하며 따라서 I_C가 감소하므로 결과적으로 I_C의 증가를 방지할 수 있다.

3. 전류귀환 바이어스 회로의 R_E, R_A, R_B, R_C

(1) R_E R_E 양측의 전압은 전원전압 V_{CC}의 10~20% 정도이다. 여기서 10%라 하면 $R_EI_E \fallingdotseq R_EI_C=0.1V_{CC}$가 된다.

따라서, $R_E=\dfrac{0.1V_{CC}}{I_C}$

(2) R_A R_A는 R_E의 10~50배로 선정한다.

$R_A=(10\sim50)\times R_E$

(3) R_B $V_{CC}=R_B(I_A+I_B)+V_{BE}+R_EI_E$

따라서 $R_B=\dfrac{V_{CC}-V_{BE}-R_EI_E}{I_A+I_B}$

(4) R_C $V_{CC}=R_CI_C+V_{CE}+R_EI_E$

$R_C=\dfrac{V_{CC}-V_{CE}-0.1V_{CC}}{I_C}$

따라서 $R_C=\dfrac{0.9V_{CC}-V_{CE}}{I_C}$

복 습

1. 고정 바이어스 회로의 바이어스 저항 R_B를 구하라. 단, 컬렉터 전류 I_C는 2mA라 하고 $h_{FE}=100$, $V_{CC}=9$〔V〕, 실리콘 트랜지스터를 사용했다.
2. 전류귀환 바이어스 회로의 안정저항 R_E를 구하라. 단, 안정도를 중시하여 R_E의 전압 강하를 전원전압의 20%로 한다. 또한 $V_{CC}=9$〔V〕, $I_E=2$〔mA〕라 한다.

푸시풀 증폭회로

1. 푸시풀 증폭회로의 원리

그림 1은 동일규격의 트랜지스터 2개, Tr_1과 Tr_2를 상하 대칭으로 배치한 증폭회로이며 푸시풀 증폭회로라 한다.

그림 1(a)에서 입력 트랜스 T_1의 2차측 중간 탭의 상측에 화살표의 기전력이 발생하면 트랜지스터 Tr_1의 베이스에 베이스 전류 i_{B1}이 흘러 컬렉터 전류 i_{C1}이 $i_{C1}=h_{fe}i_{B1}$이 되어 흐른다. 따라서 출력 트랜스의 2차측의 부하저항 R_L 양단에는 그림 1(a)와 같은 플러스 반파의 출력전압이 발생한다. 그 동안 트랜지스터 Tr_2는 작동하지 않는다.

그림 1(b)에서 입력 트랜스 T_1의 2차측 중간 탭의 하측에 화살표와 같은 기전력이 발생하면 트랜지스터 Tr_2에 베이스 전류 i_{B2}가 흘러 컬렉터 전류 $i_{C2}=h_{fe}i_{B2}$가 흐른다. 따라서 출력 트랜스 T_2의 2차측 부하 저항 R_L 양단에는 그림 1(b)와 같은 마이너스 반파의 출력전압이 발생한다.

이상의 결과에서 Tr_1과 Tr_2가 교대로 동작하여 플러스와 마이너스의 반파씩을 증폭하여 전파를 증폭할 수 있다. 푸시(push : 밀다), 풀(pull : 당기다)의 명칭과 같이 트랜지스터가 서로

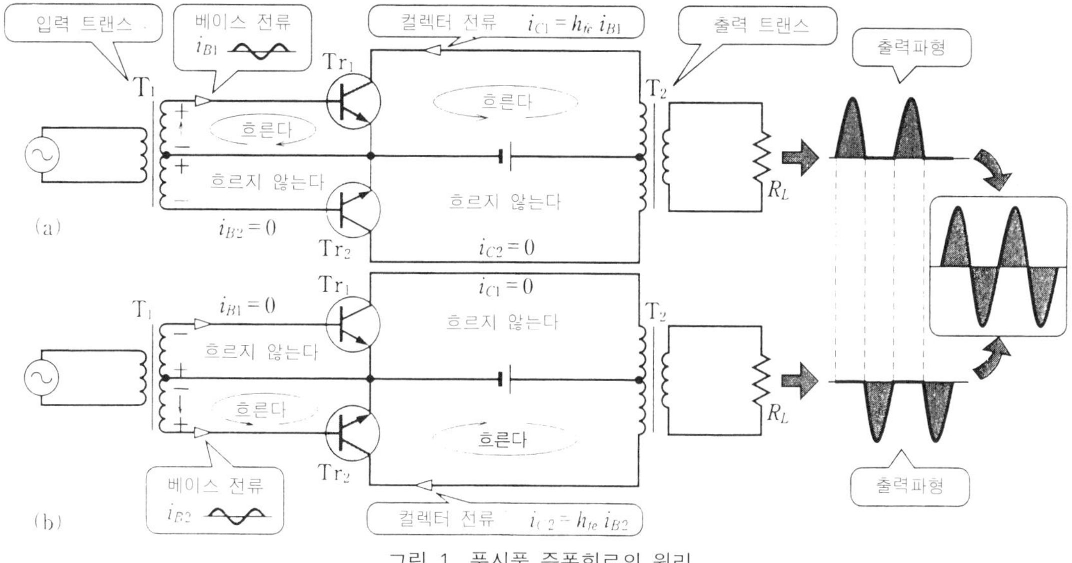

그림 1. 푸시풀 증폭회로의 원리

교대로 동작하는 것이 마치 밀고 당기는 듯한 느낌이다.

이 증폭회로는 신호가 들어 오지 않을 때에는 컬렉터 전류가 흐르지 않으므로 전력의 낭비가 적은 특징이 있으며 일반적으로 전력증폭(전압과 전류의 곱의 증폭) 회로로 널리 사용되고 있다.

2. 크로스오버 스트레인과 그것을 제거하기 위한 연구

크로스오버 스트레인은 crossover(교차점)에 의한 스트레인이며 푸시풀 증폭회로의 경우 2개의 트랜지스터 특성 곡선이 교차되는 점에서 출력파형이 변형되는 현상이다.

그림 2(a)는 트랜지스터 Tr_1, Tr_2의 v_B-i_{C1} 특성, v_B-i_{C2} 특성인데 원점 0 부근의 특성 상승이 직선이 아니다. pn접합 반도체에서는 약 0.6V를 초과하지 않으면 캐리어가 이동하지 않는다. 따라서 특성의 상승이 원점으로부터 약간 벗어난 곳에서 완만하게 상승하기 시작한다. 입력전압으로 그림 2(a)와 같은 파형의 전압을 가하면 출력파형은 그림 2(a)와 같이 변형된다. 이 변형을 **크로스오버 스트레인**이라 한다.

크로스오버 스트레인을 없애기 위해서는 2개의 트랜지스터의 v_B-i_C 특성을 접속한 종합 특성이 직선이 되도록 하는 것이며 원점에서 바로 상승하는 특성으로 하면 된다. 이를 위해서는 그림 2(b)와 같이 2개의 트랜지스터에 바이어스 전압을 가할 필요가 있다. 이와 같은 방법으로 스트레인을 제거할 수 있다.

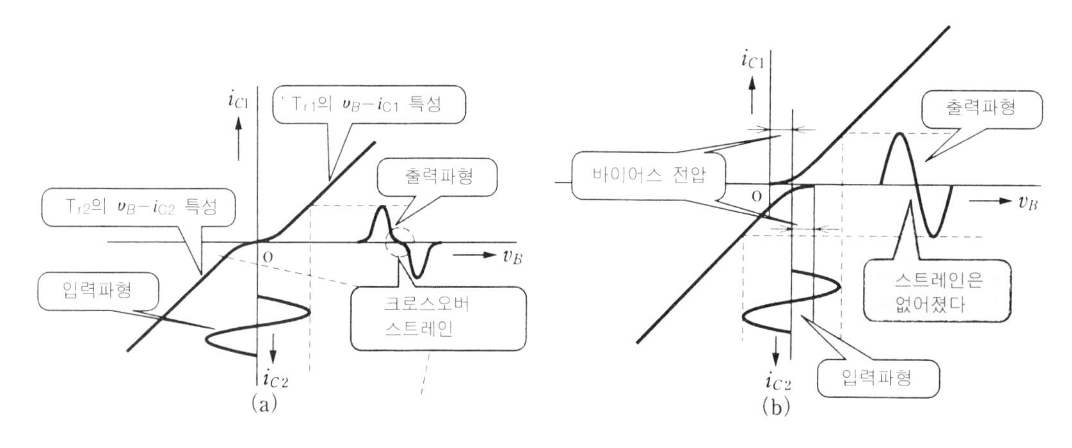

그림 2. 크로스오버 스트레인과 대책

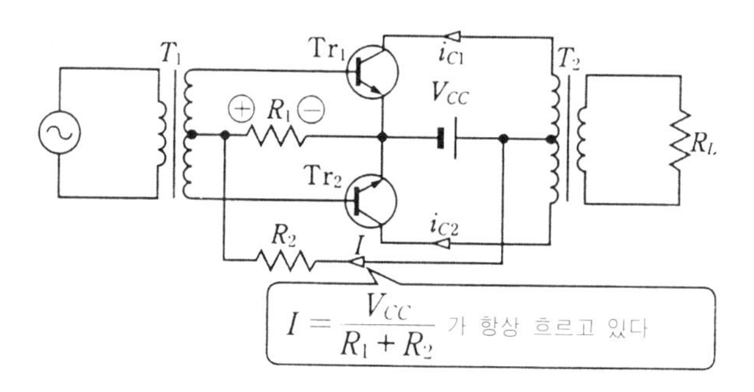

그림 3. 크로스오버 스트레인을 없앤 회로

3. 크로스오버 스트레인을 제거하는 실제의 회로

그림 3은 크로스오버 스트레인을 제거하기 위한 회로이다. 그림 3과 같이 저항 R_1과 R_2를 V_{CC}에 접속하면 입력신호가 없을 때에도 항상 전류 I[A]가 흘러 R_1의 양단에는 ⊕, ⊖ 극성의 전압이 발생한다. 이 전압에 의하여 Tr_1과 Tr_2의 베이스에 플러스의 바이어스 전압을 가하고 트랜지스터 Tr_1과 Tr_2의 특성 곡선이 그림 2(b)와 같이 어긋나 직선적인 특성이 된다.

복 습

1. 다음 문장 중의 ( ) 안에 적절한 용어를 기입하라.

(1) 푸시풀 증폭회로는 2개의 같은 (①)의 (②)를 대칭적으로 배치한 증폭회로이며 (③)이라고 하는 변형이 생기는 문제가 있다.

(2) 크로스오버 스트레인을 제거하기 위해서는 2개의 트랜지스터에 (④)를 가한다.

7 연산증폭기(OP 앰프)

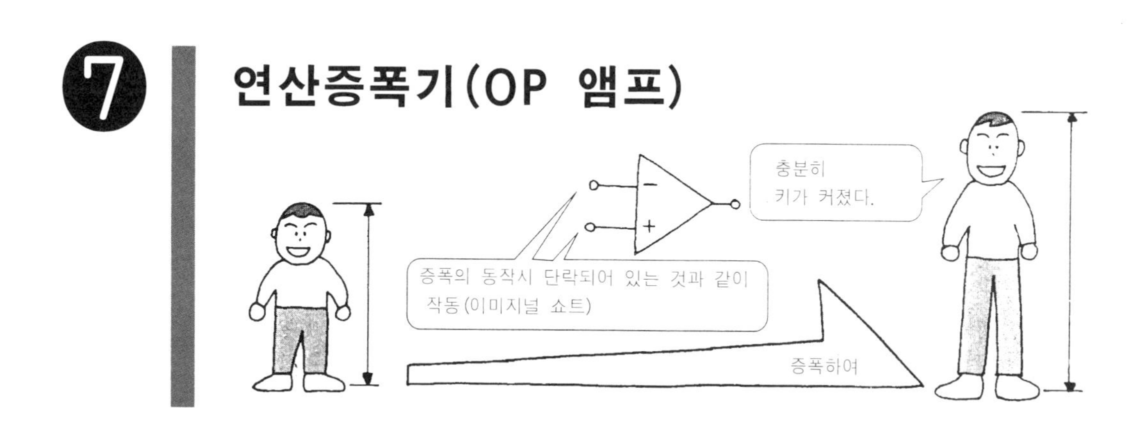

1. OP 앰프의 그림기호와 전압

연산증폭기는 operational amplifier로 OP 앰프라고도 한다. OP 앰프의 그림기호를 그림 1에 나타내었다.

OP 앰프는 그림기호와 같이 입력단자가 2개 있으며 반전 입력단자와 비반전 입력단자라는 명칭이 붙어 있다.

반전과 비반전이라는 용어는 입력신호에 대한 출력신호의 위상관계를 의미한다.

반전 입력이란 출력전압의 위상이 입력전압과 180° 다르며 파형으로 하면 명백한데 반전하는 입력단자라는 것이다.

OP 앰프 각 부의 전압을 그림 2에 나타내었다. 일반적으로 전원전압은 $+V_{CC}$와 $-V_{EE}$ 2개가 필요하다. 반전 입력으로의 전압이 v_1, 비반전 입력으로의 전압을 v_2라 하면 OP 앰프

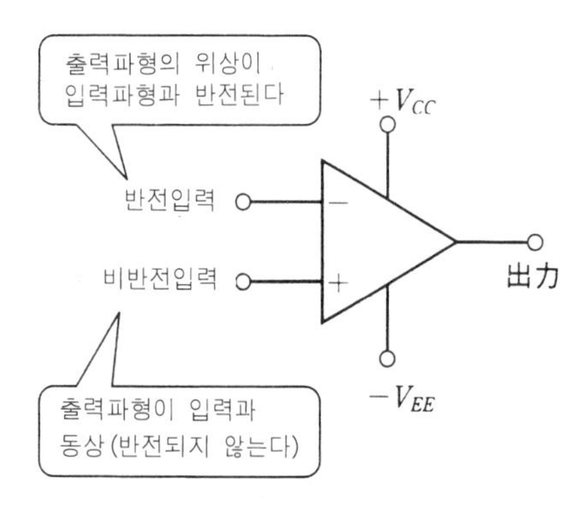

그림 1. 연산증폭기의 그림기호

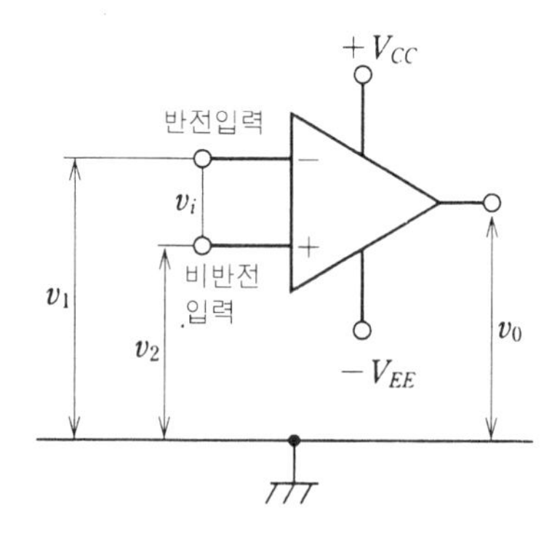

그림 2. 연산증폭기의 전압

의 입력전압 v_1은 v_2-v_1이 된다.

2. OP 앰프의 기본회로(교류)

그림 3과 같이 비반전 입력단자를 어스하여 반전 입력단자에 전압을 가하면 출력에는 반전된 전압이 나타난다. 이 기본회로를 **반전 증폭회로**라 한다. OP 앰프의 입력 임피던스는 무한대라는 특징이 있다.

따라서 입력측에서의 전류 i_S는 R_S를 지나 그대로 R_f에 흐른다.

$v_i = R_S\, i_S$, $v_0 = -R_f i_S$ (다음 페이지 참조)

이므로 전압증폭도 A_v는

$$A_v = \frac{v_0}{v_i} = -\frac{R_f}{R_S}$$

그림 3을 변경하여 반전 입력단자를 어스하여 입력신호를 비반전 입력단자로 하면 입력신호와 위상이 같은 출력신호를 얻을 수 있다. 이와 같은 회로를 **비반전 증폭회로**라 한다.

그림의 기본회로는 전원이 생략되어 있다는 점에 주의한다.

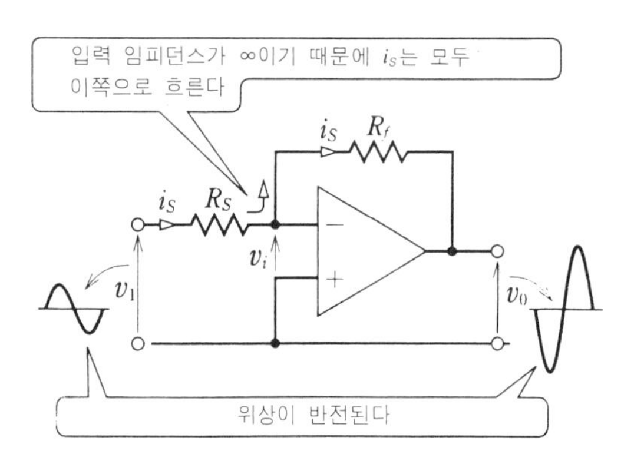

그림 3. 연산증폭기의 기본회로(교류)

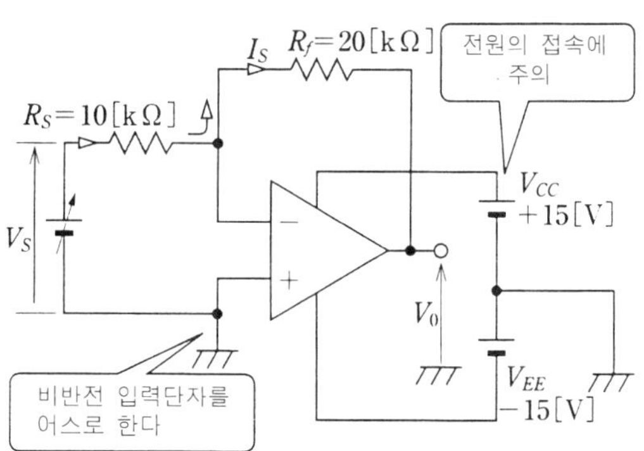

그림 4. OP 앰프의 기본회로(직류)

3. OP 앰프의 기본회로(직류)

OP 앰프에는 특별한 성질이 있다. 즉 OP 앰프는 입력 임피던스가 무한대인데 실제로 증폭 동작시 반전 입력단자와 비반전 입력단자 사이에는 마치 단락된 것 같이 작동한다. 이것을 가상적으로 단락되어 있다고 보아 이미지너리 쇼트(가상단락)라 한다.

그림 4는 직류용의 기본회로로 실제로 데이터를 얻기 위해 전원전압 V_{CC}, V_{EE} 및 저항 R_S, R_f에 값을 표시했다.

이 기본회로에서 이미지너리 쇼트를 고려하여 입력전압 V_S와 출력전압 V_0를 구하면 다음과 같다.

$$V_S = R_S I_S,\quad V_0 = -R_f I_S$$

따라서 전압증폭도 A_v는

$$A_v = \frac{V_0}{V_S} = \frac{-R_f I_S}{R_S I_S} = -\frac{20}{10} = -2$$

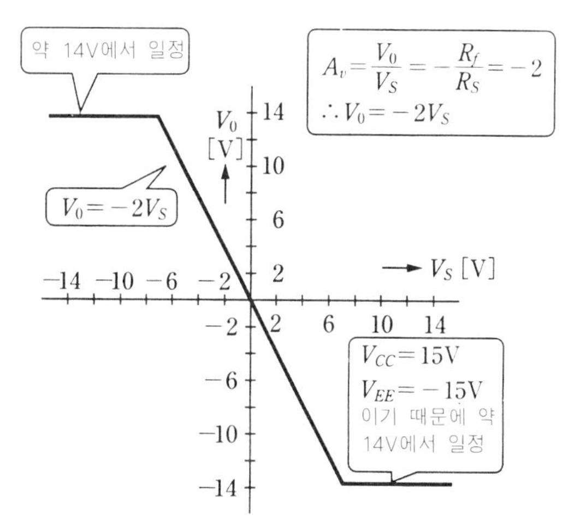

그림 5. OP 앰프의 직류 특성의 일례
(그림 4의 기본회로에서)

그림 5는 입력전압으로 직류전압을 가했을 때의 출력전압을 표시한 것으로 직류 특성이라고 한다.

이와 같이 OP 앰프는 직류전압에서 고주파 전압까지를 증폭하는 IC이며 증폭도는 수천배로 매우 크다. R_S, R_f의 값은 수〔kΩ〕~수백〔kΩ〕이 많이 사용된다. 또한 OP 앰프의 특징은 ① 입력 임피던스는 수〔MΩ〕으로 매우 커서 대체로 무한대로 보면 된다. ② 출력 임피던스는 수십〔Ω〕으로 매우 작다는 것 등을 들 수 있다.

반전 입력단자와 비반전 입력단자에 각각 입력전압 v_1, v_2를 가하면 입력전압의 차($v_1 \sim v_2$)가 증폭되어 출력전압이 된다. 이와 같은 증폭회로를 차동 증폭회로라고 한다.

복 습

1. 다음 문장 중의 ( ) 안에 적절한 용어를 기입하라.
(1) OP 앰프에는 2개의 입력단자 (①)와 (②)가 있다.
(2) 비반전 입력단자를 어스하여 반전 입력단자에 입력신호를 가하는 증폭회로를 (③)라 한다.
2. 그림 4의 회로에서 R_s=5〔kΩ〕, R_f=125〔kΩ〕이라 했다. 전압 증폭도를 구하라.

제2장의 정리

증폭회로를 취급하는 경우 중요한 요소의 하나로 **증폭도**가 있다. 증폭도에는 전압증폭도, 전류증폭도, 전력증폭도가 있는데 여기서는 그림 1에 의거하여 전압증폭도에 대하여 설명한다.

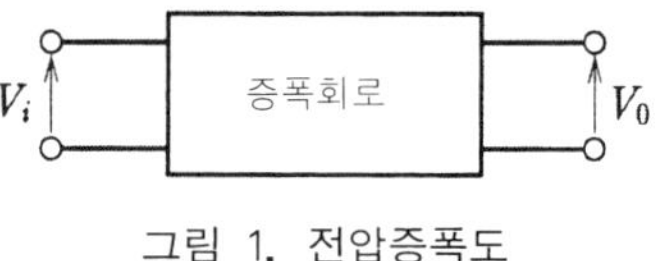

그림 1. 전압증폭도

그림 1에서 입력전압을 V_i〔V〕, 출력전압을 V_0〔V〕라 하면 이 증폭회로의 전압증폭도 Av는 다음 식으로 표시된다.

$A_V = \frac{V_0}{V_i}$ (단위는 무차원, 몇 배라고 하는 경우가 있다. V_i, V_0는 교류의 실효값이다)

여기서 **이득**(Gain)이라는 용어가 많이 사용되는데 전압이득 G_V는 다음 식으로 정의된다.

$G_V = 20\log A_V$〔dB〕

$G_V = 20\log\frac{V_0}{V_i}$〔dB〕 (단위는 dB(데시벨)이며 log는 상용 대수이다)

그림 2와 같이 증폭회로가 3개 접속되어 있을 때 전체의 증폭도와 이득, 즉 종합증폭도 A_0와 종합이득 G_0는 다음과 같다.

$A_0 = A_1 \cdot A_2 \cdot A_3$

$G_0 = 20\log A_0$

$= 20\log(A_1 \cdot A_2 \cdot A_3)$

$= 20\log A_1 + 20\log A_2 + 20\log A_3$

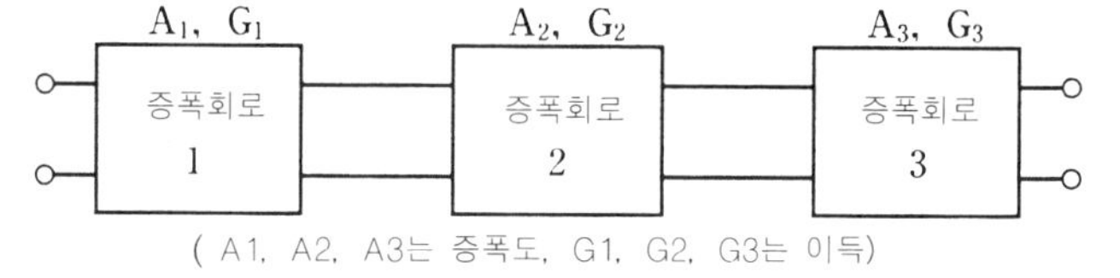

그림 2. 종합 증폭도와 종합 이득

따라서 $G_0 = G_1 + G_2 + G_3$

즉, 종합이득은 각각의 증폭회로의 이득을 더하면 된다. 이것은 증폭도를 이득으로 표시하는 경우의 이점이다

해 답

〈40페이지〉
1. ①기전력 ②콘 ③증폭

〈42페이지〉
1. ①보이스 코일에 직류가 흐르지 않도록 한다 ②베이스 ③교류

〈45페이지〉
1. ①교류 ②고정 바이어스 ③바이어스 ④열폭주

〈47페이지〉
1. ①안정저항 ②바이패스 콘덴서 ③저하 ④증폭도

〈50페이지〉
1. 420kΩ 2. 900Ω

〈53페이지〉
1. ①규격, 특성 ②트랜지스터 ③크로스오버 스트레인 ④바이어스

〈55페이지〉
1. ①, ②반전 입력단자, 비반전 입력단자 ③반전 증폭회로
2. −25

제 3 장

FET 증폭회로·전원회로·여러가지의 반도체 소자

제2장에서 트랜지스터 증폭회로와 연산증폭회로에 대하여 설명했고, 전자회로로서 이밖에 중요한 것으로 FET 증폭회로나 전원회로가 있으므로 이에 대해 설명한다. 또한 증폭회로의 기본적인 개념으로 부귀환이 있다. 부귀환에 대해서는 제3장의 정리에서 그 개념에 대해 설명한다.

또한 제1장에서는 다이오드와 트랜지스터라는 반도체 소자에 대해 설명했는데 이 두 가지가 대표적인 반도체이지만 현재는 반도체 소자로서 다른 여러 가지의 것이 개발되어 실용화되고 있다. 따라서 여기서는 여러 가지의 반도체 소자에 대하여 (1)～(4)절까지 다음과 같은 내용으로 분류했다.

(1) 사이리스터:원리를 설명하고 사이리스터의 응용 예로 조광기를 들었다.

(2) 발광 다이오드:원리를 설명하고 발광 다이오드의 응용 예로서 7세그먼트 표시기와 구동회로를 나타내었다.

(3) 포토 다이오드, 포토 트랜지스터, 태양전지:각각의 원리 등에 대해 설명한다.

(4) 서미스터, CdS, 홀 소자, CCD:각각의 원리 등에 대하여 설명한다.

물론 이밖에도 여러 가지의 반도체 소자가 있다. 가령 마이크로파 다이오드, 전자파 간섭소자, 정전유도 트랜지스터, 막회로소자 등이 있다. 지면관계상 현재 가장 많이 사용되고 있는 소자에 대해서만 언급하기로 한다.

FET 증폭회로

소스 폴로어(source follower)란 소스 뒤에 연결할 수 있는것

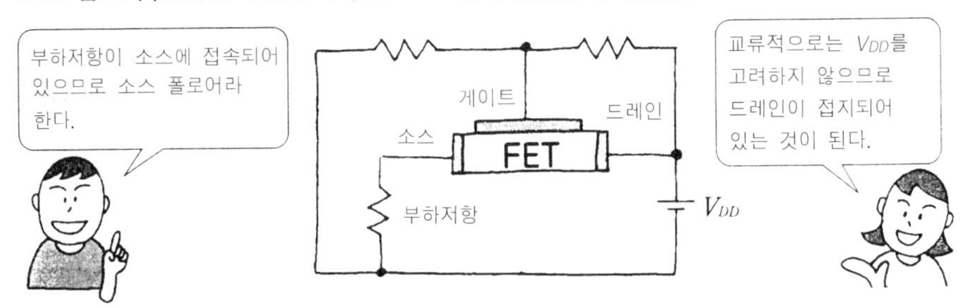

1. FET 고정 바이어스 회로

FET(전계효과 트랜지스터)에 대해서는 이미 설명했으므로 여기서는 FET를 사용한 증폭회로의 기초에 대해 설명한다.

그림 1(a)는 FET를 사용한 고정 바이어스 회로이다. 이 회로는 게이트 G에 고정된(독립된) 직류전원 V_{GG}를 가하여 게이트에 바이어스를 가하고 있다. 이것을 **고정 바이어스 회로**라 한다.

이 회로는 n 채널 접합형 FET를 사용하고 있는데 그 특성을 그림 1(b)에 나타내었다. 이 소자는 $V_{GS}-I_D$ 특성에서 V_{GS}가 마이너스 부분에서 사용된다. 여기서 동작점(입력신호가 없을 때의 전압, 전류를 표시하는 점)을 P라 하면 FET의 게이트에 $-V_{GG}$를 가하는 것이 되어 이 때의 드레인 전류는 I_{DP}가 된다.

고정 바이어스 회로는 V_{GG}와 V_{DD} 2개의 직류전원이 필요하며 이것이 고정 바이어스 회로의 가장 큰 결점이다. 여기서 전원을 하나로 하고 FET의 게이트와 드레인에 바이어스를 가할 수 있는 회로가 있다. 그것이 다음에 설명할 자기 바이어스 회로이다.

2. FET 자기 바이어스 회로

그림 2는 n채널 접합형 FET를 사용한 자기 바이어스 회로이다. 게이트에는 전류가 흐

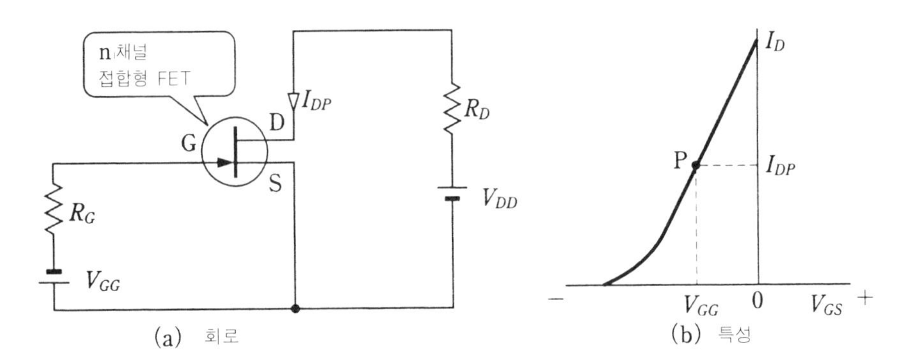

그림 1. FET 고정 바이어스 회로

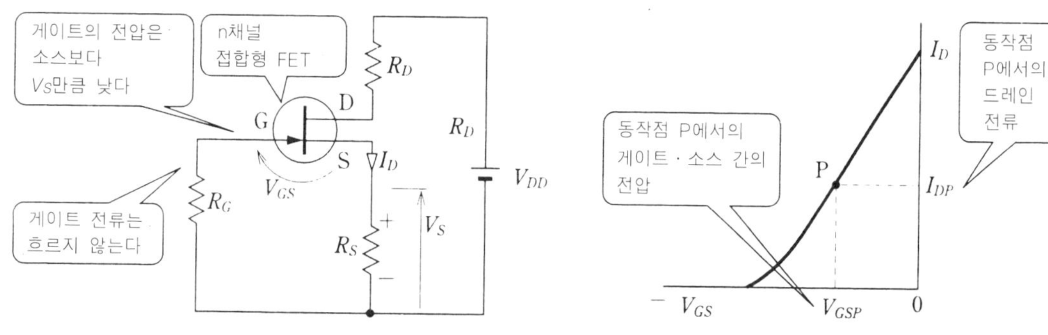

그림 2. FET 자기 바이어스 회로

그림 3. 자기 바이어스 회로의 동작전류

르지 않는다. 따라서 R_G 양단에는 전압이 발생하지 않으므로 게이트에는 소스 저항 R_S의 양단 전압이 소스 S를 기준으로 하여 가해지게 된다. 즉 소스 S에 대하여 게이트 G에는 $-V_S$[V]가 가해진다. 게이트 · 소스 간의 전압 V_{GS}는 다음과 같이 표시된다.

$$V_{GS}=-V_S=-R_SI_D \qquad (1)$$

게이트에 전류가 흐르지 않으므로 R_G의 값은 바이어스 면에서는 어떤 값이여도 된다. 그러나 입력 임피던스는 높아야 하므로 500kΩ～1MΩ 정도가 사용된다.

그림 3은 자기 바이어스 회로의 V_{GS}—I_D 특성 위에 동작점 P를 정했을 때의 동작전류 I_{DP}(이것이 바이어스 전류)와 바이어스 전압 V_{GSP}이다. 이 I_{DP}와 V_{GSP}에서 소스 저항 R_S는 다음 식으로 표시할 수 있다.

$$R_S=-\frac{V_{GSP}}{I_{DP}} \qquad (2)$$

여기서 바이어스 전류를 2.6mA, 바이어스 전압을 −1.3V라 하고 소스 저항을 구해 보면

$$R_S=-\frac{V_{GSP}}{I_{DP}}=-\frac{-1.3}{2.6\times10^{3}}=500[\Omega]$$

이 된다. 이와 같이 R_S 값의 부호는 플러스가 되므로 문제가 없다.

3. 드레인 접지 증폭회로

그림 4는 드레인 접지 증폭회로이다. 이 회로는 소스 S에 소스 저항 R_S를 접속하여 출력

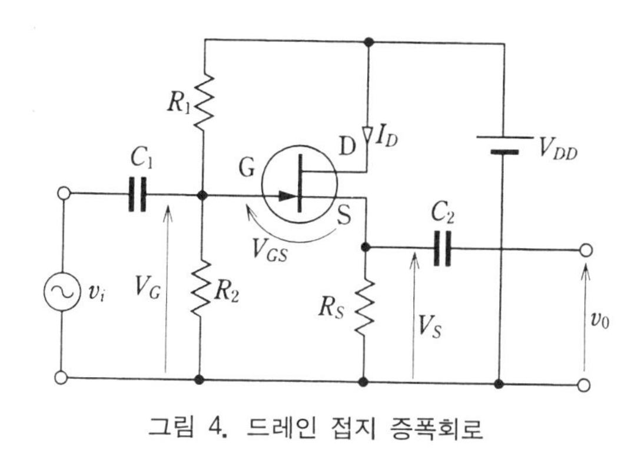

그림 4. 드레인 접지 증폭회로

v_o를 얻고 있다. 그런 의미에서 소스 폴로어라고 하는 경우가 있다.

게이트 · 소스 간 전압 V_{GS}는 다음과 같이 구할 수 있다.

$$V_{GS} = V_G - V_S$$

$$= \frac{R_2}{R_1+R_2} V_{DD} - R_S I_D \tag{3}$$

여기서 V_{DD}=20〔V〕, R_S=20〔kΩ〕, I_D=0.4〔mA〕, V_{GS}=−1.5〔V〕로서 R_1, R_2의 분할비 $\frac{R_2}{R_1+R_2}$를 구하면 다음과 같다. 식 (3)에서,

$$\frac{R_2}{R_1+R_2} = \frac{V_{GS}+R_S I_D}{V_{DD}}$$

$$= \frac{-1.5+20\times10^3\times0.4\times10^{-3}}{20} = 0.325$$

소스 폴로어는 콘덴서 마이크로폰의 회로 등에 많이 사용된다. 콘덴서 마이크로폰은 출력 임피던스가 높기 때문에 입력 임피던스가 높은 소스 폴로어가 적합하다.

V_{GS}는 마이너스 범위에서 동작시킨다. 식 (3)에서,

$V_{GS} = V_G - R_S I_D$, 이 때 $V_G < R_S I_D$와 같이 설정하면 $V_{GS} < 0$의 범위가 된다.

복 습

1. FET 자기 바이어스 회로에서 바이어스 전류를 3mA, 바이어스 전압을 −1.5V라 할 때 소스 저항 R_s를 구하라.
2. 드레인 접지 증폭회로에서 V_{DD}=20〔V〕, R_S=10〔kΩ〕, I_D=1〔mA〕, V_{GS}=−1.8〔V〕 일 때 R_1, R_2에 분할비 $\frac{R_2}{R_1+R_2}$를 구하라.

직류전원회로(1) (평활회로)

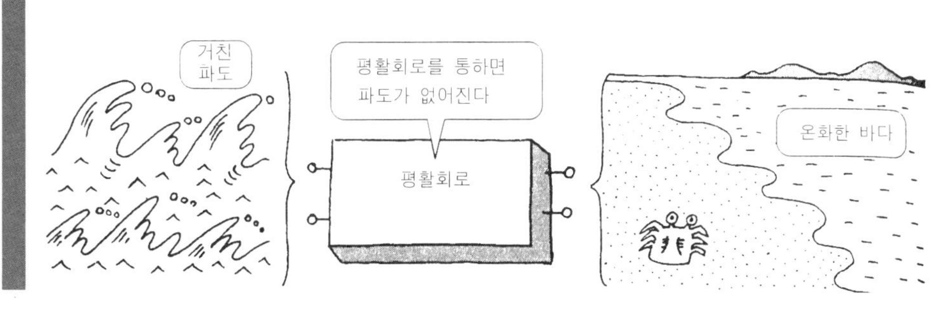

1. 직류전원회로의 개념

트랜지스터 증폭회로, FET 증폭회로 또는 연산증폭회로 등을 작동시키기 위해서는 직류전원이 필요하다. 직류전원에는 전지가 있는데 교류 100V에서 필요한 직류전압을 만들기 위해서는 직류전원회로를 사용하게 된다.

직류전원은 단지 교류 100V에서 직류전압을 얻을 뿐만 아니라 부하의 변동이나 온도의 변화에 대하여 항상 일정하게 안정된 직류전압이어야 한다. 그림 1은 직류전원회로의 구성이다. 그림과 같이 직류전원회로는 변압회로, 정류회로, 평활회로, 정전압회로로 구성되어 있다.

변압회로는 변압기(트랜스)를 사용하여 AC 100V를 필요로 하는 교류전압으로 승압하거나 강압한다.

정류회로는 다이오드를 사용하여 교류전압을 직류전압(한 방향 전압)으로 정류한다.

평활회로는 콘덴서나 초크 코일을 사용하여 맥동전압(방향은 일정한데 크기가 주기적으로 변화하는 전압)을 평활한 직류전압으로 한다.

정전압회로는 부하의 변동이나 주위 온도의 변화 등에 의하여 출력전압이 변화하지 않도록 항상 일정한 직류 출력전압을 얻을 수 있도록 하는 회로이며 **안정화 회로**라고도 한다.

2. 평활회로의 기본 개념

그림 2는 기본적인 평활회로의 예이다. 다이오드 D에 의하여 정류된 반파 정류전압은 먼저

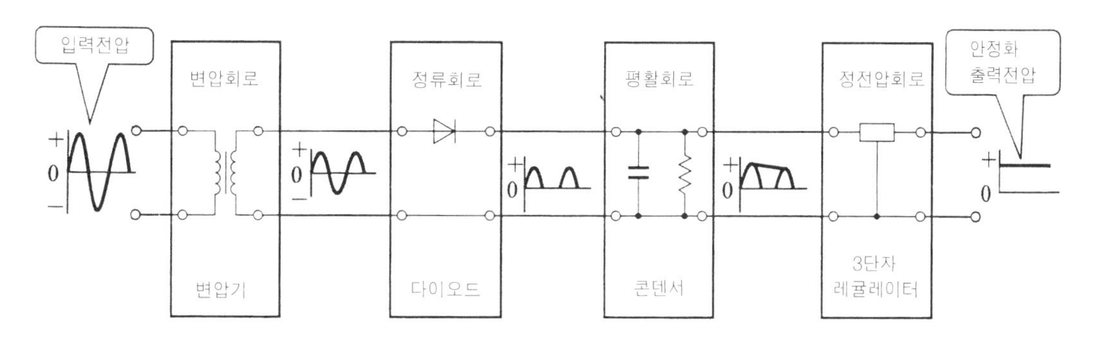

그림 1. 직류전원 회로의 구성

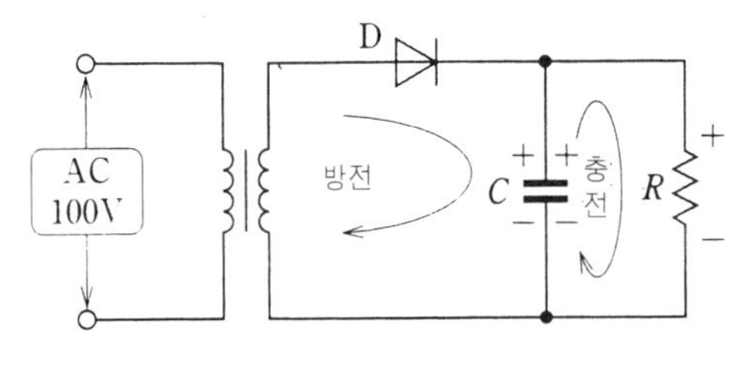

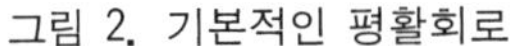
그림 2. 기본적인 평활회로

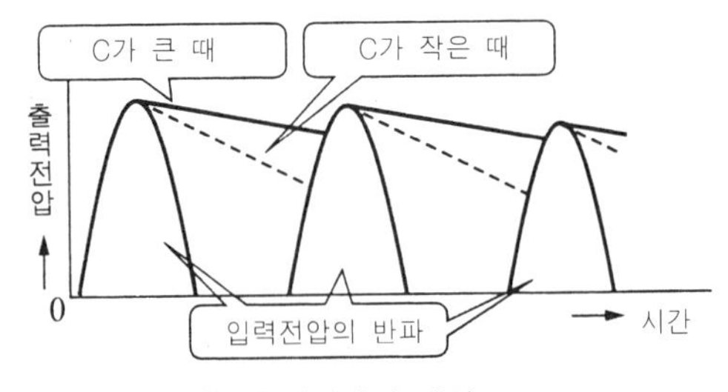

그림 3. 출력전압의 파형

콘덴서 C를 충전한다. 이 때에 콘덴서의 단자전압은 정류된 반파의 최대값이 된다. 다음에 콘덴서를 충전하는 전압이 없는 기간에 콘덴서에 축적된 전하는 저항 R을 통해 방전된다. 이 때 저항의 단자 간 전압은 그림 2와 같은 극성이 된다.

저항 R의 양단 전압파형은 **그림 3**과 같다. 이 전압은 평활회로의 출력전압이며 그림과 같이 입력전압의 반파를 평활하게 한 파형으로 되어 있다. 여기서 특히 주의할 것은 콘덴서의 정전용량의 크기에 따라 출력전압의 평활성이 다르다는 것이다. 정전용량 C가 작은 경우와 큰 경우를 비교하면 그림의 파선과 실선의 관계로 나타낼 수 있으며 평활회로에 사용하는 콘덴서(평활용 콘덴서)의 정전용량은 크게 해야 한다는 것을 알 수 있다. 즉 정전용량 C는 100μF나 470μF의 큰 콘덴서가 사용된다.

3. 평활용 콘덴서의 개념

다음은 평활용 콘덴서를 접속함으로써 출력전압이 평활하게 되는 것을 다른 관점에서 고찰해 본다. **그림 4**는 큰 수조에 우물 펌프로 물을 공급하고 있다. 펌프에서 나온 물이 수조로 떨어지고 있는 부분에는 파동이 생기는데 수조가 크기 때문에 배수구 부근의 수면은 평탄하며 배수

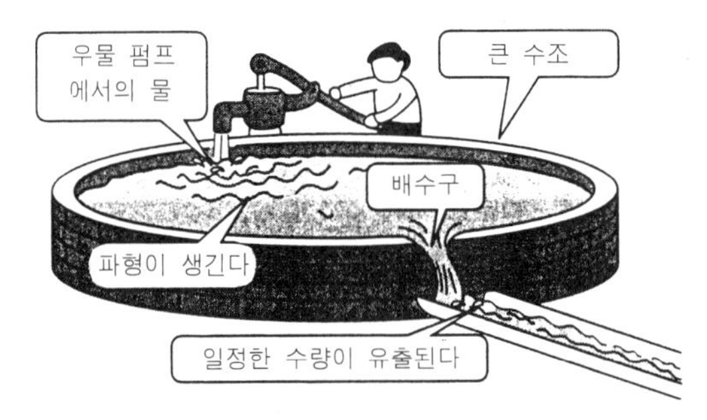

그림 4. 평활용 콘덴서의 개념

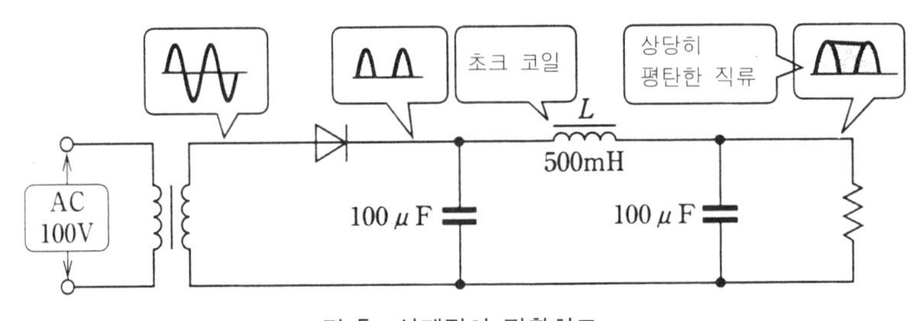

그림 5. 실제적인 평활회로

구에서는 항상 일정한 수량이 유출되고 있다. 평활용 콘덴서의 역할은 이와 같은 아날로지(유추)로 생각할 수 있다.

4. 실제적인 평활회로

그림 5는 실제 평활회로의 예이다. 맥동전압 중 교류분을 저지하기 위해 자기 인덕턴스가 큰 코일을 그림과 같이 접속한다. 이 코일을 **초크 코일**이라 한다.

복 습

1. 다음 문장의 ( ) 안에 적절한 용어를 기입하라.
(1) 직류전원회로는 (①), (②), (③), (④)로 구성된다.
(2) 평활회로는 (⑤)나 (⑥)을 사용하여 맥동전압을 평활한 직류전압으로 한다.
(3) 평활회로에 사용하는 콘덴서의 정전용량은 (⑦) 것을 사용한다.

3 직류전원회로(2)(안정화 회로)

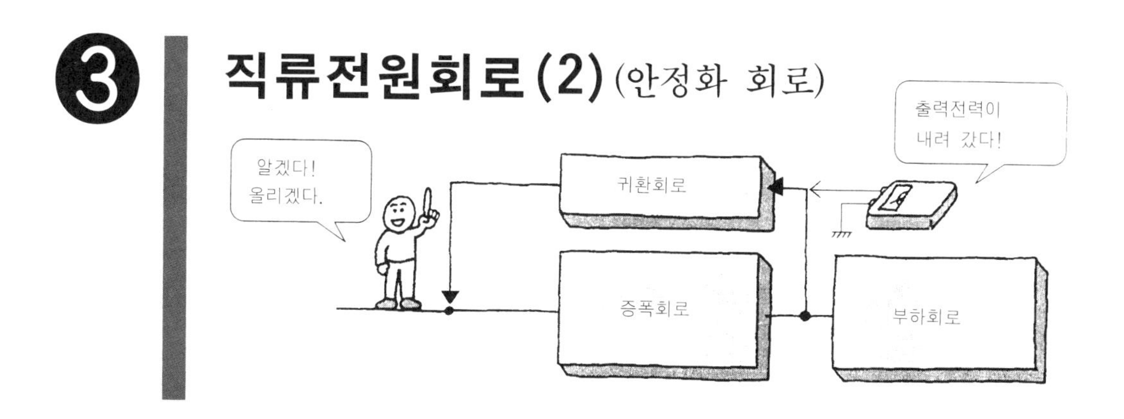

1. 트랜지스터의 내부 저항

트랜지스터는 베이스 전류를 증폭하여 h_{FE}배한 컬렉터 전류를 얻는 소자이다. 즉 베이스 전류 I_B가 변화하면 컬렉터 전류 I_C가 변화하는 것이며 I_C가 변화한다는 것은 컬렉터 전압이 일정하므로 트랜지스터의 내부 저항이 변화한다는 것이다(그림 1).

2. 안정화 회로의 원리

그림 2는 부하의 변동이나 주위 온도의 변화 등에 의해 출력전압이 변화했을 때 항상 출력전류가 일정해지도록 연구한 회로이다. 이와 같은 회로를 **안정화 회로** 또는 **정전압 회로**라 한다.

① 출력전압이 높아진다→이미터 전압이 높아진다→베이스 전류 I_B가 감소한다.

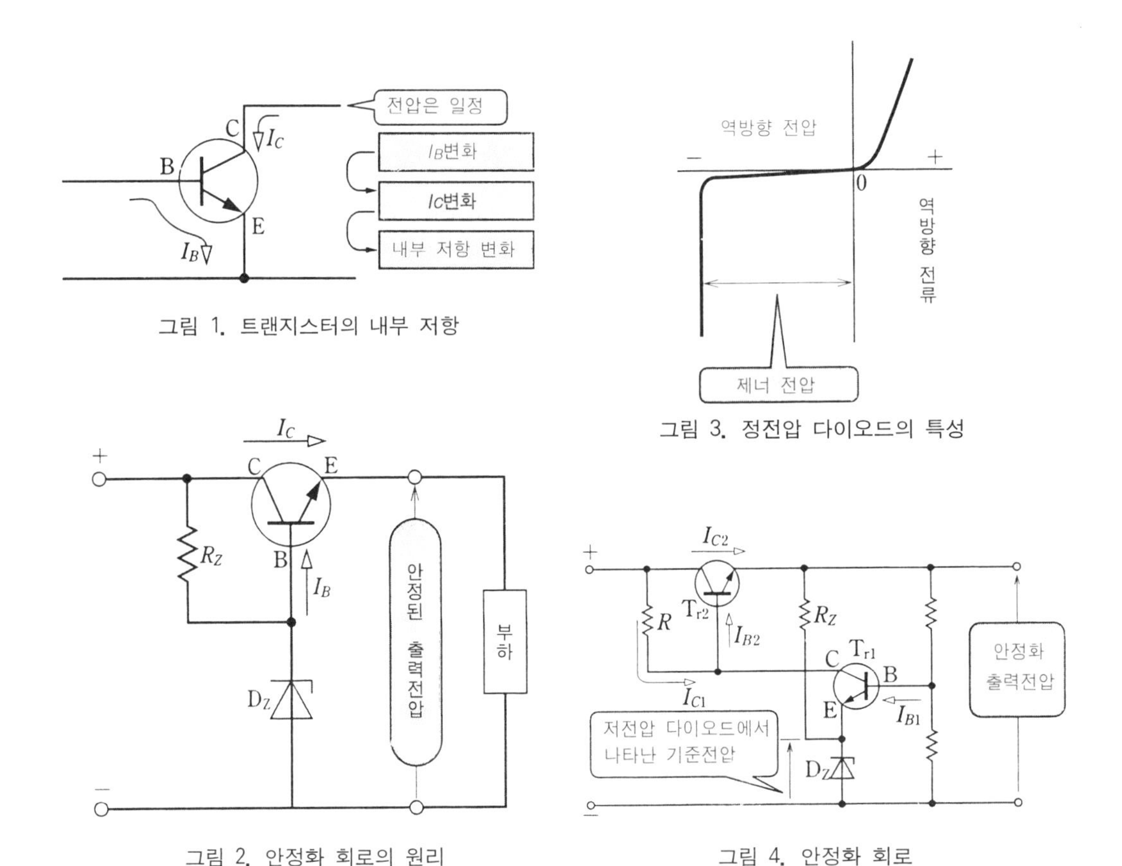

그림 1. 트랜지스터의 내부 저항

그림 3. 정전압 다이오드의 특성

그림 2. 안정화 회로의 원리

그림 4. 안정화 회로

② I_B가 감소하면 컬렉터 전류 I_C도 감소한다.

③ I_C가 감소하면 이것은 트랜지스터의 내부 저항이 커졌다는 것이므로

④ 이미터 전압이 내려 가고→출력전압이 내려 간다.

그림 중의 Dz는 정전압 다이오드이며 Rz는 정전압 다이오드에 역방향 전류를 흐르게 하기 위한 저항이다.

정전압 다이오드의 특성을 그림 3에 나타냈다. 그림과 같이 역방향 전압으로 항상 일정한 제너 전압이 정전압 다이오드의 단자 간에 발생하고 있다.

여기서 D_Z를 그림과 같이 접속하면 트랜지스터의 베이스에 바이어스 전압을 가할 수 있으며 베이스 전압은 일정하게 유지된다.

3. 안정화 회로의 동작

그림 4는 안정화 회로의 예이다. 출력전압이 어떤 동작 과정에서 일정전압으로 안정되는지 그 동작을 고찰해 본다.

여기서 출력전압이 어떠한 원인으로 내려 갔다고 하면

① 트랜지스터 T_{r1}의 베이스 전압이 내려 간다→정전압 다이오드 D_Z에 의하여 이미터 E의 전압은 일정하므로 베이스 · 이미터 간의 전압은 작아진다→베이스 전류 I_{B1}이 감소한다.

② 이에 의하여 T_{r1}의 컬렉터 전류 I_{C1}이 감소한다→저항 R 양단의 전압강하 RI_{C1}이 감소한다.

③ 따라서 T_{r2}의 베이스 전압이 상승한다→T_{r2}의 베이스 전류 I_{B2}가 증가한다.

④ 그 결과 T_{r2}의 컬렉터 전류 I_{C2}가 증가한다→T_{r2}의 내부 저항이 작아져 이미터 전압이 상승한다.

4. 3단자 레귤레이터를 사용한 정전압회로

출력전압이나 출력전류가 일정한 경우에는 안정화 회로를 IC화한 소자가 많이 사용된다. 이 IC는 3단자 레귤레이터라고도 한다. 3단자 레귤레이터는 입력단자, 출력단자, 공통단자의 3개 단자를 포함한다.

그림 5는 3단자 레귤레이터를 사용한 정전압회로의 예이다. 이 그림과 같이 3단자 레귤레이터의 입력단자와 출력단자에 각각 콘덴서를 접속한다.

3단자 레귤레이터에는 플러스용과 마이너스용 2종류의 출력전압이 있으며 출력전압·출력전류도 다양하다.

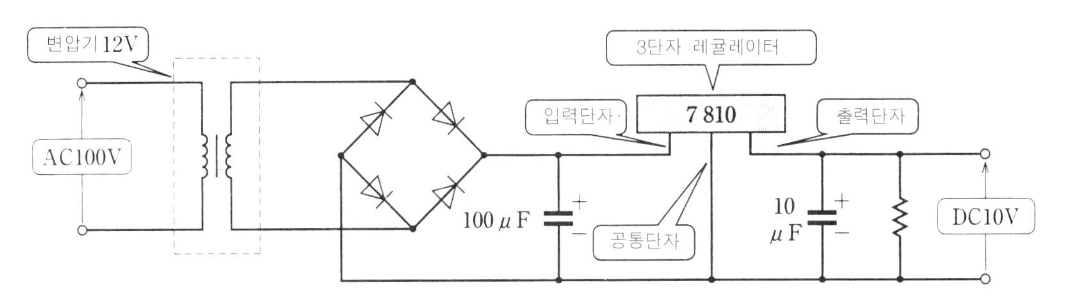

그림 5. 3단자 레귤레이터를 사용한 정전압회로 예

복 습

1. 다음 문장 중의 ( ) 안에 적절한 용어를 기입하라.

(1) 출력전압이 항상 일정해지도록 한 직류전원회로를 (①)라 한다.

(2) 정전압 다이오드는 일정한 전압을 발생시킬 수 있다. 이 전압을 (②)이라 한다. 정화 회로에서 정전압 다이오드를 사용하는 것은 트랜지스터의 베이스나 이미터에 접속하여 (③)이 되는 전압을 얻기 위해서이다. 이 전압을 (④)이라 하기도 한다.

(3) 안정화 회로를 IC화한 것으로 (⑤)가 있다.

4 여러 가지의 반도체 소자(1)

(사이리스터)

1. 사이리스터란

사이리스터는 실리콘 제어 정류소자라고도 하며 제어용 회로소자이다.

그림 1(a)는 사이리스터 외관의 예이다. 사이리스터에는 3개의 전극이 있으며 A를 애노드, K를 캐소드, G를 게이트라 한다.

그림 1(b)는 사이리스터의 그림기호이다. 사이리스터는 속도제어, 조광 등에 널리 사용된다.

2. 사이리스터의 원리

그림 2는 사이리스터의 원리를 나타낸 그림이다. 그림과 같이 사이리스터는 n형과 p형의 반도체가 npnp의 4층 구조의 결정으로 된 것으로 게이트·캐소드 간에는 V_{GK}를 가하여 게이트

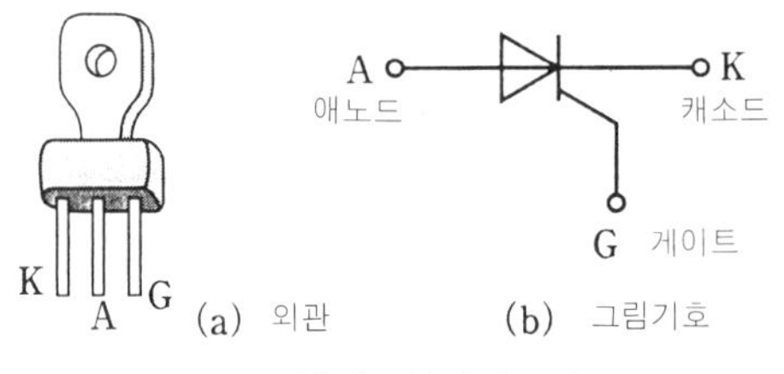

(a) 외관 (b) 그림기호

그림 1. 사이리스터

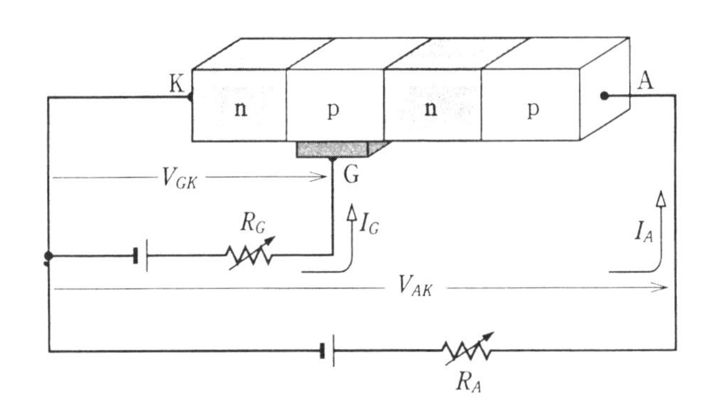

그림 2. 사이리스터의 원리

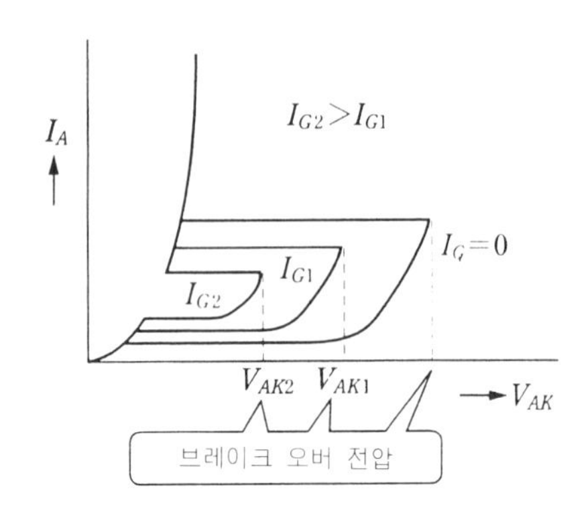

그림 3. 사이리스터의 특성

전류 I_G를 흐르게 하지만 I_G는 가변저항기 R_G에서 제어할 수 있도록 한다.

또한 애노드 · 캐소드 간에 V_{AK}를 가하여 애노드 전류 I_A를 흐르게 한 후 이 I_A를 가변저항기 R_A에서 제어할 수 있도록 한다.

그림 3은 사이리스터의 일반적인 특성으로 그림 2와 비교해 가며 고찰해 본다. 게이트 전류가 흐르고 있지 않는 상태($I_G=0$)에서 애노드·캐소드 간의 전압 V_{AK}를 조금씩 올려 가면 어떠한 전압에서 애노드전류 I_A가 갑자기 증가한다. 이 때의 전압을 **브레이크 오버 전압**이라 한다.

그런데 I_G를 증가시켜 두고 V_{AK}를 올려가면 브레이크 오버 전압이 작아진다. 그림 3과 같이 $I_{G2}>I_{G1}$일 때 각각의 브레이크 오버 전압 간에는 $V_{AK2}<V_{AK1}$의 관계가 성립된다.

3. 사이리스터를 사용한 조광기의 원리

조광기의 원리를 설명하기 전에 **그림** 4에서 램프의 점등회로에 대해 설명한다. V_{AK}, V_{GK}는 필요한 I_A, I_G를 흐르게 하는데 충분한 전압이어야 한다.

여기서 스위치 S를 닫으면 사이리스터에 게이트 전류 I_G가 흘러 이 I_G에 의하여 I_A가 흐른다. 이와 같이 애노도 · 캐소드 간에 전류가 흐르는 것을 **턴 온**이라 하며 턴 온에 의해 램프가 점등된다. 또한 전류가 흐르지 않게 되는 것을 **턴 오프**라 한다.

그러면 **그림** 5(a)에 의거하여 사이리스터를 사용한 조광기의 원리를 설명한다.

사이리스터의 게이트에는 다이오드 D에서 정류된 반 사이클의 교류전압을 가변저항기 VR의

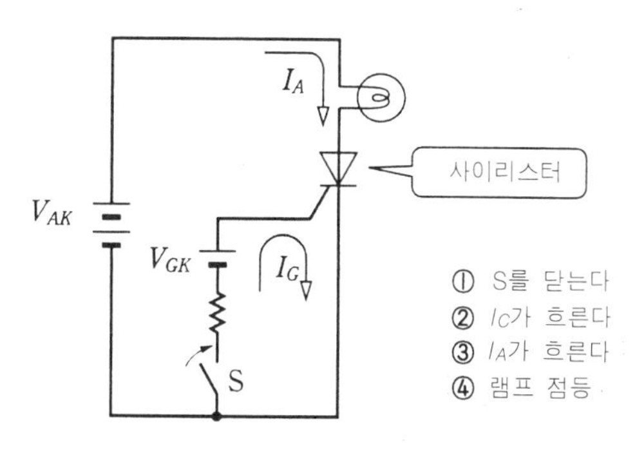

그림 4. 점등회로

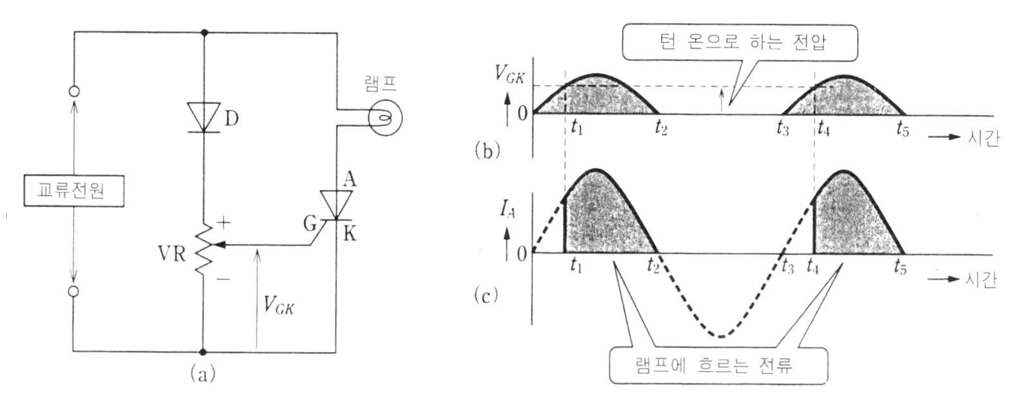

그림 5. 사이리스터를 사용한 조광기의 원리

저항비로 분압한 전압이 가해진다.

즉 그림 5(b)와 같은 파형의 전압이 가해진다. 여기서 V_{GK}가 어떠한 전압을 초과하면 턴 온이 된다.

그림 5(c)에서는 시각 t_1, t_4에서 턴 온이 된다. 따라서 램프에는 시각 $0 \sim t_1$, $t_2 \sim t_4$의 기간에는 전류가 흐르지 않고 시각 $t_1 \sim t_2$, $t_4 \sim t_5$의 기간에는 전류가 흐른다. 조광이란 램프의 밝기를 조절하는 것으로 이를 위해서는 램프에 흐르는 전류를 조절하면 된다.

가변저항기 VR의 위치를 변경하면 V_{GK}가 변화하여 그림 중의 시각 t_1, t_4를 이동시킬 수 있으므로 램프에 흐르는 전류를 변경하여 밝기를 변화, 조정할 수 있다.

복 습

1. 다음 문장 중의 ( ) 안에 적절한 용어를 기입하라.

(1) 사이리스터에는 (①), (②), (③)의 3개 전극이 있다.

(2) 사이리스터의 애노드·캐소드 간 전압을 올리면 갑자기 애노드 전류가 흐르기 시작한다. 이 때의 전압을 (④)이라 한다. 또한 애노드·캐소드 간에 전류가 흐르기 시작하는 것을 (⑤), 흐르지 않게 되는 것을 (⑥)라고 한다.

5 여러 가지의 반도체 소자(2)(발광 다이오드)

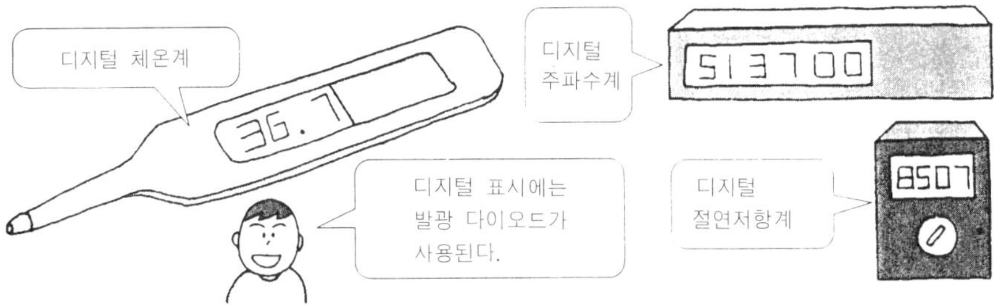

1. 발광 다이오드의 원리와 그림기호

발광 다이오드는 영어로 light emitting diode이며 일반적으로 LED라 한다.

LED는 갈륨비소(GaAs)나 갈륨인(GaP) 등의 금속화합물을 재료로 하여 pn접합 다이오드를 만들어 여기에 순방향 전류를 흐르게 하면 pn접합의 접합면 부근에서 발광한다. 이와 같은 다이오드를 발광 다이오드라 한다.

그림 1(a)는 발광 다이오드에 순방향 전류를 흐르게 했을 때 발광하는 그림이며 그림 1(b)

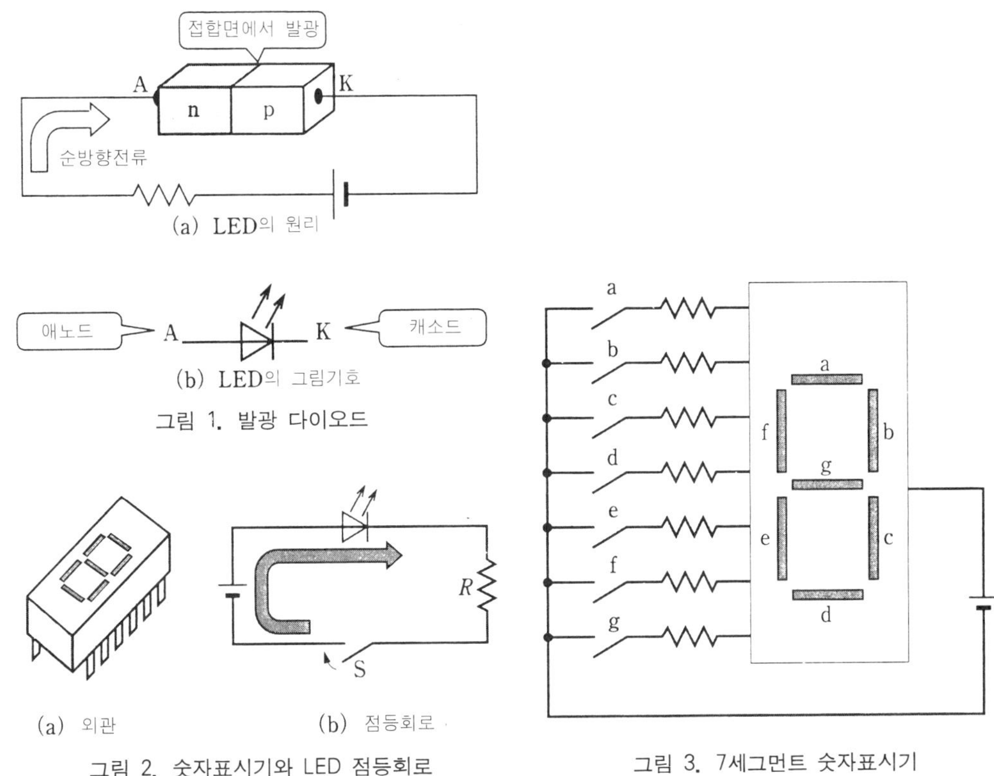

(a) LED의 원리

(b) LED의 그림기호

그림 1. 발광 다이오드

(a) 외관 (b) 점등회로

그림 2. 숫자표시기와 LED 점등회로

그림 3. 7세그먼트 숫자표시기

는 발광 다이오드의 그림기호이다.

LED는 애노드 A와 캐소드 K 2개의 전극을 가지고 있다. LED는 재료의 종류에 따라 적, 녹, 황, 청 등을 발광하므로 전자장치의 출력신호 표시나 숫자표시기 등에 널리 사용되고 있다.

2. 숫자를 표시하려면

디지털 시계는 물론이고 라디오 수신기, 전화기 등 여러 곳에서 숫자표시를 볼 수 있다. 이 숫자표시기의 예를 그림 2(a)에 나타내었다.

숫자표시기는 그림 3과 같이 7개의 부분으로 구성되어 있으므로 **7세그먼트 숫자표시기**라 한다.

세그먼트란 영어의 segment이며 절편(切片), 구분의 의미이다. 이 7개의 구분 중 몇 가지를 LED로 발광시켜 숫자를 표시하는 것이다.

그림 2(b)는 LED의 점등회로이다. 스위치 S를 닫으면 순방향전류가 LED에 흘러 발광한다. 저항 R은 LED에 흐르는 전류를 제한하기 위해 접속하는데 직류전압이 5V인 경우 150Ω 정도이다.

그림 3은 7세그먼트 숫자표시기의 구동회로이다. 스위치 a를 닫으면 세그먼트 a가 발광하고 스위치 b를 닫으면 세그먼트 b가 발광한다.

여기서 스위치 a, b, d, e, g를 동시에 닫으면 숫자 2를 표시하게 된다.

3. 숫자표시기를 동작시키려면

표 1은 7세그먼트의 진리값표이다. 가령 10진수 9의 경우 2진수에서는 1001이 되며 세그먼트 a, b, c, f, g를 발광시킨다.

그림 4는 7세그먼트 숫자표시기의 구동회로이다. 입력단자에는 2진수의 전압이 가해지고 이 2진수를 7세그먼트로 변환하는 디코더를 통하여 10진수를 출력한다.

그림 4에서는 2진수의 입력으로 0110이 가해지고 10진수 출력으로 6이 표시되고 있다. 이와 같이 입력측의 2진수를 10진수로 출력하기 때문에 세그먼트 a, c, d, e, f, g를 발광시키기 위해서는 디코더(복호기)라고 하는 회로가 필요하다.

표 1. 7세그먼트의 진리값표

10진수	2 진 수				세 그 먼 트						
	D	C	B	A	a	b	c	d	e	f	g
0	0	0	0	0	1	1	1	1	1	1	0
1	0	0	0	1	0	1	1	0	0	0	0
2	0	0	1	0	1	1	0	1	1	0	1
3	0	0	1	1	1	1	1	1	0	0	1
4	0	1	0	0	0	1	1	0	0	1	1
5	0	1	0	1	1	0	1	1	0	1	1
6	0	1	1	0	0	0	1	1	1	1	1
7	0	1	1	1	1	1	1	0	0	0	0
8	1	0	0	0	1	1	1	1	1	1	1
9	1	0	0	1	1	1	1	0	0	1	1

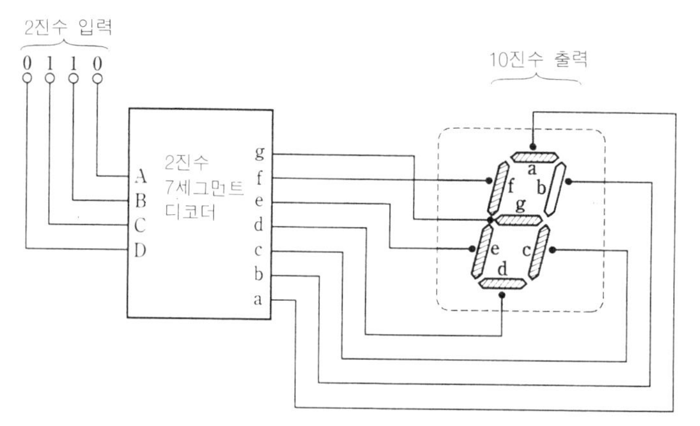

그림 4. 7세그먼트 숫자표시기 구동회로

복 습

1. 다음 문장 중의 ( ) 안에 적절한 용어를 기입하라.

(1) LED에는 (①)와 (②) 2개의 전극이 있다.

(2) 숫자 표시방법의 하나로 (③) 숫자표시기가 있다.

2. 10진수 8은 2진수로 어떻게 표시하는가? 또한 이 숫자를 7세그먼트로 표시하는 경우 발광하는 세그먼트는 어떤 것인가?

여러 가지의 반도체 소자(3)
(포토 다이오드, 포토 트랜지스터, 태양전지)

1. 포토 다이오드

그림 1(a)는 접합형 다이오드에 역방향 전압 V를 가하고 접합면에 광을 조사하여 역방향 전류 I를 흐르게 하고 있다.

pn 접합면에 광을 조사하면 n형 영역 및 p형 영역에서 정공과 전자가 발생하여 전류가 흐르게 된다. 광이 조사되지 않으면 전류는 거의 흐르지 않는다.

그림 1(b)는 입사광에 대한 전압·전류 특성을 나타낸 그림이다. 이 그림과 같이 전압 전류 모두 마이너스 영역에서 동작시키게 된다.

즉 다이오드의 역방향 전압에 대하여 역방향 전류가 흐르는 범위에 동작점 P가 있으며 이 점 P를 중심으로 광의 강약에 대한 전류 변화가 나타난다.

여기서 입사광을 여러 가지로 변화시켜 V－I를 구했을 때 나타나는 특성을 Ⓐ라 한다. 부하저항 R_L을 포토 다이오드에 병렬로 접속하면 횡축이 $-V_B$, 종축이 $-V_B/R_L$인 직선을 얻을

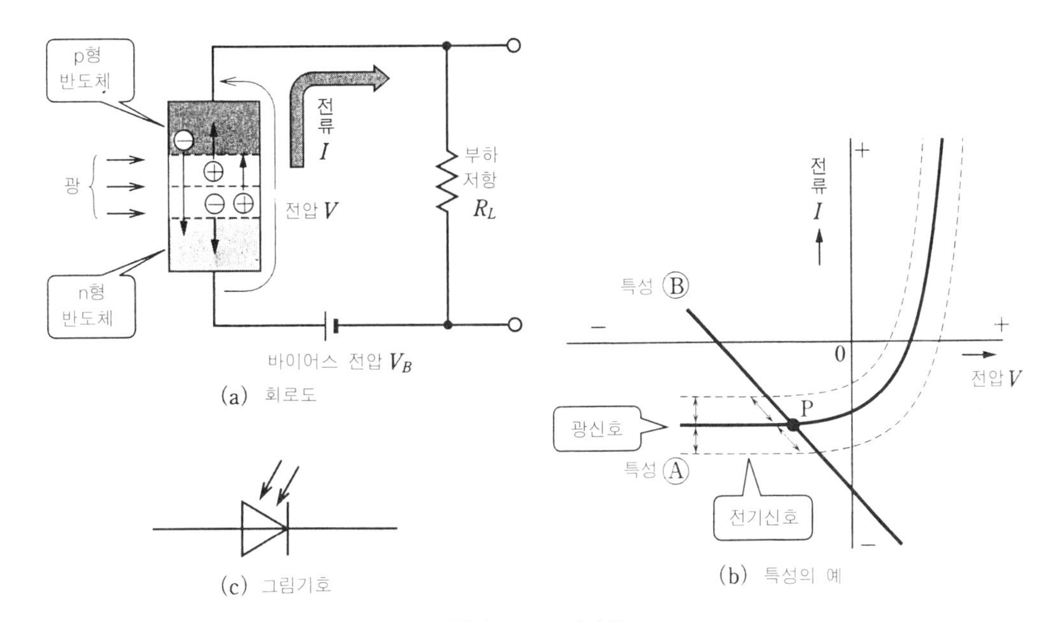

그림 1. 포토 다이오드

수 있으므로 이것을 특성 Ⓑ라 한다.

광신호가 입력되면 그림의 화살표와 같이 특성 Ⓐ가 변동하는데 특성 Ⓑ는 변화하지 않으므로 동작점 P가 직선상을 화살표와 같이 움직이게 된다.

즉 광신호에 따라 전기신호가 변화하는 것이다.

그림 1(c)는 포토 다이오드의 그림기호이다. 입사광의 방향이 화살표의 방향과 일치되며 이것은 발광 다이오드와 반대방향이다. 화살표의 방향은 광이 입사하는 방향을 표시하고 있다.

2. 포토 트랜지스터

그림 2(a)에 포토 트랜지스터의 그림기호 , 그림 2(b)에 그 등가회로를 나타냈다.

pnp형 트랜지스터의 컬렉터 · 베이스 접합면에 광을 조사하면 광의 강약에 따라 컬렉터 전류가 흐른다. 이와 같은 포토 트랜지스터의 동작은 그림 2(b)의 등가회로처럼 포토 다이오드와 트랜지스터를 조합한 것과 같아진다.

포토 트랜지스터는 포토 다이오드에 비해 감도가 우수하고 TV 수상기의 리모트 컨트롤러나 광학기기의 광검출용 소자 등으로 널리 사용되고 있다.

3. 태양전지

그림 3에 태양전지의 원리를 나타내었다. 태양전지는 p형 반도체와 n형 반도체를 접합한 구조로 되어 있다. 광이 조사되면 광 에너지는 반도체 속으로 흡수되어 정공과 전자가 발생한다.

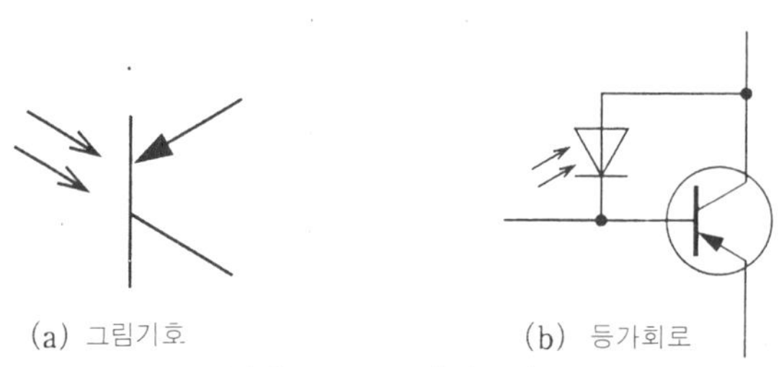

그림 2. 포토 트랜지스터

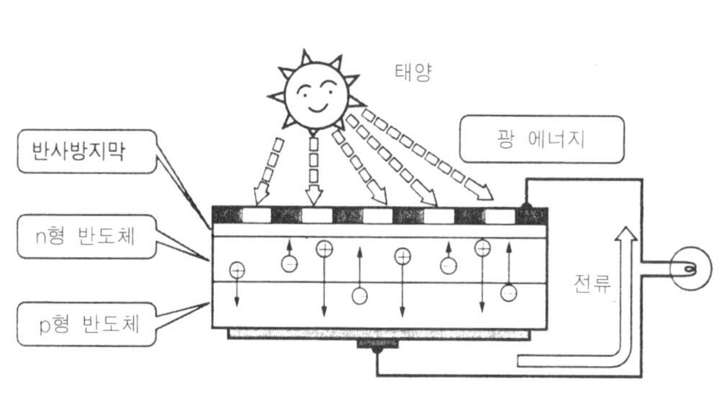

그림 3. 태양전지의 원리

발생한 정공은 p형 반도체에 모이고 전자는 n형 반도체에 모인다. 이와 같은 전하의 이동에 의하여 전압이 발생하여 외부에 접속한 램프에 전류가 흐른다.

태양전지는 비교적 소비전력이 적은 전자장치에 사용되고 있는데 최근에는 어모퍼스(amorphous) 실리콘 반도체라고 하는 비결정 실리콘 기술이 진전되어 저가격 태양전지가 제조되고 있다.

그 결과 각종 위성, 솔라 카 등 소비전력이 큰 장치에 태양전지가 사용되고 있다.

태양광을 이용한 발전은 석유나 석탄이 CO_2를 발생하는 것과는 달리 클린 에너지이며 지구의 자원을 사용하지 않아 에너지 절감 효과가 있다.

복 습

1. 다음 문장 중의 ( ) 안에 적절한 용어를 기입하라.

광 에너지를 전기 에너지로 변환하는 반도체 소자에는 (①), (②), (③) 등이 있다.
솔라 카는 (④)를 이용한 자동차이다.

7 여러 가지의 반도체 소자(4)

(서미스터, CdS, 홀 소자, CCD)

1. 서미스터

일반적으로 저항기는 온도가 상승하면 저항값이 높아지지만 반도체 소자는 온도가 상승하면 저항값이 낮아지는 것이 많다. 이와 같은 현상을 **부특성**이라 한다.

온도가 상승하면 저항값이 크게 변화하는 반도체 소자를 **서미스터**라 한다.

그림 1에 서미스터 외관의 예를 나타내었다. 그림 2에는 서미스터의 그림기호를 나타냈는데 그림과 같이 **직열형**(直熱形)과 **방열형**(傍熱形)의 2종류가 있다.

그림 3은 서미스터 온도특성의 대표적인 예이다. 이와 같은 특성을 가진 서미스터를 NTC 서미스터라 한다.

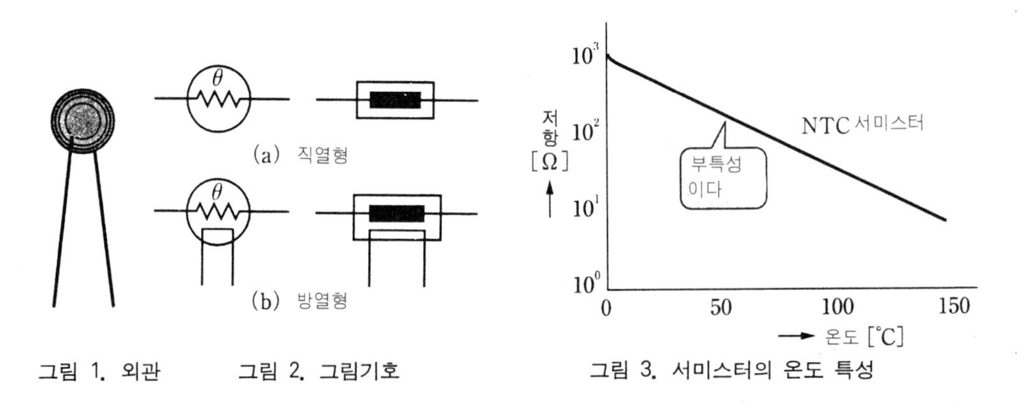

그림 1. 외관 그림 2. 그림기호 그림 3. 서미스터의 온도 특성

NTC란 negative temperature coefficient의 약자로 부특성이라는 의미이다.

한편 **정특성**, 즉 온도가 상승하면 저항값이 높아지는 특성을 가진 서미스터가 있다. 정특성을 가진 것을 PTC 서미스터라 한다.

P는 positive의 의미이다. NTC 서미스터는 몰리브덴과 니켈의 산화물로 되어 있다.

2. 광도전소자(CdS)

카드뮴(Cd)과 유황(S)의 화합물로 만든 소자를 **광도전소자**라 하며 일반적으로 CdS(시디에스)라 한다. **그림** 4(a)에 CdS의 외관을, 그림 4(b)에 CdS의 그림기호를 나타냈다.

CdS는 광이 조사되면 저항값이 작아지고 광이 적으면 저항값이 커지는 특성이 있다.

그림 5는 CdS를 사용한 실험의 예이다. CdS 램프, 전지를 그림 5와 같이 전선으로 접속한다. CdS에 광을 조사하거나 CdS를 직포 등으로 덮었을 때 램프의 밝기가 어떻게 변화하는지를 알아보기로 한다. CdS를 직포로 덮었을때 램프는 어두워진다. 이것은 CdS에 조사되는 광이 적기 때문에 CdS의 저항값이 커져 램프에 흐르는 전류가 적어졌기 때문이다.

3. 홀 소자

자속과 전류의 관계에서 기전력을 발생시키는 소자를 **홀 소자**라 한다.

그림 6(a)는 홀 소자 외관의 예이고 그림 6(b)는 홀 소자의 그림기호이다.

그림 7과 같이 홀 소자에 전류를 흐르게 하고 전류에 수직으로 자계를 가하면 전류와 자계의 양자에 수직 방향으로 기전력이 발생한다.

여기서 전류를 I[A], 자속밀도를 B[T]라 하면 홀 소자에 발생하는 기전력 E_H[V]는 다음

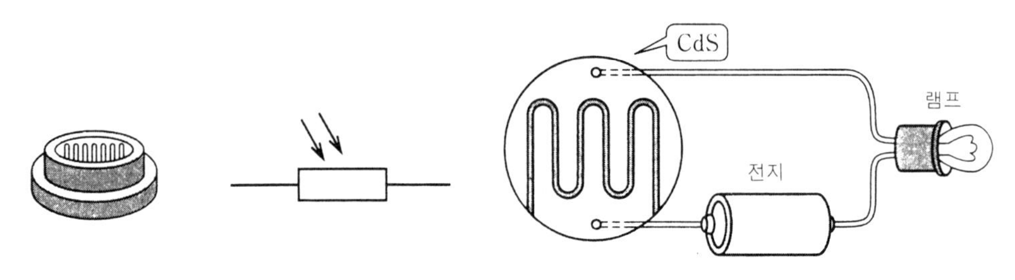

그림 4. CdS 그림 5. CdS를 사용한 실험

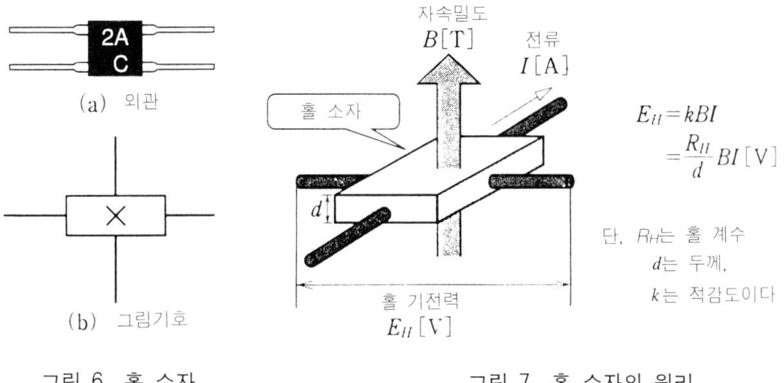

그림 6. 홀 소자 그림 7. 홀 소자의 원리

식으로 표시할 수 있다.

$$E_H=kIB\text{[V]} \quad (1)$$

이 비례상수 k를 **적감도**(積感度)라 한다.

홀 소자는 자속계와 자기센서로 이용된다.

4. CCD(전하 결합소자)

CCD는 charge coupled device의 약자로 **전하 결합소자**라고도 한다. 반도체 소자에는 입사한 광에서 전하를 발생시킬 수 있는 것이 있으며 이 전하를 CCD로 운반한다. 그림 8은 3상 클록 CCD의 원리이다. 클록 펄스가 3상으로 차례로 들어 오면 전하는 옆으로 이송되어 1 사이클에 전극 3개분만큼 진행한다. CCD는 비디오 카메라나 컴퓨터의 메모리 등에 사용된다.

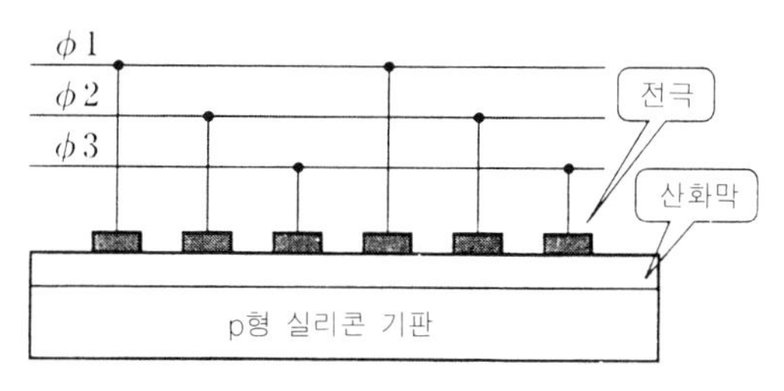

그림 8. 3상 클록 CCD

복 습

1. 다음 문장 중의 ( ) 안에 적절한 용어를 기입하라.

온도가 변화하면 저항값이 크게 변하는 반도체 소자를 (①), 자속과 전류를 수직으로 해 두면 양쪽에 수직으로 기전력이 발생하는 반도체 소자를 (②)라 한다.

제3장의 정리

부귀환 증폭회로 증폭회로의 출력 일부를 입력으로 돌려 보내는 것을 귀환 또는 피드백이라 한다. 귀환에는 정귀환과 부귀환이 있다.

- 정귀환 : 입력전압 V_i와 귀환전압 V_f가 동위상
- 부귀환 : 입력전압 V_i와 귀환전압 V_f가 역위상

증폭회로에서는 부귀환에 의하여 주파수 특성을 개선할 수 있으며 이것을 **부귀환 증폭회로**, 또는 영어의 negative feedback에서 NFB 증폭회로라 한다.

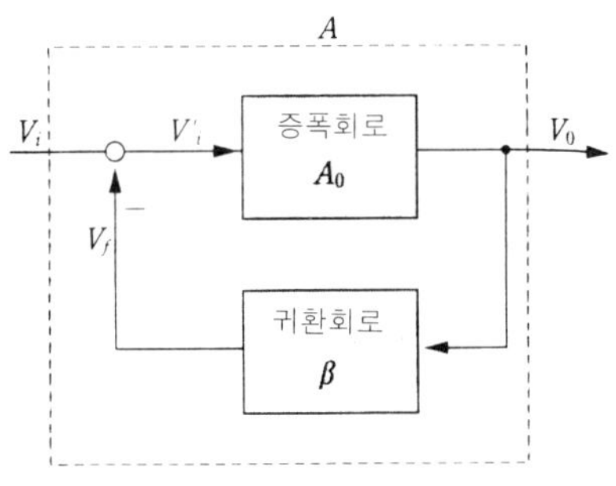

그림 1. 피드백

그림 1에서 부귀환 증폭회로의 증폭도 A, 증폭회로의 증폭도 A_0, 귀환율 β는 다음 식으로 표시할 수 있다.

$$A = \frac{V_0}{V'_i} \quad A_0 = \frac{V_0}{V'_i} \quad \beta = \frac{V_f}{V_0}$$

앞의 3개의 식과 $V'_i = V_i - V_f$의 관계에서 A와 A_0, β의 관계를 구하면 다음 식을 얻을 수 있다.

$$A = \frac{1}{\frac{1}{A_0} + \beta}$$

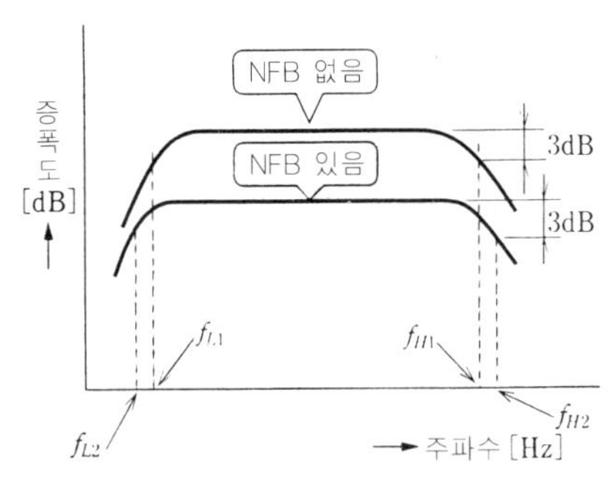

그림 2. 주파수 특성의 개선

즉 부귀환으로 하면 증폭도는 저하된다. 그러나 **그림 2**와 같이 주파수 대역폭은 넓어져 주파수 특성이 개선된다.

(NFB가 없을 때) : 주파수 대역폭 $f_{H1} - f_{L1} <$
(NFB가 있을 때) : 주파수 대역폭 $f_{H2} - f_{L2}$

해 답

〈60페이지〉
1. 500Ω 2. 0.41

〈63페이지〉
1. ① ② ③ ④ 변압회로, 정류회로, 평활회로, 정전압회로 ⑤, ⑥ 콘덴서, 초크코일 ⑦ 큰

〈65페이지〉
1. ① 안정화회로, 정전압회로 ② 제너 전압 ③ 기준 ④ 기준전압 ⑤ 3단자 레귤레이터

〈68페이지〉
1. ① ② ③ 애노드, 캐소드, 게이트 ④ 브레이크오버 전압 ⑤ 턴 온 ⑥ 턴 오프

〈70페이지〉
1. ① ② 애노드, 캐소드 ③ 7세크먼트
2. 1,000, a, b, c, d, e, f, g

〈73페이지〉
1. ① ② ③ 포토다이오드, 포토트랜지스터, 태양전지 ④ 태양전지

〈75페이지〉
1. ① 서미스터, 광도전 소자 또는 CdS ② 홀소자

제 4 장

논리회로와 디지털 IC

컴퓨터, 특히 퍼스널 컴퓨터는 우리의 생활과 밀접한 관련이 있다. 컴퓨터를 이용하는 기술을 소프트웨어라 하고 컴퓨터 그 자체를 하드웨어라 한다. 하드웨어의 중심 기술은 논리회로나 디지털 IC에 관한 것이다. 여기서는 이들 기술에 대하여 설명한다.

컴퓨터는 어떻게 동작하는 것일까? 컴퓨터는 0과 1, 즉 낮은 전압(가령 0볼트)과 높은 전압(가령 5볼트)의 조합으로 움직인다. 따라서 0과 1이라는 2개의 수로 모든 수나 문자를 표시할 수 있다. 그러나 0과 1의 조합은 인간이 이해하기에 많은 어려움이 따르므로 16진수를 사용하여 컴퓨터 내의 연산을 알기 쉽게 하는 것이다.

가감승제의 4칙연산은 논리회로에서 실행되므로 기본적인 AND·OR·NOT·NAND·NOR의 각 논리회로의 기능을 공부할 필요가 있다. 또한 기본 논리회로를 조합한 배타적 논리회로, 반가산회로, 전가산회로, 대소 비교회로, 인코더, 디코더 등에 대하여 설명한다.

끝으로 널리 사용되고 있는 디지털 IC의 사용법에 대해 설명한다.

1 2진수와 16진수

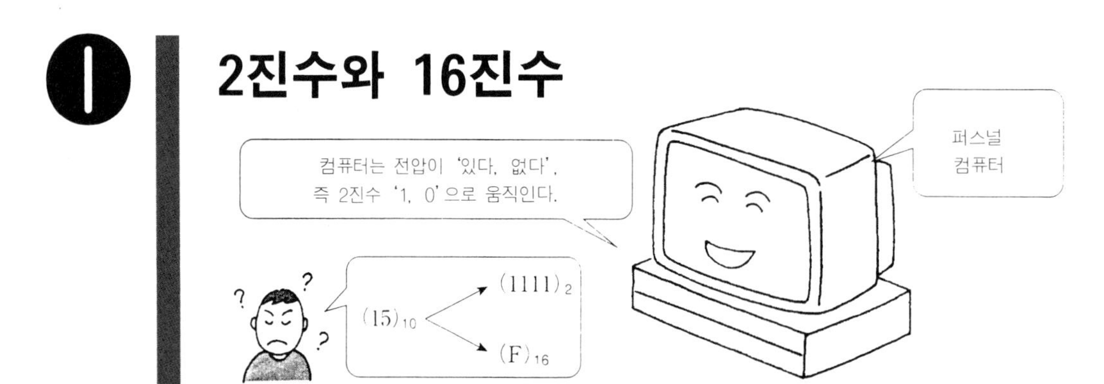

1. 10진수와 2진수

가령 345라고 하는 일상적으로 사용하고 있는 10진수는

$3\times10^2+4\times10^1+5\times10^0$ (단, $10^0=1$이다)

으로 표시할수 있다. 10^2, 10^1, 10^0을 10진수의 웨이트라 한다.

이 예와 마찬가지로 10110처럼 1과 0만으로 표시되는 수를 2진수라 하며

$1\times2^4+0\times2^3+1\times2^2+1\times2^1+0\times2^0$ (단, $2^0=1$이다)

로 표시할 수 있다. 여기서 2^4, 2^3, 2^2, 2^1, 2^0을 2진수의 웨이트라고 한다.

또한 가령 0.101과 같은 2진수의 소수는

$1\times2^{-1}+0\times2^{-2}+1\times2^{-3}$

으로 표시할 수 있다.

2. 2진수→10진수 변환

2진수를 $(\quad)_2$, 10진수를 $(\quad)_{10}$과 같이 표시하기로 한다.

(1) $(1011)_2$를 10진수로 변환하라.

$1\times2^3+0\times2^2+1\times2^1+1\times2^0=8+0+2+1=(11)_{10}$

(2) $(0.111)_2$를 10진수로 변환하라.

$0.111=1\times2^{-1}+1\times2^{-2}+1\times2^{-3}$

$=1\times\frac{1}{2}+1\times\frac{1}{4}+1\times\frac{1}{8}=0.5+0.25+0.125=(0.875)_{10}$

3. 10진수→2진수 변환

10진수의 정수를 2진수로 변환하면 (1)의 예와 같이 10진수의 수를 2로 나누고 더 이상 나눌 수 없을 때까지 나눗셈을 반복하여 그 나머지를 밑에서부터 차례로 배열한다.

(1) $(27)_{10}$을 2진수로 변환하라.

또한 10진수의 소수를 2진수로 변환하기 위해서는 (2)의 예와 같이 10진수에 2를 곱하여 자리 올림이 있으면 1, 없으면 0이 될 때까지 반복하여 위에서 부터 차례로 배열한다.

(2) $(0.875)_{10}$을 2진수로 변환하라.

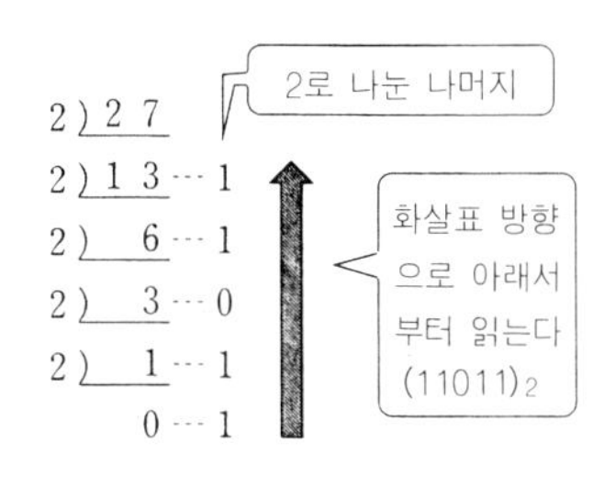

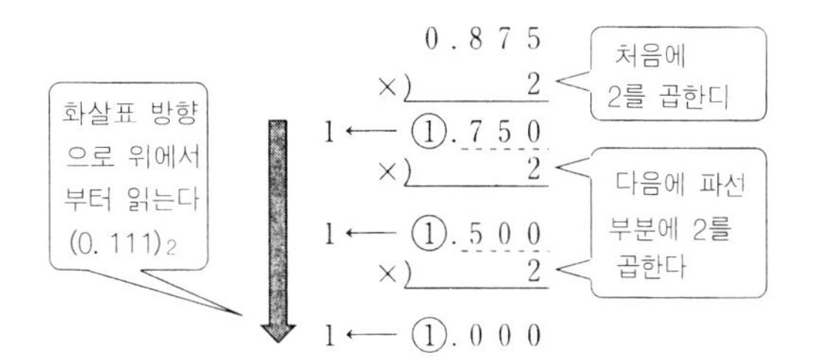

4. 16진수↔2진수 변환, 10진수→16진수 변환

● 16진수

16진수는 10진수의 10, 11, 12, 13, 14, 15를 영자의 A, B, C, D, E, F로 표시하고 1~9까지는 10진수를 사용한다(우측의 대응표 참조) 16진수를 $(\ )_{16}$으로 표시한다면 가령,

$(5A3)_{16}$은 10진수로 변환하면,

$$
\begin{aligned}
(5A3)_{16} &= 5\times16^2+10\times16^1+3\times16^0 \\
&= 5\times256+10\times16+3\times1 \\
&= 1280+160+3 \\
&= (1443)_{10}
\end{aligned}
$$

와 같이 된다. 여기서 16^2, 16^1, 16^0을 16진수의 웨이트라 한다.

표 10진수, 2진수, 16진수의 대응표

10진수	2진수	16진수
0	0 0 0 0	0
1	0 0 0 1	1
2	0 0 1 0	2
3	0 0 1 1	3
4	0 1 0 0	4
5	0 1 0 1	5
6	0 1 1 0	6
7	0 1 1 1	7
8	1 0 0 0	8
9	1 0 0 1	9
10	1 0 1 0	A
11	1 0 1 1	B
12	1 1 0 0	C
13	1 1 0 1	D
14	1 1 1 0	E
15	1 1 1 1	F
16	1 0 0 0 0	10

● 16진수→2진수 변환

16진수를 2진수로 변환하려면 16진수의 각 자리를 2진수로 변환한 후 구분하지 않고 배열한다.

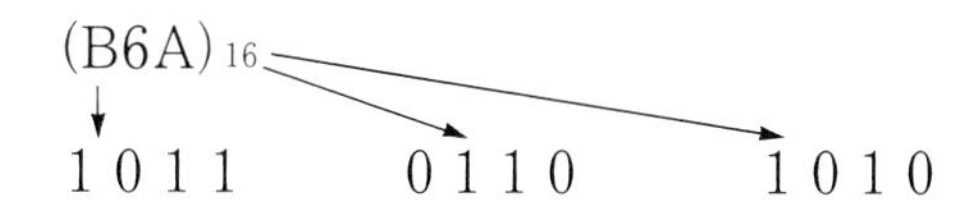

따라서, $(101101101010)_2$

● 2진수→16진수 변환

2진수를 16진수로 변환하려면 2진수를 우측부터 4자리씩 구분하고 각 구분별로 4자리의 2진수를 16진수로 변환한다.

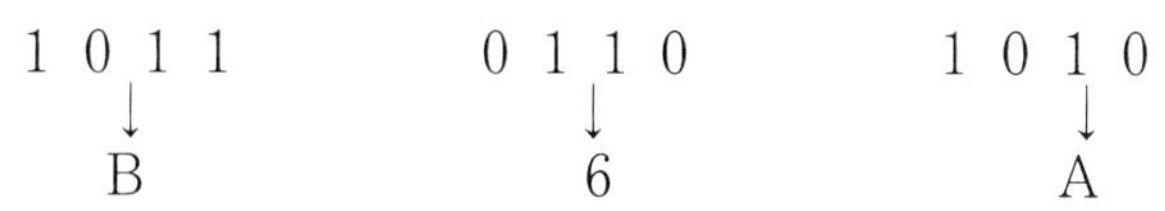

● 10진수→16진수 변환

10진수를 16진수로 변환하려면 10진수를 16으로 나누고 그 나머지를 아래서부터 배열하여 각 자리를 16진수로 한다.

```
16)1197
16)  74 … 13   ↑
16)   4 … 10   ↑
      0 …  4   ↑
```

화살표 방향으로 아래서부터 읽으면

```
4   10   13
↓    ↓    ↓
4    A    D
```

● 2진화 10진수

10진수의 각 자리의 수를 4비트의 2진수로 표시한 수를 2진화 10진수라 한다.

$$(78)_{10} = (\underbrace{0111}_{7}\ \underbrace{1000}_{8})_2$$

복 습

1. 다음의 10진수를 2진수로 변환하라.

(1) $(8)_{10} \to (\quad)_2$ (2) $(38)_{10} \to (\quad)_2$ (3) $(123)_{10} \to (\quad)_2$

2. 다음의 10진수를 16진수로 변환하라.

(1) $(15)_{10} \to (\quad)_{16}$ (2) $(345)_{10} \to (\quad)_{16}$ (3) $(620)_{10} \to (\quad)_{16}$

❷ 논리회로의 기본(1) (AND·OR·NOT)

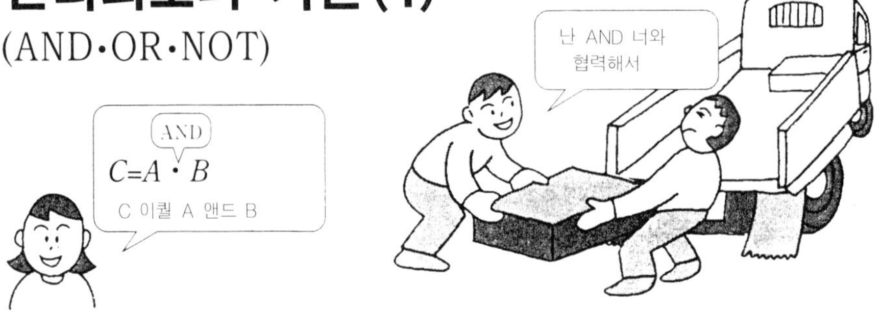

1. AND 회로(논리곱 회로)

그림 1의 회로에서 스위치 A와 B가 닫히면 램프 C가 점등되고 스위치 2개 중 어느 하나가

열려 있으면 램프는 점등되지 않는다. 이와 같은 회로를 **AND 회로**라 한다. AND 회로는 **AND 게이트, 논리곱 회로**라고도 한다.

AND 회로를 식으로 표시하면 다음과 같다. 이와 같은 식,

$$C = A \cdot B$$

을 **논리식**이라 한다. 입력이 없을 때 0, 있을 때 1, 출력이 없을 때 0, 있을 때 1로 하여 표로 만든 것을 **진리값표**라 한다. 또한 그 0과 1을 종축으로 시간을 횡축으로 하여 표시한 그림을 **타임차트**라 한다.

그림 2에 AND 회로의 진리값표와 타임차트 및 그림기호를 나타내었다.

2. OR 회로(논리합 회로)

그림 3의 회로에서 스위치 A, B 중 어느 하나, 또는 2개 모두를 닫으면 램프 C가 점등된다. 이와 같은 회로를 OR 회로라 한다.

OR 회로는 OR 게이트, 논리합 회로라고도 한다.

논리식은 다음과 같다.

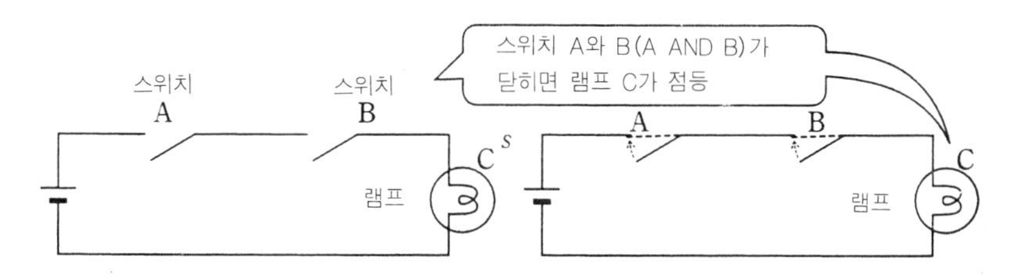

그림 1. AND 회로의 의미

입력		출력
A	B	C
0	0	0
0	1	0
1	0	0
1	1	1

진리값표

A 1 0
B 1 0
C 1 0
→ 시간
A와 B가 겹친 점에서 출력이 1이 된다

타임차트

A, B — C

그림 2. AND 회로의 진리값표와 타임차트

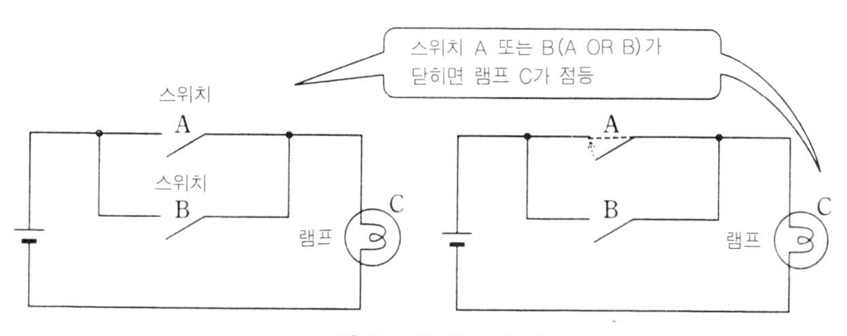

그림 3. OR 회로의 의미

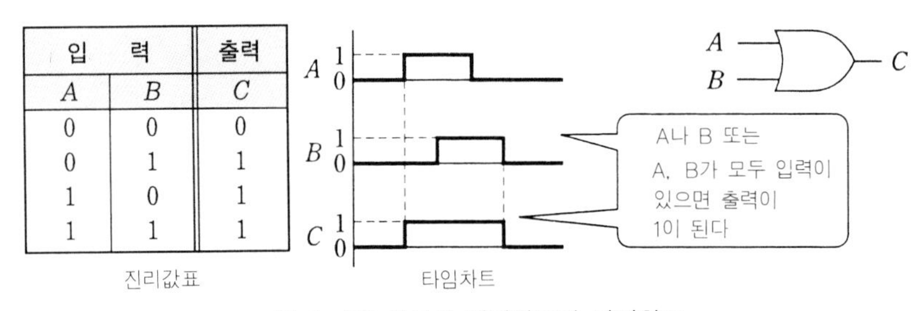

입 력		출력
A	B	C
0	0	0
0	1	1
1	0	1
1	1	1

그림 4. OR 회로의 진리값표와 타임차트

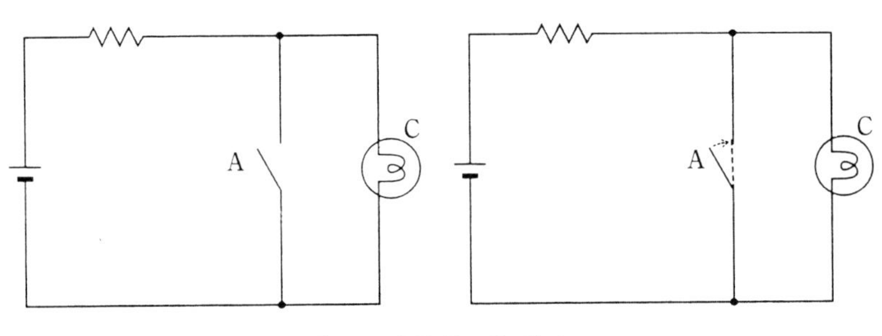

그림 5. NOT 회로의 의미

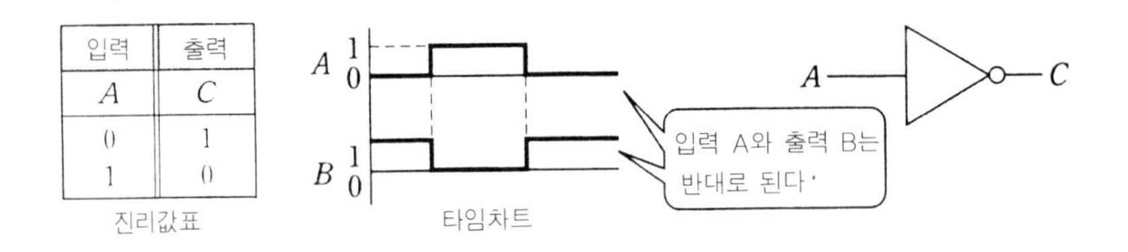

입력	출력
A	C
0	1
1	0

그림 6. NOT 회로의 진리값표와 타임차트

$$C = A + B$$

그림 4에 OR 회로의 진리값표와 타임차트 및 그림기호를 나타내었다.

3. NOT 회로(부정회로)

그림 5의 회로에서 스위치 A를 닫으면 램프 C는 소등되고 열리면 점등된다. 이와 같은 회로를 NOT 회로라 한다. NOT 회로는 NOT 게이트, 부정회로라고도 한다.

논리식은 다음과 같다.

$$C = \overline{A}$$

그림기호의 ○표는 논리부정을 표시한다.

그림 6에 NOT 회로의 진리값표와 타임차트 및 그림기호를 나타내었다.

4. 논리식을 읽는 법과 벤다이어그램

• AND 회로의 논리식 $C = A \cdot B$는 C 이퀼 A 앤드 B

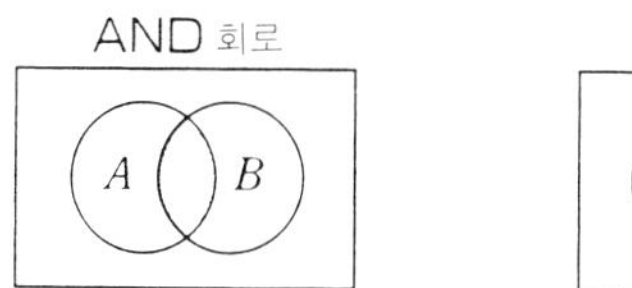

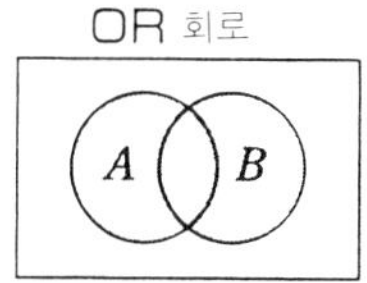

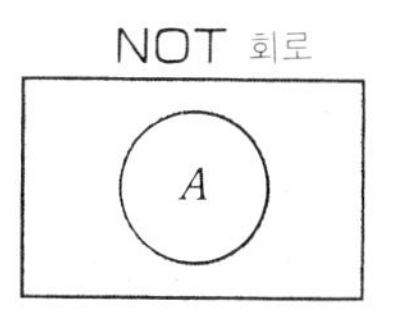

그림 7. 각종 논리회로와 벤다이어그램

• OR 회로의 논리식 $C=A+B$는 C 이퀄 A 오어 B
• NOT 회로의 논리식 $C=\overline{A}$는 C 이퀄 낫 A라고 읽는다.

그림 7에 각 논리회로의 벤다이어그램을 나타내었다.

복 습

1. 다음의 타임차트는 어떤 논리회로인가?

(1)

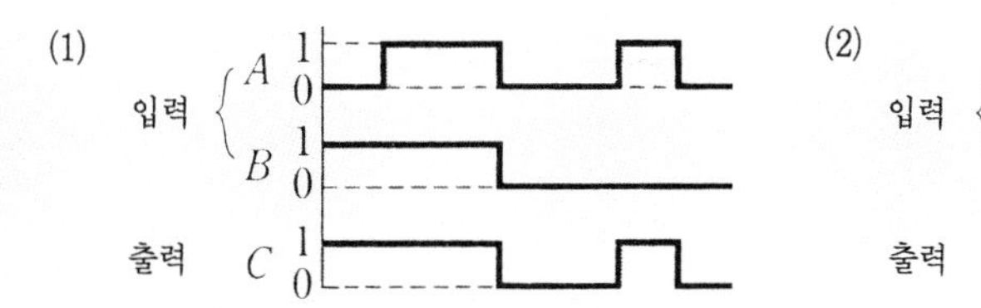

(2)

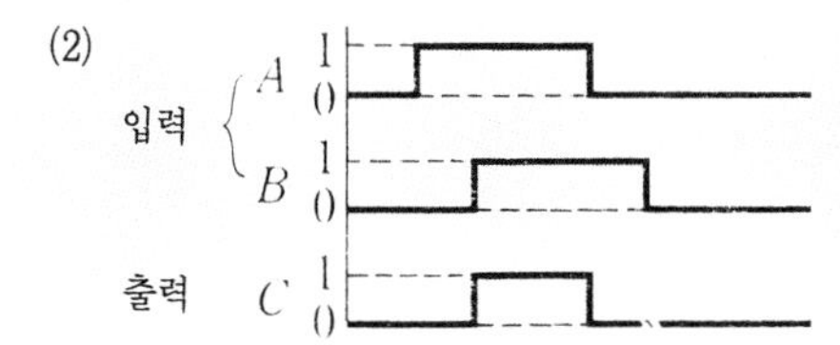

❸ 논리회로의 기본(2)

(NAND · NOR)

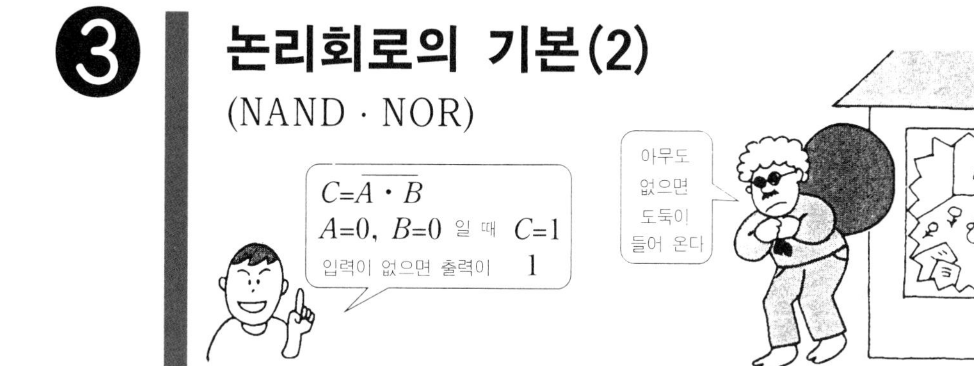

1. NAND 회로(부정 논리곱 회로)

NAND 회로는 NAND 게이트, 부정 논리곱 회로라고도 한다. 이 회로는 AND 회로와 NOT 회로를 결합한 것으로 AND·NOT 회로가 되는데 논리대수에서는 NOT을 반대가 되는 기호 앞에 붙이므로 이 회로는 NOT-AND의 동작을 하는 것으로 되어 NAND라 한다. 그림기호로 표시하면 다음과 같다.

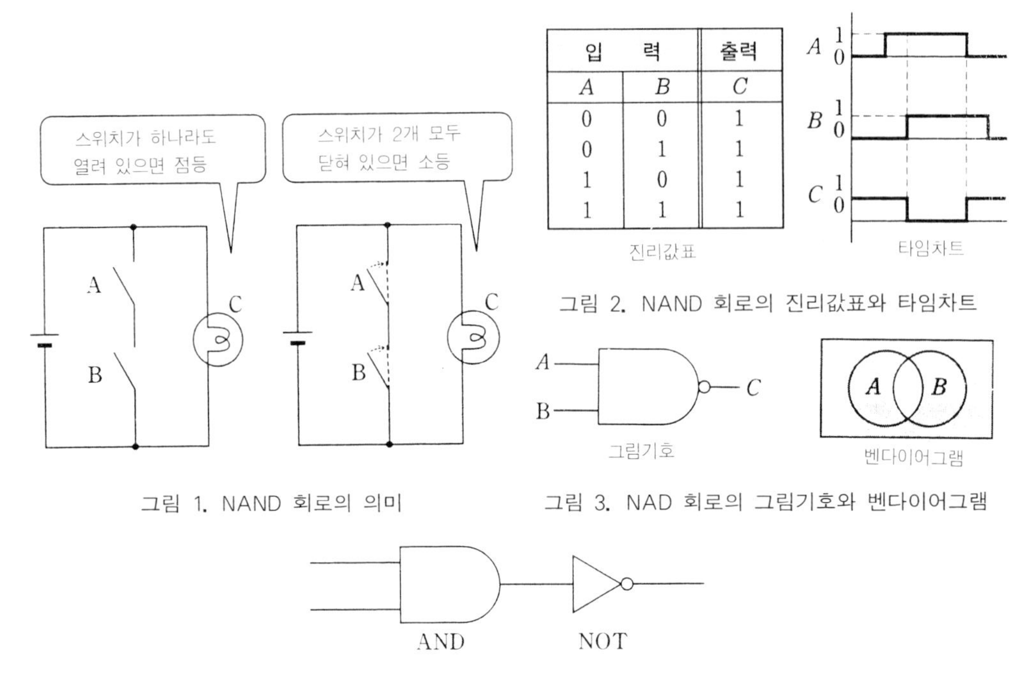

입 력		출력
A	B	C
0	0	1
0	1	1
1	0	1
1	1	1

그림 1. NAND 회로의 의미

그림 2. NAND 회로의 진리값표와 타임차트

그림 3. NAD 회로의 그림기호와 벤다이어그램

그림 1에서 스위치 A, B 중 어느 하나, 또는 양쪽이 모두 열려 있을 때 램프는 점등되고 양쪽 모두 닫혀 있을 때만 램프는 소등된다. 이와 같은 회로를 NAND 회로라 한다.

NAND 회로의 논리식은 다음과 같이 표시된다.

$$C = \overline{A \cdot B}$$

이 식은 C 이퀄 낫 A 앤드 B라고 읽는다.

그림 2의 진리값표와 같이 NAND 회로는 모든 입력이 1일 때에만 출력이 0이고 입력이 하나라도 0일 때 출력은 1이 된다. 따라서 타임차트는 입력이 $A=1$, $B=1$을 제외하고는 $C=1$이 된다.

그림 3에 NAND 회로의 그림기호와 논리식으로 표시되는 영역을 원으로 표시한 벤다이어그램을 나타내었다. 그림기호의 ○ 표시는 부정을 나타내며 NOT의 의미이다.

벤다이어그램은 AND 회로의 부정이므로 $A \cdot B$ 이외의 영역 모두가 C=1이 되는 것을 표시한다. 그림 3은 입력이 2개, 즉 2입력이므로 2입력 NAND 회로라고도 한다. 입력이 3개 이상의 3입력, 4입력... NAND 회로가 IC화되어 시판되고 있다.

2. NOR(부정 논리합 회로)

NOR 회로는 NOR 게이트, 부정 논리합 회로라고도 한다. 이 회로는 OR 회로와 NOT 회로를 결합한 것으로 OR-NOT 회로가 되는데 앞에서와 같은 이유로 NOT-OR의 동작을 하게 되어 NOR라 한다. 그림기호로 표시하면 다음과 같은 의미가 된다.

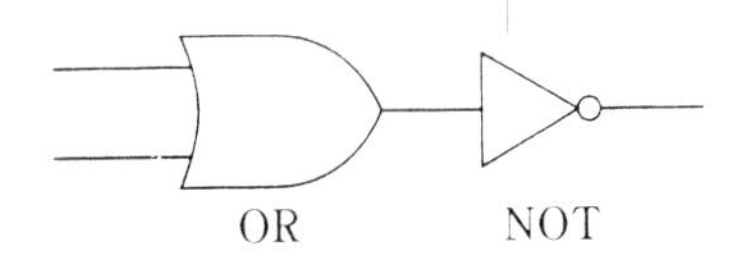

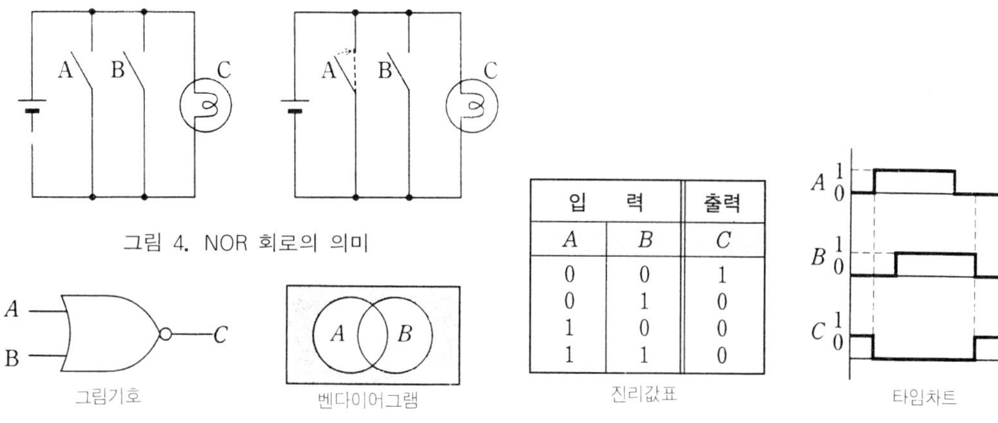

입	력	출력
A	*B*	*C*
0	0	1
0	1	0
1	0	0
1	1	0

그림 4. NOR 회로의 의미

그림 6. NOR 회로의 그림기호와 벤다이어그램

그림 5. NOR 회로의 진리값표와 타임차트

그림 4에서 스위치 A, B 양쪽이 모두 열려 있을 때에만 램프가 점등되고 하나라도 닫혀 있으면 소등된다. 이와 같은 회로를 NOR 회로라 한다.

NOR 회로의 논리식은 다음과 같이 표시된다.

$$C=\overline{A+B}$$

이 식은 C 이퀄 낫 A 오어 B라고 읽는다.

그림 5의 진리값표와 같이 NOR 회로는 모든 입력이 0일 때에만 출력이 1이고 입력이 하나라도 1일 때에는 출력은 0이 된다. 타임차트는 입력이 $A=0$, $B=0$일 때 $C=1$ 나머지 경우에는 $C=0$이 된다. 그림 6에 NOR 회로의 그림기호와 벤다이어그램을 나타내었다.

3. NAND 회로만으로 AND, OR, NOT을 구성한다

다음과 같이 NAND 회로만을 사용하여 AND 회로, OR 회로, NOT 회로를 구성할 수 있다. 따라서 모든 논리회로는 NAND 회로만, 또는 NOR 회로만으로 구성할 수 있다.

(1) AND회로

(2) OR 회로

(3) NOT 회로

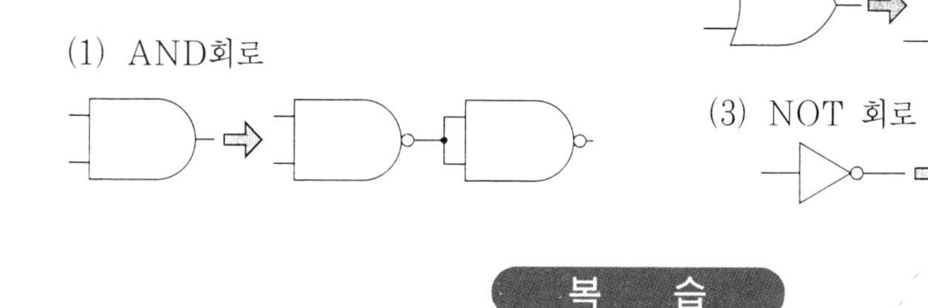

복 습

1. AND 회로와 NOT 회로를 결합한 논리회로의 명칭 및 OR 회로와 NOT 회로를 결합한 논리회로의 명칭은 무엇인가?
2. $C=\overline{A \cdot B}$와 $C=\overline{A+B}$를 읽는 방법은?
3. NAND 회로만으로 OR 회로를 구성하는 경우 NAND 회로는 몇 개가 필요한가?

불 대수가 논리회로에 유용한 이유

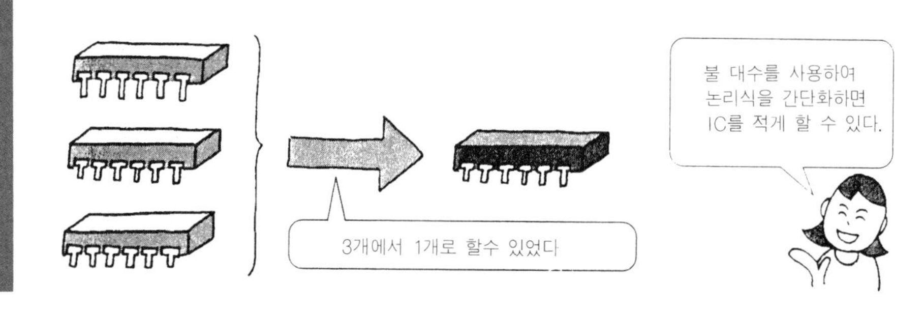

1. 불 대수란

불 대수는 영국의 수학자 G. Boole에 의해 만들어졌다. 2개의 값 0과 1에 대하여 AND, OR, NOT이 표 1과 같이 정의되는 대수를 불 대수라 한다.

표 1. AND, OR, NOT의 정의

AND

A	B	$A\cdot B$
0	0	0
0	1	0
1	0	0
1	1	1

OR

A	B	$A\cdot B$
0	0	0
0	1	1
1	0	1
1	1	1

NOT

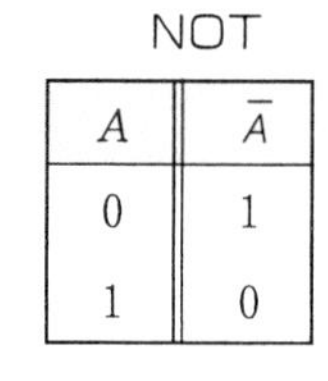

A	$\bar{A}$
0	1
1	0

2. 불 대수의 정리

표 1과 같은 불 대수의 정의(공리 : 이론의 출발점으로서 증명없이 진실이라 생각되는 것)에서 도출된 정리(공리에 기초하여 증명된 것)를 표 2에 나타내었다.

표 2. 불 대수의 정리

1. 교환법칙
   $A+B=B+A$
   $A\cdot B=B\cdot A$
2. 결합법칙
   $(A+B)+C=A+(B+C)$
   $(A\cdot B)\cdot C=A\cdot(B\cdot C)$
3. 흡수법칙
   $A+(A\cdot B)=A$
   $A\cdot(A+B)=A$
4. 부정원의 성질
   $A+\bar{A}=1$
   $A\cdot\bar{A}=0$
5. 분배법칙
   $A+(B\cdot C)=(A+B)\cdot(A+C)$
   $A\cdot(B+C)=(A\cdot B)+(A\cdot C)$
6. 멱등률(冪等率)
   $A+A=A$
   $A\cdot A=A$
7. 0, 1의 성질
   $A+0=A$
   $A\cdot 1=A$
   $A+1=1$
   $A\cdot 0=0$
8. 2중부정
   $\bar{\bar{A}}=A$
9. 드 모르간의 정리
   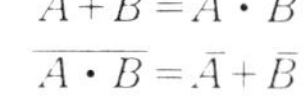
   $\overline{A+B}=\bar{A}\cdot B$
   $\overline{A\cdot B}=\bar{A}+\bar{B}$

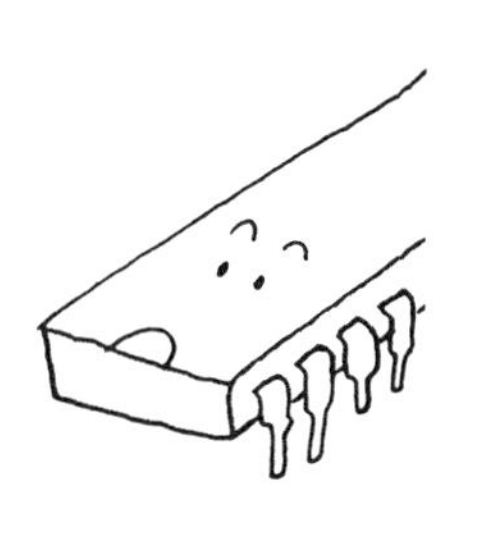

여기서 A, B, C는 0이나 1을 취하는 변수로 **논리변수**라 하며 0이나 1을 **논리상수**라 부른다.

논리변수나 논리상수를 +, ·이나 ( ) 등으로 결합한 식을 **논리식**이라 한다.

그러면 불 대수가 어떻게 유효한지 다음 예로 살펴보자.

불 대수의 정리 중 드 모르간의 정리는 다음과 같이 증명할 수 있다.

A	B	$\bar{A}$	$\bar{B}$	$\overline{A+B}$	$\bar{A}\cdot\bar{B}$	$\overline{A\cdot B}$	$\bar{A}+\bar{B}$
0	0	1	1	1	1	1	1
0	1	1	0	0	0	1	1
1	0	0	1	0	0	1	1
1	1	0	0	0	0	0	0

같다　　같다

3. 불 대수의 활용 예

〈예제〉　3개의 입력 A, B, C가 있고 3개 중 2개 이상의 입력이 1이 되었을 때 출력 F가 1이 되는 논리회로를 가급적 간단히 표시하라.

〈해답〉 어떤 문제에서도 반드시 순서에 따라 논리회로를 짜도록 한다.

· 순서 1 주어진 문제에 대하여 진리값표를 작성한다.

· 순서 2 그 진리값표에서 논리식을 만든다.

· 순서 3 그 논리식을 불 대수 등을 사용하여 간단히 한다.

· 순서 4 간단화한 논리식을 기초로 논리회로를 짠다.

순서 1 진리값표

A	B	C	F
0	0	0	0
0	0	1	0
0	1	0	0
0	1	1	1
1	0	0	0
1	0	1	1
1	1	0	1
1	1	1	1

순서 2 논리식

진리값표의 출력 F가 1의 입력에 대하여 A, B, C의 값이 0인 때에는 바를 붙이고 1인 때에는 바를 붙이지 않고 AND 회로를 만들어 AND 회로를 OR 회로로 연결한다.

$$F=\bar{A}\cdot B\cdot C+A\cdot\bar{B}\cdot C+A\cdot B\cdot\bar{C}+A\cdot B\cdot C \quad (1)$$

순서 3 논리식의 간단화

불 대수를 사용하여 F의 식을 간단히 한다.

$$F=\overline{A}\cdot B\cdot C+A\cdot B\cdot C+A\cdot\overline{B}\cdot C+A\cdot B\cdot C+A\cdot B\cdot\overline{C}+A\cdot B\cdot C \quad (2)$$
$$=(\overline{A}+A)\cdot B\cdot C+(B+\overline{B})\cdot A\cdot C+(\overline{C}+C)\cdot A\cdot B$$
$$=B\cdot C+A\cdot C+A\cdot B \quad (3)$$

식 (1)의 마지막 항 $A\cdot B\cdot C$를 식 (2)와 같이 각 항에 더해도 논리식은 성립된다.

순서 4 논리회로

식 (3)을 논리회로로 만든 것이 **그림 1**이며 4개의 논리소자로 구성되어 있다. 아직 간단화하지 않은 식 (1)에서는 ·과 +가 논리소자에 대응하므로 11개의 논리소자가 필요하게 된다. 불 대수의 유용성을 보여주는 예이다.

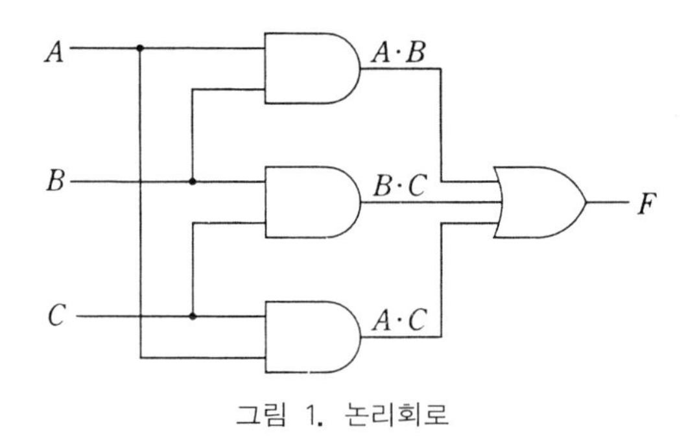

그림 1. 논리회로

복 습

1. 다음의 논리식을 간단화하라.

(1) $F=\overline{X}\cdot Y+X\cdot Y$ (2) $F=X\cdot Y+\overline{X}\cdot Y+X\cdot\overline{Y}$

(3) $F=A\cdot B\cdot\overline{C}+A\cdot\overline{B}\cdot\overline{C}+\overline{A}\cdot\overline{B}\cdot\overline{C}+A\cdot B\cdot C$

❺ 논리회로의 여러 가지(1)

(배타적 논리합 회로, 일치회로, 대소 비교회로)

1. 배타적 논리합 회로

2개의 입력 A, B가 있고 입력 A와 B가 다를 때 출력 X가 1이 되는 회로를 **배타적 논리합 회로**(exclusive-OR circuit, 약자로 **EX-OR 회로**)라 한다. 배타적 논리합 회로의 진리값표를 표 1에 나타내었다.

이 진리값표에서 논리식을 만들면 다음과 같다.

$$X=\overline{A}\cdot B+A\cdot\overline{B} \quad (1)$$

이 논리식은 더 이상 간단히 할 수 없다. 여기서 식 (1)의 논리회로를 만들면 **그림 1**과 같다. 이 회로는 **반일치회로** 또는 **불일치회로**라 한다.

2. 일치회로

2개의 입력 A, B가 있고 입력 A와 B가 같을 때 출력 X가 1이 되는 회로를 **일치회로**라

표 1. 진리값표

입	력	출력
A	B	X
0	0	0
0	1	1
1	0	1
1	1	0

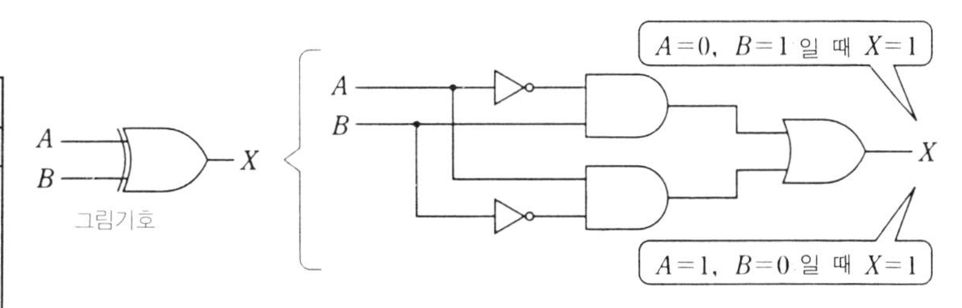

그림 1. 배타적 논리합 회로

표 2. 진리값표

입	력	출력
A	B	X
0	0	1
0	1	0
1	0	0
1	1	1

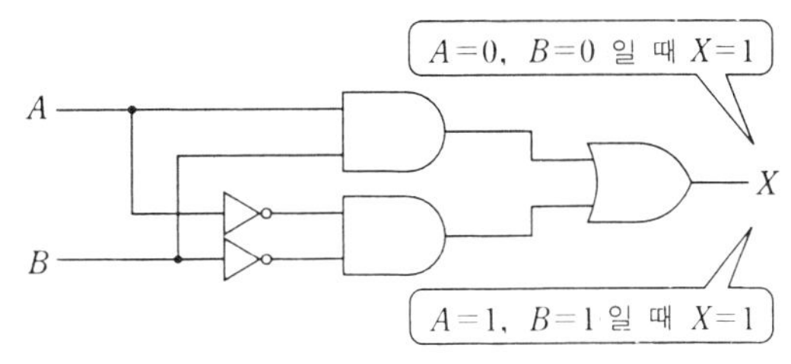

그림 2. 일치회로

한다. 일치회로의 진리값표를 표 2에 나타내었다.

이 진리값표에서 논리식을 만들면 다음과 같다.

$$X=\bar{A}\cdot\bar{B}+A\cdot B \qquad (2)$$

식 (2)의 논리식은 더 이상 간단히 할 수 없으므로 그대로 논리회로를 만들면 그림 2와 같다.

3. 대소 비교회로

2개의 입력 A, B가 있는 경우 $A=1$, $B=0$일 때 $X=1$이고 $A=0$, $B=1$일 때 $Z=1$이 된다. 또한 A, B가 같은 때 $Y=1$이 되는 논리회로를 **대소 비교회로**라고 한다.

대소 비교회로의 진리값표를 표 3에 나타내었다. 진리값표에서 논리식을 도출하면 식 (3)과 같다.

식 (3)의 논리식 중 Y의 항을 전개하여 배타적 논리합 회로를 포함한 식으로 하여 논리회로를 만들면 그림 3과 같다.

$$\left.\begin{aligned} X&=A\cdot\bar{B} \\ Y&=\bar{A}\cdot\bar{B}+A\cdot B \\ Z&=\bar{A}\cdot B \end{aligned}\right\} \qquad (3)$$

여기서 Y를 다음과 같이 간단화 한다.

$$\begin{aligned} Y&=\bar{A}\cdot\bar{B}+A\cdot B=\overline{\overline{\bar{A}\cdot\bar{B}+A\cdot B}} \\ &=\overline{\overline{\bar{A}\cdot\bar{B}}\cdot\overline{A\cdot B}=(\bar{\bar{A}}+\bar{\bar{B}})\cdot(\bar{A}+\bar{B})} \\ &=\overline{(A+B)\cdot(\bar{A}+\bar{B})} \\ &=\overline{A\cdot\bar{A}+A\cdot\bar{B}+\bar{A}\cdot B+B\cdot\bar{B}} \\ &=\overline{A\cdot\bar{B}+\bar{A}\cdot B} \end{aligned}$$

Y식의 최종항은 배타적 논리합 회로의 NOT 회로가 된다. Y식의 전개를 보면 알 수 있듯이 2중부정$\overline{\overline{\bar{A}\cdot\bar{B}+A\cdot B}}$를 사용하여 드 모르간의 정리를 적용하는 것이 포인트이다.

즉 $\overline{\bar{A}\cdot\bar{B}}=\bar{\bar{A}}+\bar{\bar{B}}=A+B$, $\overline{A\cdot B}=\bar{A}+\bar{B}$ 과 같다.

표 3. 진리값표

입 력		출 력		
A	B	X	Y	Z
0	0	0	1	0
0	1	0	0	1
1	0	1	0	0
1	1	0	1	0

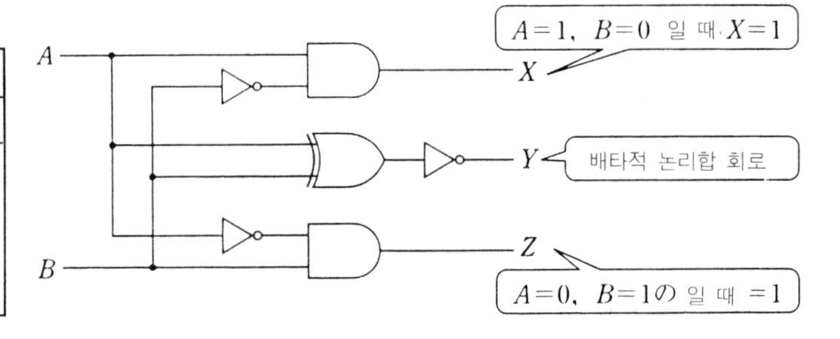

그림 3. 대소 비교회로

4. 비교회로의 정리

이상 3개의 논리회로는 입력 A와 B를 비교하여 출력을 얻고 있다. 그와 같은 의미에서 3개의 회로를 총칭하여 비교회로라 하며 다음과 같이 정리할 수 있다.

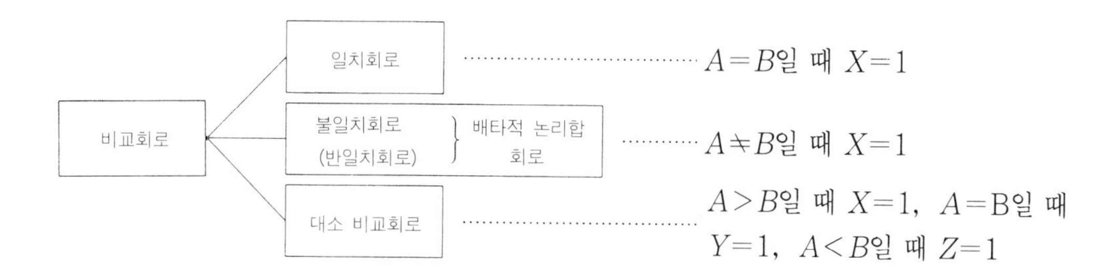

복 습

1. 다음 문장 중 ( ) 안에 적절한 용어를 기입하라.
 입력이 A와 B이고 A=B일 때 출력이 1이 되는 회로를 (①)라 하며 A≒B일 때 출력이 1이 되는 회로를 (②), (③), (④)라 한다.

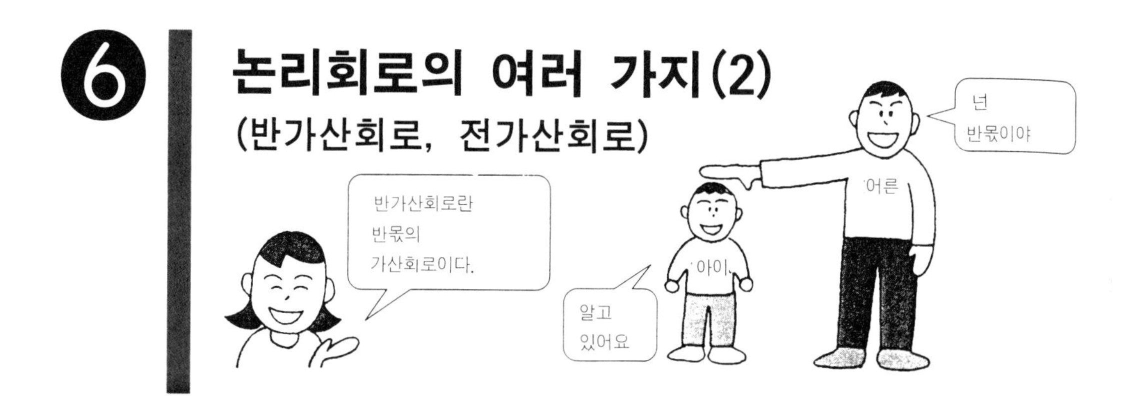

1. 반가산회로

그림 1은 2진수 1자리의 가산이다. 이 가산을 논리회로에서 하기 위해 2진수의 변수를 A, B로 하고 합(sum)을 S, 자리올림(carry)을 C라 한다. 여기서 입력을 A, B, 출력을 S, C로 하여 진리값표를 만들면 표 1을 얻을 수 있다.

이 진리값표를 기초로 논리식을 만들어 본다.

• 합

$$S=\overline{A}\cdot B+A\cdot\overline{B} \qquad (1)$$

• 자리올림

$$C=A\cdot B \qquad (2)$$

표 1. 진리값표

입력		출력	
A	B	S	C
0	0	0	0
0	1	1	0
1	0	1	0
1	1	0	1

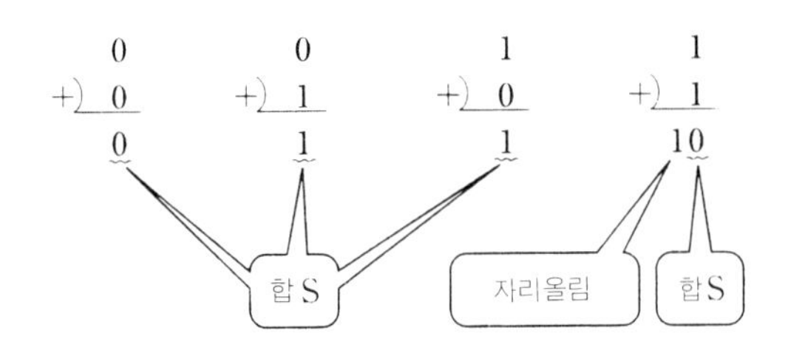

그림 1. 2진수의 1자리 가산

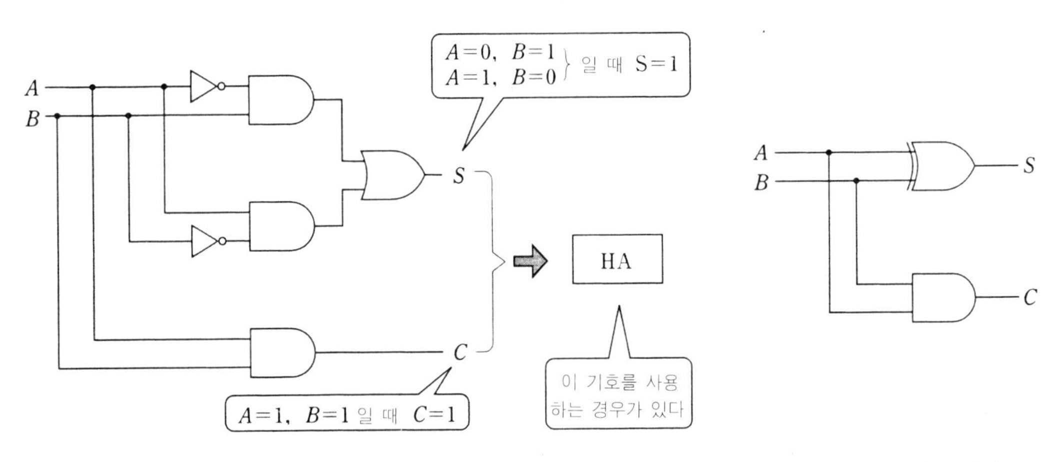

그림 2. 반가산회로

그림 3. EX-OR 소자를 사용한 논리회로

식 (1), 식 (2)는 더 이상 간단히 할 수 없다. 여기서 이 논리식에 의하여 논리회로를 만들면 **그림 2**와 같다.

이 회로를 **반가산회로**(half adder)라 하며 HA와 같이 표시할 수도 있다.

식 (1)은 배타적 논리합 회로의 논리식이다. 따라서 그림 2를 배타적 논리합 회로(EX-OR)의 논리소자를 사용하여 다시 그리면 **그림 3**과 같이 간단하게 된다.

2. 전가산회로

반가산회로에서는 입력이 2개이고 자리올림의 가산은 고려하지 않았다.

자리올림의 가산을 고려하면 입력이 3개이어야 한다. 입력을 A, B, C 3개로 하고 출력으로서 합을 S, 자리올림을 C_0라 하여 진리값표를 만들면 **표 2**와 같이 된다. 이 진리값표에서 논

0 0 1 1 0 0 1 1
0 1 0 1 0 1 0 1
+) 0 +) 0 +) 0 +) 0 +) 1 +) 1 +) 1 +) 1
0 1 1 10 1 10 10 11

그림 4. 자리올림을 고려한 가산

표 2. 진리값표

입	력		출	력
A	B	C	S	C_0
0	0	0	0	0
0	0	1	1	0
0	1	0	1	0
0	1	1	0	1
1	0	0	1	0
1	0	1	0	1
1	1	0	0	1
1	1	1	1	1

리식을 만들면 다음과 같다.

$$\begin{aligned} S &= \bar{A}\cdot\bar{B}\cdot C+\bar{A}\cdot B\cdot\bar{C}+A\cdot\bar{B}\cdot\bar{C} \\ &\quad +A\cdot B\cdot C \\ &=(\bar{A}\cdot B+A\cdot\bar{B})\cdot\bar{C} \\ &\quad +(\bar{A}\cdot\bar{B}+A\cdot B)\cdot C \\ &=(\bar{A}\cdot B+A\cdot\bar{B})\cdot\bar{C} \\ &\quad +(\overline{\bar{A}\cdot B+A\cdot\bar{B}})\cdot C \end{aligned}$$

여기서 $\bar{A}\cdot B+A\cdot\bar{B}=X$ 라 하면

$$S=X\cdot\bar{C}+\bar{X}\cdot C$$

가 되며 반가산회로(X, C를 입력으로 했다)가 된다.

$$\begin{aligned} C_0 &= \bar{A}\cdot B\cdot C+A\cdot\bar{B}\cdot C+A\cdot B\cdot\bar{C} \\ &\quad +A\cdot B\cdot C \\ &=(\bar{A}\cdot B+A\cdot\bar{B})\cdot C+A\cdot B \\ &=X\cdot C+A\cdot B \end{aligned}$$

이와 같은 결과에서 논리회로를 만들면 **그림 5**를 얻을 수 있다.

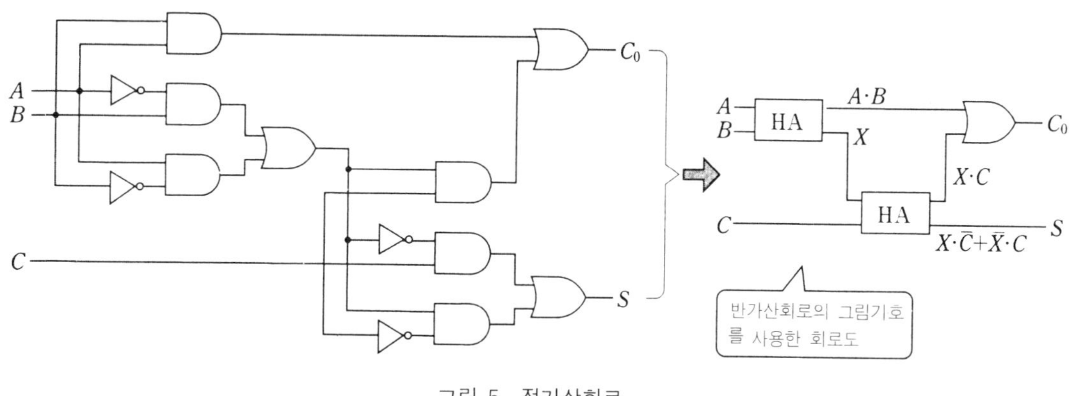

그림 5. 전가산회로

복 습

1. 다음 문장 중의 ( ) 안에 적절한 용어를 기입하라.
   2입력 가산을 하는 회로를 (①)라 하고 3입력 가산을 하는 회로를 (②)라 한다.
2. $\bar{A}\cdot\bar{B}+A\cdot B$가 $\overline{\bar{A}\cdot B+A\cdot\bar{B}}$와 같다는 것을 증명하라(드 모르간의 정리를 사용한다).

논리회로의 여러 가지(3)
(인코더, 디코더, 디지털 IC)

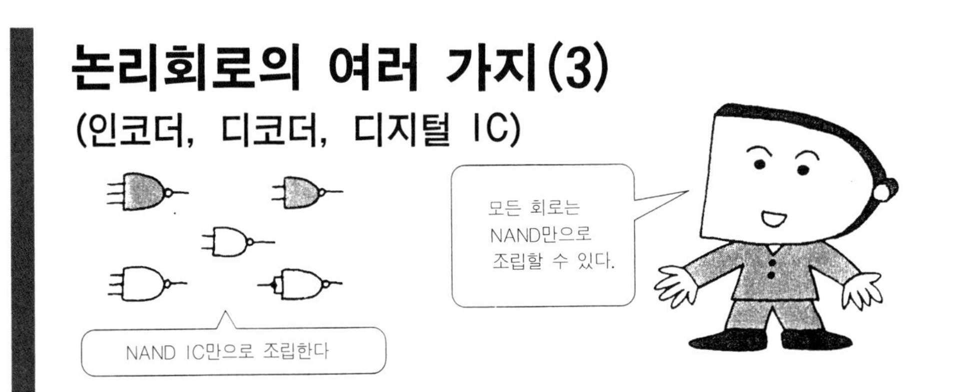

1. 인코더

10진수를 2진수로 변환하는 회로를 고찰해 본다.

여기서는 간단화를 위해 10진수의 0~3을 2진수로 하는 회로에 대해 설명한다. 지금까지 공부한 순서대로 먼저 진리값표를 만든다.

표 1이 그 진리값표이다. 이 진리값표를 기초로 논리식을 만들면 다음과 같다.

$$X=B+D,\quad Y=C+D \qquad (1)$$

식 (1)에 의하여 논리회로를 만든다(그림 1).

그림 1의 회로를 **인코더(부호기)**라 한다.

2. 디코더

디코더는 인코더와는 반대로 2진수를 10진수로 변환하는 회로이며 **복호기**라고도 한다. 여기서는 간단화를 위해 입력이 2개인 2진수를 10진수로 하는 회로로 한다. 먼저 진리값표를 만들면 표 2와 같다.

이 표와 같이 입력이 2개이고 출력이 4개가 되는 것에 주의한다.

이 진리값표에서 다음과 같이 논리식을 도출하여 식 (2)에서 논리회로를 만든다.

$$\left.\begin{array}{l} W=\bar{A}\cdot\bar{B},\quad X=\bar{A}\cdot B \\ Y=A\cdot\bar{B},\quad Z=A\cdot B \end{array}\right\} \qquad (2)$$

표 1. 진리값표

입	력				출	력
10진수	A	B	C	D	X	Y
0	1	0	0	0	0	0
1	0	1	0	0	1	0
2	0	0	1	0	0	1
3	0	0	0	1	1	1

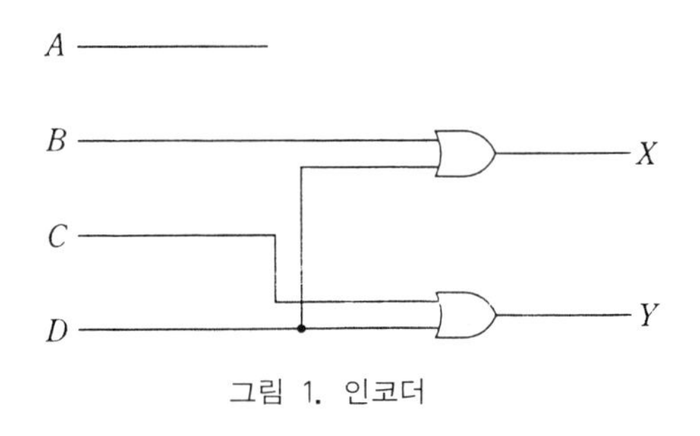

그림 1. 인코더

표 2. 진리값표

입력		출력				
A	B	W	X	Y	Z	10진수
0	0	1	0	0	0	0
0	1	0	1	0	0	1
1	0	0	0	1	0	2
1	1	0	0	0	1	3

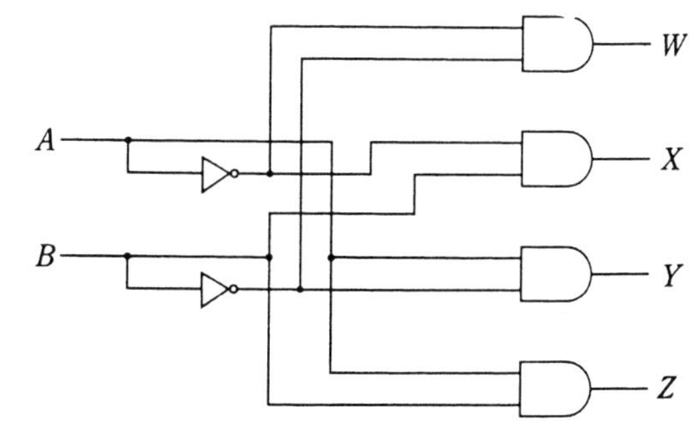

그림 2. 디코더

3. 디지털 IC

전압이 높을(5V) 때와 낮을(0V) 때 처럼 2개의 다른 상태에서 표시되는 신호를 **디지털 신호**라 하며 디지털 신호를 처리하는 IC를 **디지털 IC**라 한다.

그림 3은 단자가 14개 있는 AND 회로이다. 이 IC 중에는 4개의 AND 회로가 들어 있다. 단자는 그림과 같은데 단자 14의 V_{CC}에는 보통 5V의 직류전압을 가하고 단자 7의 GND(그랜드)는 접지를 의미하며 0V가 된다. 즉 V_{CC}와 GND 단자 간에 전압을 가하는 것이다. 이하의 IC도 마찬가지이다.

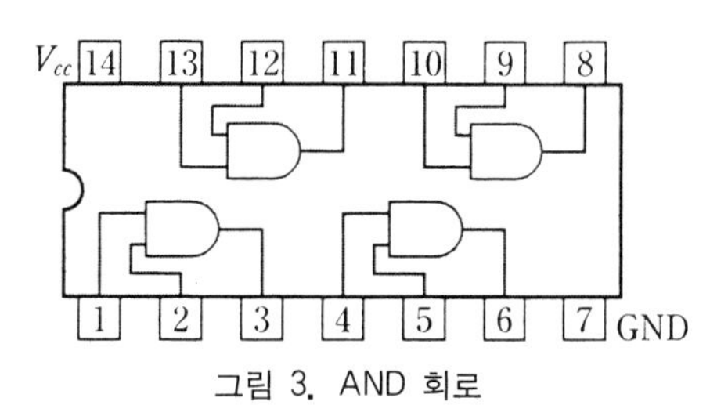

그림 3. AND 회로

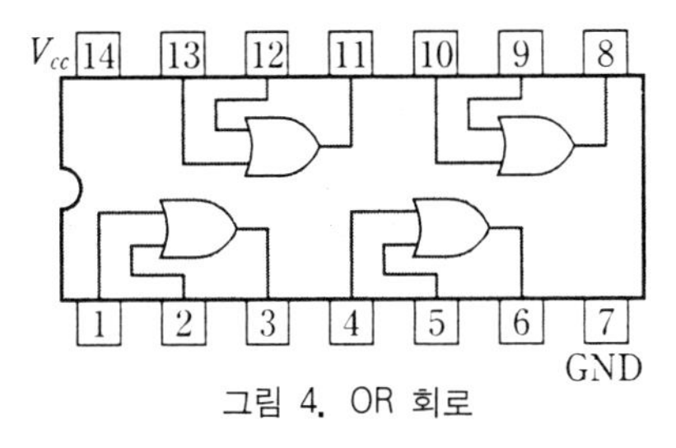

그림 4. OR 회로

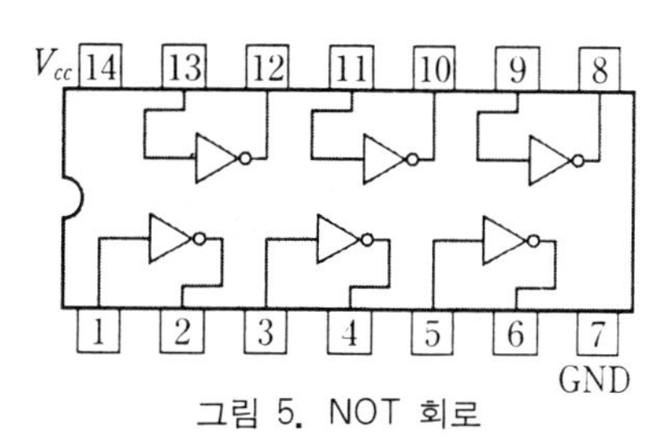

그림 5. NOT 회로

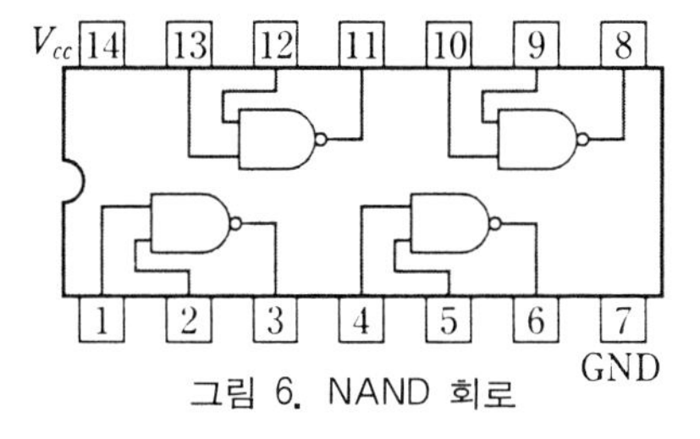

그림 6. NAND 회로

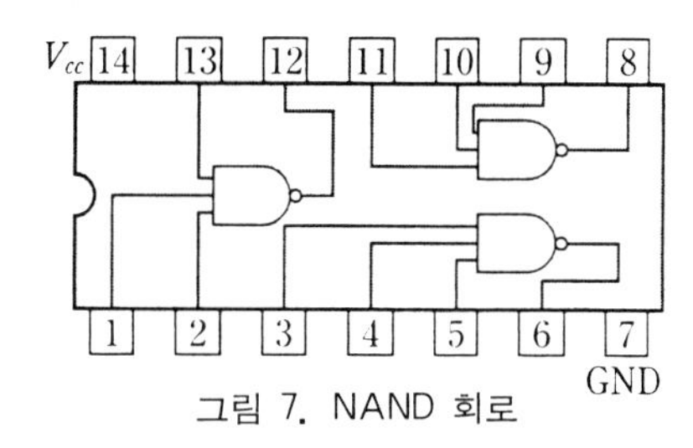

그림 7. NAND 회로

그림 4는 OR 회로의 IC, **그림 5**는 NOT 회로의 IC이다. NOT 회로는 인버터라고도 하며 IC를 취급하는 경우 이 명칭이 많이 사용되고 있다. 그런 의미에서는 회로라기 보다 게이트(예:AND 게이트)쪽이 보다 일반적이다.

그림 6과 **그림 7**은 모두가 NAND 회로인데 입력의 수가 다르다. 그림 6은 2입력, 그림 7은 3입력 NAND의 IC이다. 이와 같이 입력의 수도 다양한 IC가 시판되고 있다.

그림 8은 IC의 패키지이다. 디지털 IC는 그림 (a)의 DIP(Dual Inline Package)형이 사용되고 있다. 그림 (c)는 아날로그 IC, 그림 (b)는 TV나 오디오용의 IC에 많이 사용되고 있다.

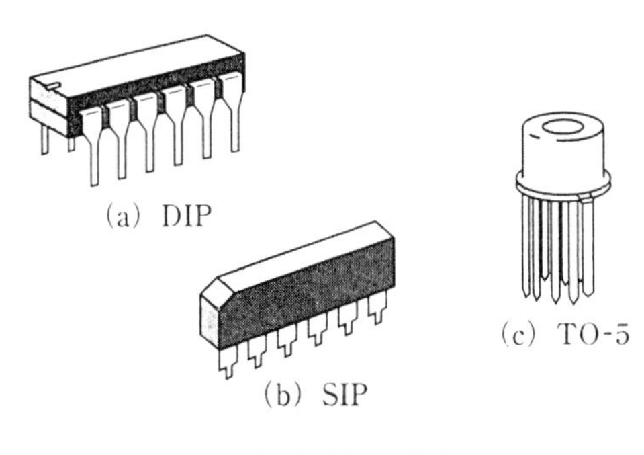

그림 8. IC 패키지

복 습

1. 다음 문장 중의 ( ) 안에 적절한 용어를 기입하라.

(1) 10진수를 2진수로 변환하는 회로를 (①)라 한다.

(2) 2진수를 10진수로 변환하는 회로를 (②)라 한다.

(3) 디지털 IC용의 패키지는 (③)형이 많이 사용된다.

(4) NOT 회로의 IC는 (④)라는 명칭이 많이 사용된다.

제4장의 정리

논리식의 간단화

논리회로는 AND·OR·NOT의 각 회로를 사용하여 직접 구성할 수 있다. 이와 같이 구성된 회로는 그 자체로도 동작하지만 회로의 수가 많아져 고가이다. 여기서 논리식을 간단화하여 가급적 회로의 소자수와 접속점이 적은 경제적인 회로가 요구된다. 가령,

$$F=A\cdot\bar{B}\cdot\bar{C}+A\cdot B\cdot\bar{C}+\bar{A}\cdot\bar{B}\cdot C+A\cdot B\cdot C \quad (1)$$

의 논리식을 불 대수로 간단화하면 다음 식과 같다.

$$F=A\cdot B+A\cdot\bar{C}+\bar{A}\cdot\bar{B}\cdot C \quad (2)$$

카르노도

그런데 불 대수에 의존하는 것이 아니라 그림 위에서 논리식을 간단화하는 방법이 있다. 그림은 변수가 A, B 2개인 경우와 변수가 A, B, C 3개인 경우의 그림으로 이것을 **카르노도**라 한다. 단, 곱의 의미인 도트·를 생략하고 있다. 논리식의 각 항은 카르노도의 사각형 속에 기입했다($\bar{A}\bar{B}$나 $\bar{A}\bar{B}C$ 등).

	$\bar{A}$	A
$\bar{B}$	$\bar{A}\ \bar{B}$	$A\ \bar{B}$
B	$\bar{A}\ B$	$A\ B$

	$\bar{A}$		A	
	$\bar{B}$	B	B	$\bar{B}$
$\bar{C}$	$\bar{A}\bar{B}\bar{C}$	$\bar{A}B\bar{C}$	$AB\bar{C}$	$A\bar{B}\bar{C}$
C	$\bar{A}\bar{B}C$	$\bar{A}BC$	ABC	$A\bar{B}C$

식 (1)의 각 항에 대해 카르노도 속에 1을 기입하면 우측 그림과 같이 된다. 다른 것에는 0을 기입해 둔다. 여기서 수직방향 또는 수평방향으로 이웃한 숫자가 1일 때 하나의 직사각형으로 정리한다. 그림에서 $AB\bar{C}$와 $A\bar{B}\bar{C}$는 하나로 정리하면 $A\bar{C}$가 된다. 또한 $A\bar{B}C$와 ABC도 하나로 정리하면 AB가 된다. 따라서 식 (1)은 $A\bar{C}+AB+\bar{A}\bar{B}C$가 되며 이것은 식 (2) 그 자체이다.

	$\bar{A}$		A	
	$\bar{B}$	B	B	$\bar{B}$
$\bar{C}$	0	0	1	1
C	1	0	1	0

해답

〈81페이지〉
1. (1) 1000 (2) 100110 (3) 1111011
2. (1) F (2) 159 (3) 26C

〈83페이지〉
1. (1) OR 회로 (2) AND 회로

〈85페이지〉
1. NAND 회로 및 NOR 회로
2. C 이퀄 낫 A 앤드 B
   C 이퀄 낫 A 오어 B
3. 3개

〈88페이지〉
1. (1) $F=Y$ (2) $F=X+Y$
   (3) $F=A\cdot B+\bar{B}\cdot\bar{C}$

〈91페이지〉
1. ①일치회로 ②, ③, ④ 반일치회로, 불일치회로, 배타적 논리합 회로

〈93페이지〉
1. ①반가산회로 ②전가산회로
2. $\bar{A}\cdot\bar{B}+A\cdot B=\overline{\overline{\bar{A}\cdot\bar{B}+A\cdot B}}=\overline{\overline{\bar{A}\cdot\bar{B}}\cdot\overline{A\cdot B}}=\overline{(\bar{\bar{A}}+\bar{\bar{B}})\cdot(\bar{A}+\bar{B})}$
   $=\overline{(A+B)\cdot(\bar{A}+\bar{B})}=\overline{A\cdot\bar{A}+A\cdot\bar{B}}$
   $\overline{+\bar{A}\cdot B+B\cdot\bar{B}}=\overline{\bar{A}\cdot B+A\cdot\bar{B}}$

〈96페이지〉
1. ①인코더 ②디코더 ③DIP ④인버터

제 5 장

전파와 음파

우리의 일상생활에서 사용되는 정보는 여러 가지의 방법으로 얻어지고 있다. 가령 먼 거리에 전파를 보내는 방법으로 정보를 얻기도 한다. 그러면 전파란 무엇일까? 주파수의 단위로 되어 있는 Hz와 관계가 있는 독일의 물리학자 하인리히 헤르츠는 실험에 의하여 처음으로 전파의 존재를 명백히 했다. 전파는 현재 여러 가지의 주파수로서 널리 이용되고 있다.

우리들은 정보를 음으로서 이용하고 있다. 가령 철도에서 교통안내는 역 플랫폼의 스피커에서 흘러 나온다. 그러면 음이란 도대체 무엇일까? 또한 음의 에너지는 어떻게 전기 에너지가 되고 반대로 전기 에너지는 어떻게 음의 에너지가 되는 것일까?

또한 전파를 방사하거나 공간을 전파(傳播)하는 전파(電波)를 포착하는 방법에는 어떤 것이 있을까?

여기서는 전파와 그 전파방법, 안테나, 음과 그 전파방법, 마이크로폰과 스피커의 원리와 종류 등에 대하여 설명한다.

1 전파와 전파의 종류

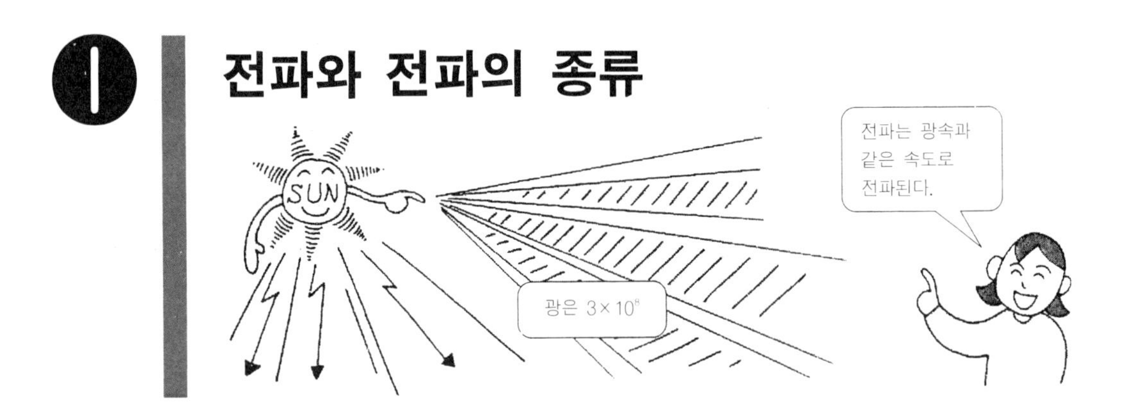

1. 전파란

일상적으로 많이 사용되고 있는 전파란 도대체 무엇일까? **그림 1**의 직선도체 중심에 고주파 전원을 끼우면 이 직선도체는 전파를 송출하는 안테나, 즉 송신 안테나가 된다.

그림과 같이 수직방향으로 전계의 강도를, 수평방향으로 자계의 강도를 취하면 진행방향으로 진행하면서 조금씩 전계와 자계의 강도가 약해진다. 이것을 **전파의 감쇠**라 한다.

이와 같이 전계와 자계에 의하여 구성된 파를 **전자파**라 하며 전파법에서는 주파수가 3,000GHz 이하의 전자파를 **전파**라 한다.

전파는 공간을 1초 간에 약 3×10^8m의 속도, 즉 광속으로 전파되어 간다.

여기서 주파수, 파장, 전파의 전파 속도의 관계를 구한다.

그림 2는 종축에 전계의 강도, 횡축에 시간을 취한 것이다. 1초 간 산의 수가 주파수이므로 이 경우 주파수는 f〔Hz〕이다.

파장은 1사이클의 길이이며 λ〔m〕라 하면 λ는 다음식으로 표시된다.

$$\lambda=\frac{3\times10^8}{f}\ \text{〔m〕} \qquad (1)$$

그림 1, 2는 사인파인데 이것은 고주파 전원이 사인파 교류를 발생하고 있기 때문이다.

전계의 강도를 **전계강도**라 하며 단위는 〔V/m〕를 사용한다. 전계강도 E_{dB}는 1μV/m를 기

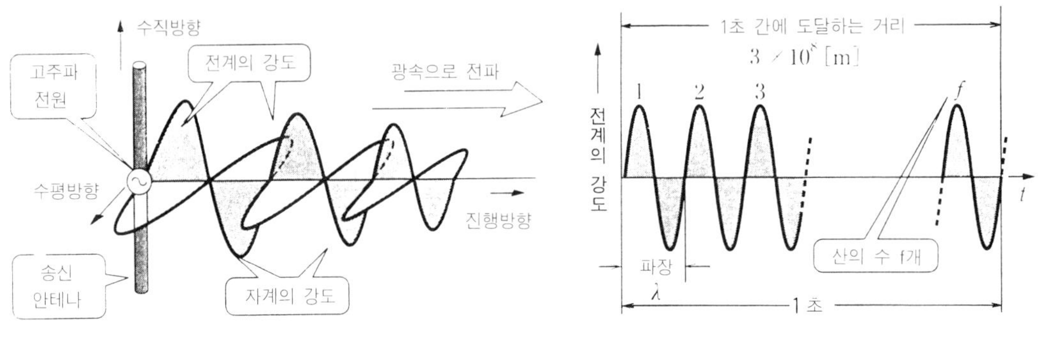

그림 1. 전파의 전파, 전계와 자계

그림 2. 파장과 주파수

준으로 하여 0dB로 표시하면 다음과 같다.

$$E_{dB} = 20 \log_{10} \frac{E[\mu V/m]}{1\mu V/m} [dB] \quad (2)$$

가령 어떤 지점의 전계강도 E가 20mV라 하면 이것을 dB의 단위로 표시하면 다음과 같다. 단 $\log_{10}2=0.3$이라 한다.

$$E_{dB} = 20 \log_{10} \frac{20 \times 10^{-3}}{10^{-6}}$$
$$= 20 \log_{10}(2 \times 10^4)$$
$$= 20(\log_{10} 2 + 4) = 86[dB]$$

2. 전파의 종류

전파를 주파수에 의하여 분류하면 표 1과 같다. 표 중 전파의 약칭에 대해서는 표 밑에 그 의미를 표시했다. 일반적으로 라디오 방송용 주파수대는 MF, 단파는 HF이며 텔레비전 방송용 주파수대는 VHF 및 UHF이다.

MF(중파) 중에서 540kHz~1,600kHz 범위의 주파수대는 표준 라디오 방송 주파수로서 사용되고 있으며 이것을 BC 밴드라 하는 경우도 있다.

또한 표 1에서 주파수 범위와 파장의 관계는 식 (1)을 사용하고 있다.

가령 주파수 30kHz의 파장 λ는,

$$\lambda = \frac{3 \times 10^8}{30 \times 10^3} = 10 \times 10^3 = 10[km]$$

이 된다.

VLF는 초장파라고도 하며 대전력에 의한 장거리 통신에 이용된다.

LF(장파)는 야간의 전리층에 의한 반사파를 이용한 장거리 통신에 사용된다.

MF(중파)는 일반 라디오 방송 외에 선박통신·항공통신·항만통신·경찰통신 등에 많이 이용되고 있다.

표 1. 전파의 종류와 호칭

주파수 범위	파장	전파의 약칭	전파의 명칭	용도
30 kHz 以下	10 km 以上	VLF	장파	장거리 통신
30~300 kHz	10~1 km	LF	장파	선박통신
300~3000 kHz	1 km~100 m	MF	중파	중파방송
3~30 MHz	100~10 m	HF	단파	단파방송
30~300 MHz	10~1 m	VHF	초단파	TV 방송
300~3000 MHz	1 m~10 cm	UHF	극초단파	이동무선, TV 방송
3~30 GHz	10~1 cm	SHF	마이크로파	레이더, 위성통신
30~300 GHz	1 cm~1 mm	EHF	밀리파	

- VLF : very low frequency (매우 낮은 주파수)
- LF : low frequency (낮은 주파수)
- MF : medium frequency (중간 주파수)
- HF : high frequency (높은 주파수)
- VHF : very high frequency (매우 높은 주파수)
- UHF : ultra high frequency (특별히 높은 주파수)
- SHF : super high frequency (특별히 높은 주파수)
- EHF : extremely high frequency (특별히 높은 주파수)

HF(단파)는 중거리나 장거리의 국내 통신 및 아마추어 무선에 이용되고 있다.

VHF(초단파)는 TV 방송을 비롯하여 선박·항공기·자동차 등의 이동통신 또는 레이더·아마추어 무선에 이용되고 있다.

UHF(극초단파)는 TV 방송을 비롯하여 이동통신·우주통신·레이더·아마추어 무선에 이용되고 있다.

복 습

1. 다음 문장 중의 ( ) 안에 적절한 용어를 기입하라.

(1) 전계와 자계로 구성된 파를 (①)라 하며 전파법에서는 (②)GHz 이하의 전자파를 (③)라 한다.

(2) 전파가 전파되는 속도는 1초 간에 (④)m이고 이것은 (⑤)과 같다.

2. 일반 라디오 방송용 주파수대는 다음 주파수 구분중 어떤 것인가?

(1) VLF (2) LF (3) MF (4) HF (5) VHF (6) UHF

(7) SHF (8) EHF

2 전파의 전파방법

1. 전리층이란

지표에서 수십 킬로미터 이상, 수천 킬로미터까지의 범위에서 대기층은 극히 엷은데 그 대기중의 분자나 원자가 태양의 자외선이나 X선에 의하여 전리되어 +의 이온과 −의 전자로 분리되고 있다. 이와 같은 대기층을 **전리층**이라 한다.

그림 1은 전리층이고 그림과 같이 전리층은 전리의 정도, 즉 +이온이나 전자의 밀도에 따라 D층, E층, F층으로 분류된다.

그림 1과 같은 지상에서의 거리는 임의로 정한 기준이며 시간에 따라 변동한다.

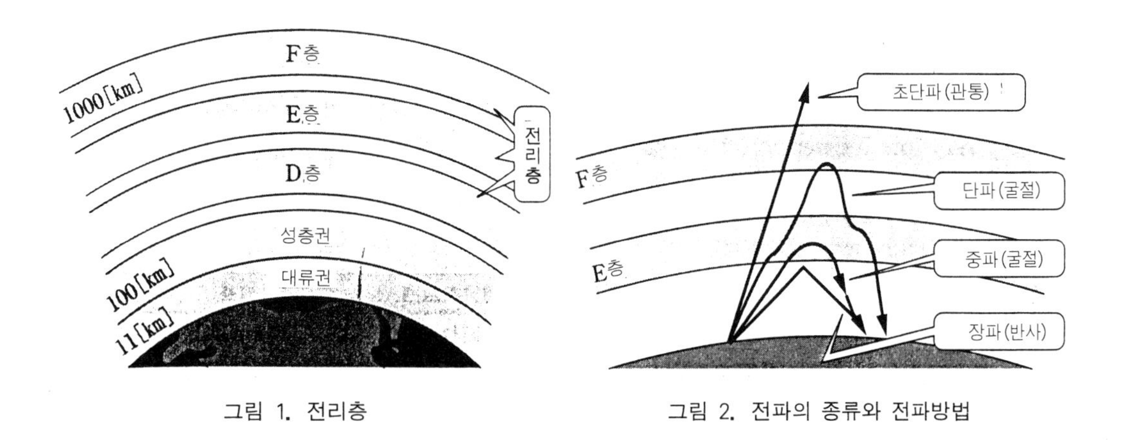

그림 1. 전리층

그림 2. 전파의 종류와 전파방법

2. 전파의 전파방법

전리층은 계절이나 주야에 따라 층의 폭이 다르며 전파가 전리층에 도달하면 **반사**, **굴절**, **관통**, **감쇠** 등의 현상이 생긴다.

- **반사** : 전파가 전리층에 도달하면 다시 되돌아 오는 현상
- **굴절** : 전파가 전리층 속으로 진입하여 진행방향이 변화하여 다시 지표를 향하는 현상
- **관통** : 충분히 굴절되지 않아서 전리층을 통과하는 현상

또한 전리층에는 다음과 같은 성질이 있다.

(1) 파장이 긴 전파일수록 굴절이 크다.

(2) 전자나 이온의 밀도가 클수록 굴절이 크다.

(3) 전자나 이온의 밀도가 클수록 감쇠가 크다.

그림 2는 전파의 종류에 따른 전리층의 영향을 표시한 것이다.

그림 2의 경우는 상공을 향하여 발사된 전파에 관한 현상을 나타내는 것으로 이와 같은 전파를 **공간파**라 한다.

전파에는 공간파 외에 지면을 따라 전파되는 것이 있으며 이것을 **지표파**라 한다.

지표파는 지표에 접근하여 전파되므로 전파방법은 간단하지만 대지의 영향을 받으며 전파되므로 거리가 길어질수록 현저하게 감쇠된다.

3. 도약거리와 불감지대

전파 바로 위로 발사하면 전파는 전리층에서 반사되어 돌아오는데 주파수를 점차 높게 하면 어떤 주파수 이상에서는 전리층을 관통한다. 이 때의 주파수를 **임계주파수**라 한다.

임계주파수 이상의 주파수에서도 **그림** 3과 같이 전리층으로의 입사각이 θ이상이 되면 전파는 돌아온다. 따라서 송신점에서 일정 거리만큼 떨어지지 않으면 전리층 반사파는 도달하지 않는다. 이 거리를 **도약거리**라 한다.

점 A에서는 지표파가 도달하며 지표파도 전리층 반사파도 도달하지 않는 범위가 있는데 이를 **불감지대**라 한다.

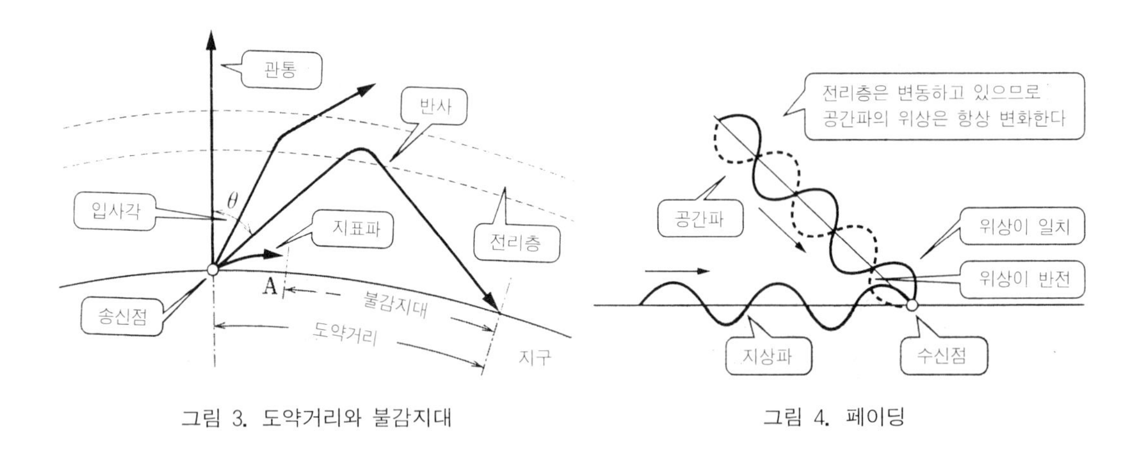

그림 3. 도약거리와 불감지대

그림 4. 페이딩

4. 델린저 현상과 페이딩

(1) **델린저 현상** 태양의 표면이 부분적으로 폭발하면 다량의 X선이나 자외선이 발생하여 D층의 전자나 이온의 밀도가 증가한다. 이에 의하여 전파는 D층으로 흡수되어 단파통신이 10분에서 수십분 간 두절된다. 이 현상을 **델린저 현상**이라 한다.

(2) **페이딩** 중파의 전파방법은 방송지로부터의 거리 약 80km 이내에서는 야간에도 지표파는 충분히 강하고 주야 모두 전계강도에 큰 차이가 없다. 그러나 그 이상의 거리가 되면 야간, 공간파가 나타나 지표파와 공간파 사이에서 상호 간섭이 있으며 전계강도가 불안정하게 된다. 따라서 방송 수신의 음질이 매우 나빠진다. 이 현상을 **페이딩**이라 한다.

그림 4에 그 원리를 나타내었다. 공간파와 지표파의 위상이 일치되었을 때 전계강도는 강해지며 반대가 되면 약해진다.

페이딩(fading)의 fade란 감쇠한다는 의미가 있으며 이 현상은 HF대 · VHF대 · UHF대에서 볼 수 있다.

복 습

1. 전파의 전파방법에서 F층의 영향을 가장 강하게 받는 파장대는 다음 중 어떤 것인가?
(1) 장파 (2) 중파 (3) 단파 (4) 초단파 (5) 극초단파

2. 다음 문장의 ( ) 안에 적절한 용어를 기입하라.
(1) 어떤 수신점에서 야간, 공간파와 지표파의 상호 간섭에 의하여 전계강도가 불안정해지는 경우가 있다. 이 현상을 (①)이라 한다.
(2) 델린저 현상은 (②)층의 이온 밀도가 증가하는 것이 그 원인이다.

③ 안테나

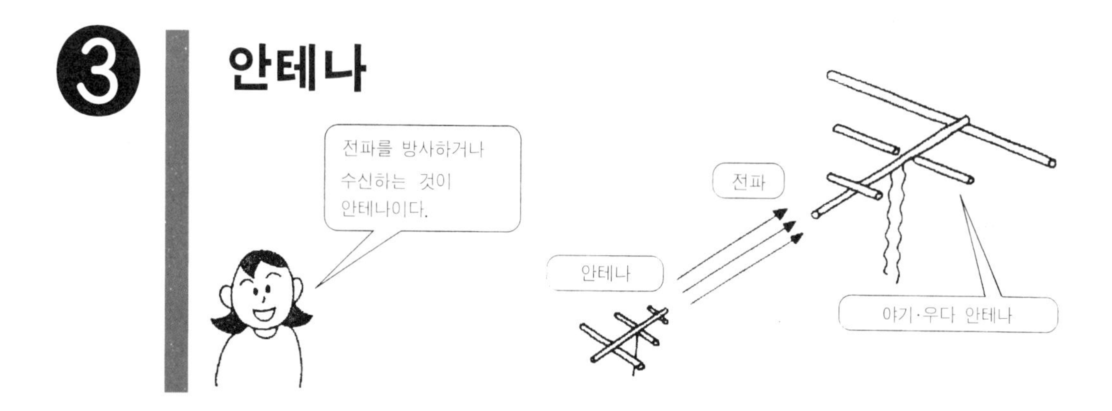

1. 안테나란

공간에 전파를 방사하거나 공간을 전파해 오는 전파를 포착하거나 하는 도체를 안테나 또는 공중선이라 한다.

안테나는 사용 목적, 주파수, 전력 등에 따라 여러 가지 종류가 있다.

그림 1(a)는 안테나 도체의 길이가 송신전파 또는 수신전파 파장의 절반인 안테나이며 **반파장 안테나** 또는 **반파장 다이폴 안테나**라 한다. λ는 파장이다.

또한 그림 중의 급전선은 안테나를 송신기나 수신기와 접속하는 것이다.

그림 (b)는 송신기에 의하여 안테나에 전류가 흘러 그 전류에 의하여 발생한 전계와 자계를 표시하고 있다. 이 전계와 자계의 조합으로 전자파가 구성되어 전파로서 공간을 전파해 간다.

흐르는 길이 없는 전류란? 전자가 이동하는 것이 전류라는 것을 상기한다.

2. 안테나의 실효길이

전파가 수신 안테나에 포착되면 안테나에는 전압이 발생하여 전류가 흐른다.

그림 2(a)는 그 전류분포이다. 이와 같이 전류는 안테나의 중앙부에서 가장 크고 선단으로 흐르는 전류는 작다. 따라서 안테나 작용은 선단으로 갈수록 약하다.

여기서 안테나의 작용이 어떤 부분에서도 같다고 가정하여 그림 2(b)와 같이 생각해 보면 전

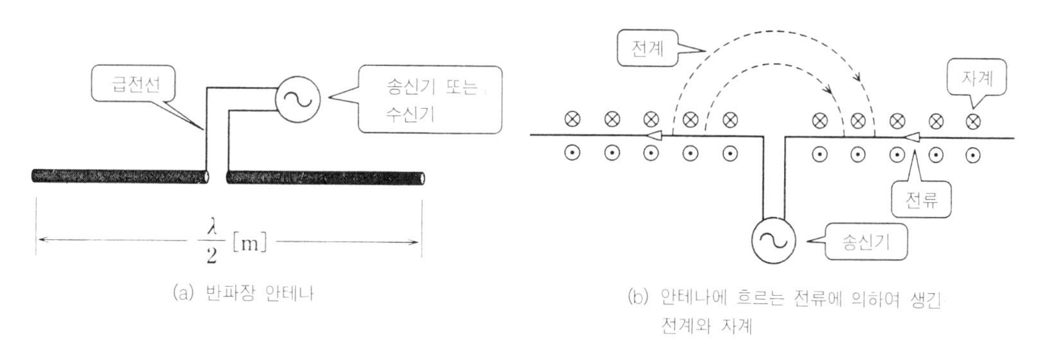

(a) 반파장 안테나

(b) 안테나에 흐르는 전류에 의하여 생긴 전계와 자계

그림 1. 안테나의 기초

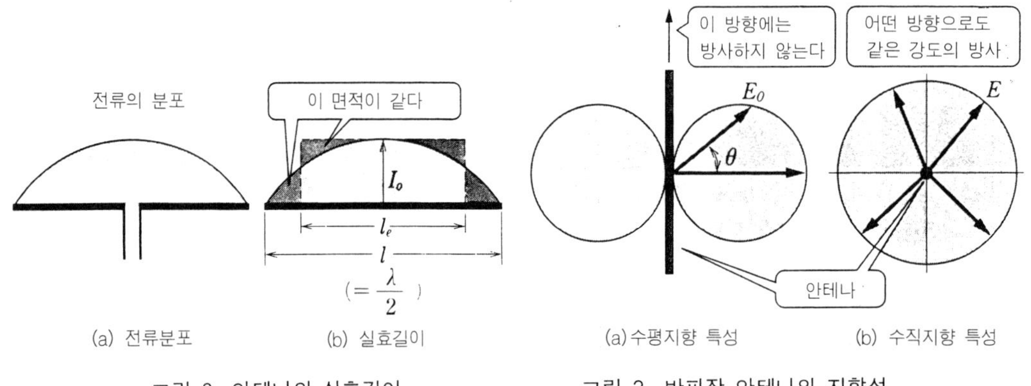

그림 2. 안테나의 실효길이

그림 3. 반파장 안테나의 지향성

류의 실효값 I_0〔A〕가 각 부분에 고르게 흐르고 있다고 할 때에 안테나로서 유효하게 작용하는 길이는 l_e〔m〕이다. 이 l_e를 실효길이라 하며 I_0를 안테나 **전류**라 한다.

여기서 $l = \lambda/2$(반파장이므로)이므로 l_e는 다음과 같이 표시된다.

$$l_e = \frac{2}{\pi} l = \frac{\lambda}{\pi} \text{〔m〕}$$

안테나의 실효길이 l_e를 사용하면 안테나의 특성에 관한 근사계산을 할 수 있다. 또한 I_0와 l_e의 곱 $I_0 l_e$를 암페어미터라 한다.

3. 안테나의 지향성

반파장 안테나에서 방사되는 전파의 강도는 안테나의 수평방향에서는 그 방향 에 따라 다르다. 어떤 방향으로 어느 정도의 강도로 방사되고 있는지를 표시한 곡선을 안테나의 **지향특성** 또는 **지향성**이라 한다.

그림 3(a)는 수평방향의 지향성이며 8자와 비슷하므로 **8자특성**이라 한다. 그림 3(b)는 수직방향의 지향성이며 어떤 방향으로도 강도 E로 같은 크기로 방사를 한다. 이것을 **무지향성**이

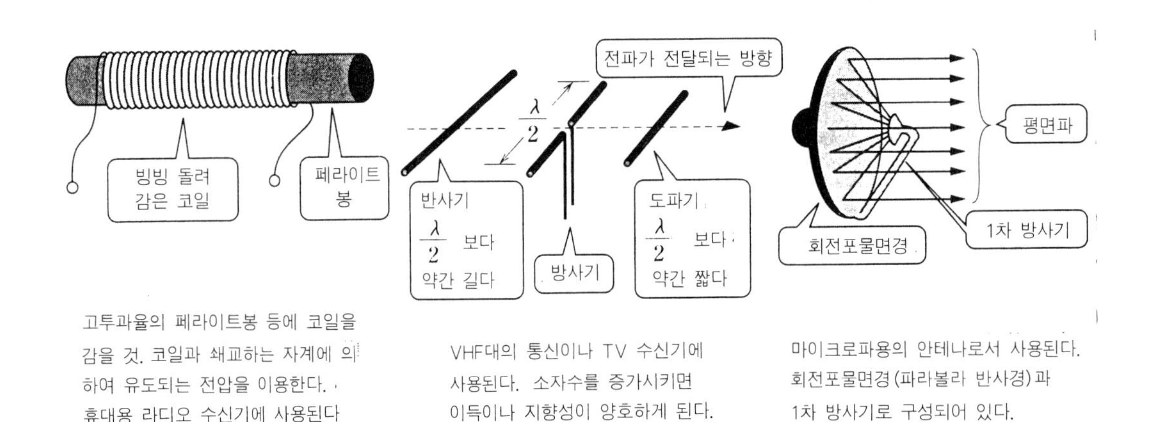

그림 4. 바 안테나

그림 5. 야기(八木)·우다(宇田) 안테나

그림 6. 파라볼라 안테나

라 한다. 그림 4~6에 안테나의 종류와 그 구성 기능을 나타내었다.

복 습

1. 다음 문장 중의 ( ) 안에 적절한 용어를 기입하라.
(1) 공간에 전파를 방사하거나 공간을 전파해 온 전파를 포착하는 도체를 (①) 또는 (②)이라 한다.
(2) 안테나에서의 전파가 어떤 방향으로 어느 정도 강도로 방사되고 있는지를 표시하는 곡선을 안테나의 (③) 또는 (④)이라 한다.
2. 그림 2에서 $l=10$〔m〕의 반파장 안테나의 실효길이를 구하라.

4 음의 성질

1. 음파란

그림 1(a)와 같이 스피커가 동작하여 콘이 진동하고 있다고 한다. 콘에 접하고 있는 공기는 그 밀도가 그림과 같이 조밀한 부분과 성근 부분이 교대로 생기며 전방으로 전파되어 간다. 이

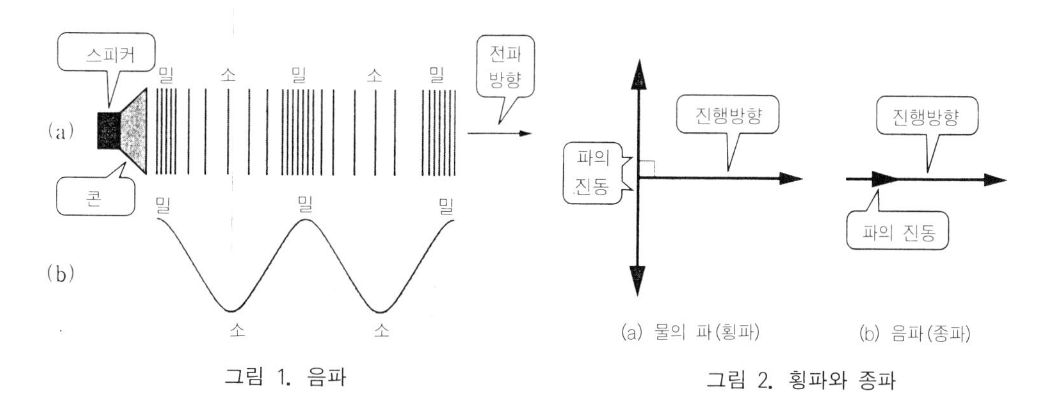

그림 1. 음파

그림 2. 횡파와 종파

것을 음이라 하며 일반적으로 진동체(이 경우에는 콘)의 진동이 여기에 접하고 있는 공기에 진동과 같은 속도로 소밀(疎密)의 변화를 발생시키는 것이다.

즉, 음은 이것이 차례로 이행해 가는 공기의 파동이며 음파라 한다. 음파는 그림 1(b)와 같이 표시할 수 있다.

못에 돌을 던지면 수면은 상하로 진동하며 주위를 향해 동심원상으로 진행되어 간다. 이와 같이 파의 진행방향과 진동의 방향이 수직인 파를 횡파라 한다(그림 2(a)).

한편 음파의 경우 파동의 진행방향과 파의 진동방향이 일치되어 있다. 이와 같은 파를 종파라 한다.

공기와 같이 음을 전파하는 것을 매질이랴 한다. 진공의 경우에는 음이 전파되지 않는다. 매질이 없으면 음은 전파되지 않는다.

2. 음의 3요소 : 잔향·공명·비트

음의 강약은 음원 진폭의 대소에 따른 것으로 진폭이 큰 음일수록 음이 강하며 이것은 음량의 크기에 상당한다.

음의 고저는 진동수(1초 간의 반복)에 의한 것으로 진동수 또는 주파수가 큰 음은 높고 진동수가 작은 음은 낮다.

즉 도·레·미·파·솔·라·시·도의 음계는 음의 고저를 표시하는 하나의 부호이다. 음의 강도나 음의 높이가 동일해도 피리 소리와 피아노 소리는 다른 음으로 들린다. 이것은 '음색'에 해당한다. 이 차이는 악기에 따라 기음(基音)과 배음(培音)의 조합이 다르기 때문에 생기는 현상이다.

이상과 같이 음에는 음의 강약, 음의 고저, 음색의 3가지 요소가 있으며 이것을 음의 3요소라 한다.

음의 3요소를 음파의 파형에 따라 조사해 보면 그림 3과 같다.

- 음이 강도 : 음파의 진폭 대소에 따른다.
- 음의 높이 : 음파의 주파수 대소에 따른다.
- 음색 : 음파의 파형 차이에 따른다.

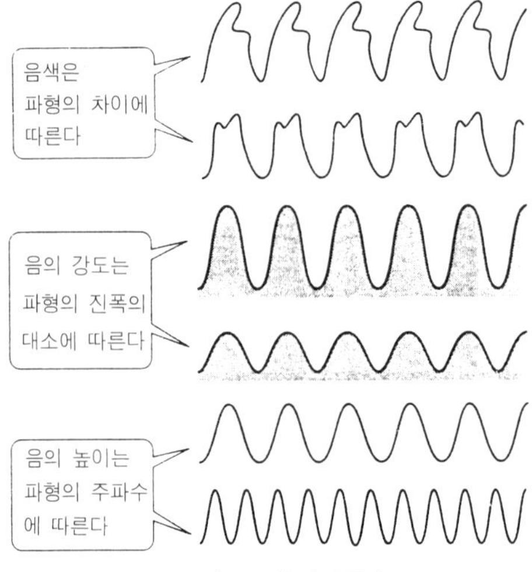

그림 3. 음의 3요소

> 기음(基音)과 배음(倍音)
> 기음은 음이 포함하는 주파수 성분 중 가장 낮은 주파수를 가진 음으로 그 주파수를 정수배한 것이 배음이다.

음은 일반적으로 사방으로 확산되어 각 부에서 반사되면 실내 전체에 산란된다. 따라서 발생하고 있던 음을 갑자기 정지시켜도 잠시 동안은 음이 들린다. 이 현상을 **잔향**이라 한다.

또한 어떤 고유 진동수를 가진 진동체에 그 진동수와 같은 주파수의 음파가 전파되면 그 진동체는 진동하기 시작한다. 이 현상을 **공명**이라 한다. 주파수가 비슷한 2개의 음을 간섭시켰을 때 양쪽 차이의 주파수로 맥동하는 음을 **비트**라 한다.

3. 최저 가청음과 음압의 표시방법

대기압이란 음파가 없는 상태의 공기압이며 이것을 **그림** 4와 같이 P_0로 표시한다. 음파가 오면 공기압은 P_0에 음파의 공기압이 가해져 변화한다. 공기압의 변화분을 실효값으로 표시하여 P라 한다. 이 P를 **음압**이라 한다.

음압의 단위는 〔Pa : 파스칼〕, P_0는 약 10^5Pa, 보통 음압은 0.1Pa 정도이다. 1kHz의 사인파에서 음으로 청취할 수 있는 가장 작은 음압 P_r을 **최저 가청음압**이라 한다. P_r은 대체로 2×10^{-5}Pa이다. 음압 레벨은 다음 식으로 표시된다.

$$\text{음압 레벨}=20\log_{10}\frac{P}{2\times10^{-5}}\ \text{〔dB〕}$$

가령 스피커에서의 음압이 0.2Pa일 때 음압 레벨은 80dB이다.

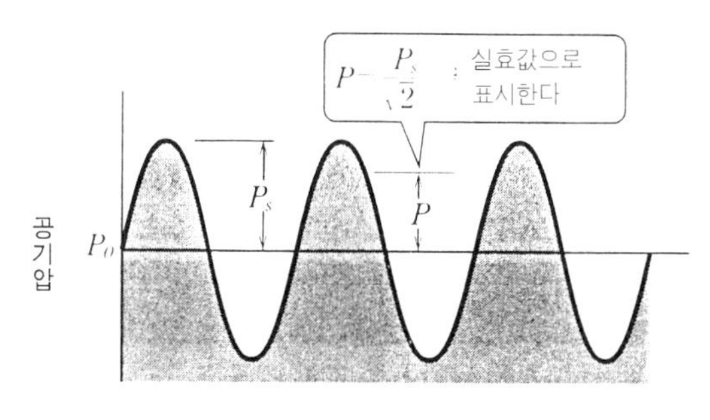

그림 4. 음압

복 습

1. 다음 문장 중의 ( ) 안에 적절한 용어를 기입하라.
(1) 음파는 (①)파이고 수면의 파는 (②)파이다.
(2) 음의 3요소란 (③), (④), (⑤)이다.
(3) 공기압의 변화분을 실효값으로 표시한 것을 (⑥)이라 하며 단위는 (⑦)이다.
(4) 1kHz의 사인파에서 음으로 청취할 수 있는 가장 작은 음압을 (⑧)이라 한다.

5 음의 전파방법

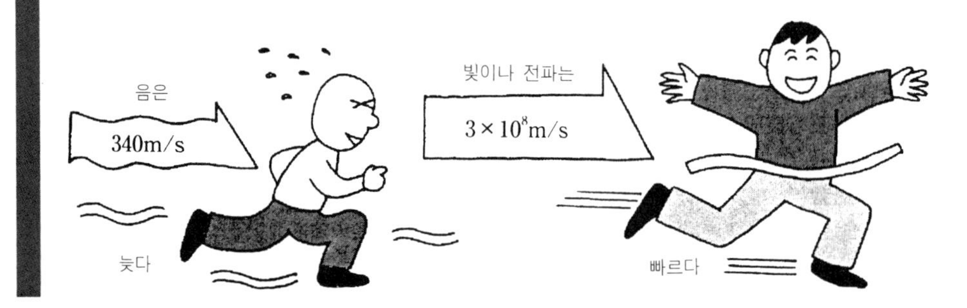

1. 음의 전파속도

음의 전파속도는 음을 전달하는 매질 온도에 영향을 받는다. 1기압의 공기중 0℃에서는 331.5m/s의 속도로 전달되지만 온도가 높아짐에 따라 전파속도는 증가한다.

일반적으로 음의 전파속도 v는 다음 식으로 표시된다.

$$v=331.5+0.61t\,[\mathrm{m/s}]$$

단, t는 온도 〔℃〕이다.

20℃일 때 음의 전파속도는 위 식을 사용하여 $v=331.5+0.61\times20=343.7$〔m/s〕가 되는데 반올림하여 340m/s가 일반적으로 사용되고 있다.

음파는 그림 1과 같이 전파방향으로 일정한 간격의 소밀파(疎密波)로 되어 있다. 이 간격를 파장이라 한다.

음파가 공기 중을 v〔m/s〕로 전파할 때 파장 λ와 주파수 f와의 사이에는 다음과 같은 관계식이 성립된다.

$$v=f\lambda\ [\mathrm{m/s}]$$

따라서 $\lambda=\dfrac{v}{f}$〔m〕가 된다.

가령 20°C에서 1kHz의 음파의 파장 λ는 $\lambda=0.34$〔m〕$=34$〔cm〕가 된다.

2. 등감곡선

인간이 음으로 느낄 수 있는 음파의 주파수 범위는 20~20,000Hz라 한다. 그러나 개인차도

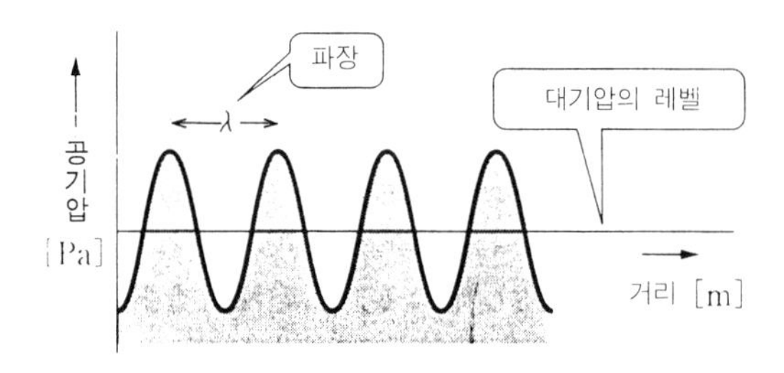

그림 1. 공기압의 변화와 파장

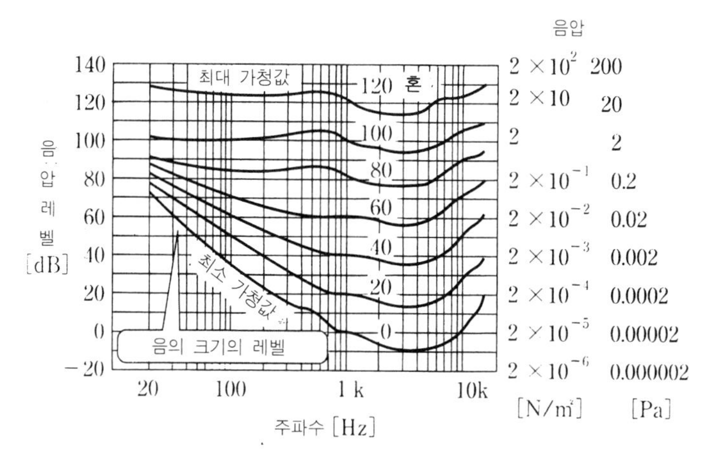

그림 2. 플레처 먼슨의 등감곡선

있고 음의 강도에 따라서도 약간씩 다르다.

또한 인간이 음으로 느낄 수 있는 음압 레벨은 0~125dB의 범위이다. 이와 같이 인간이 음으로 느끼는 범위를 음압 레벨과 주파수의 관계에서 구한 곡선을 그림 2에 나타내었다.

이 곡선군을 플레처 먼슨의 **등감곡선**(等感曲線)이라 한다.

이 등감곡선에서 들을 수 있는 음압 레벨의 상한을 **최대 가청값**, 그 하한을 **최소 가청값**이라 한다. 플레처 먼슨의 등감곡선은 음압 레벨과 청각의 범위를 표시하는 것이다. 최대 가청값을 초과하면 음으로서의 감각은 없고 고통의 감각으로 된다. 또한 최소 가청값 이하에서는 들리지 않게 된다.

그림 2의 등감곡선에서 1,000Hz, 0dB에서는 음으로 들리던 것이 50Hz에서는 약 50dB의 음압 레벨이 되지 않으면 음으로 들리지 않게 된다.

그림 2의 등감곡선을 보면 인간이 음을 잘 들을 수 있는 주파수는 3,000Hz 부근이라는 것을 알 수 있다. 3,000Hz보다 낮은 주파수 또는 높은 주파수에서는 이보다 듣기가 어렵게 된다.

또한 100dB 정도의 음은 비교적 주파수 특성이 평탄하다.

3. 음성·음악의 음압 레벨, 포맨트

그림 3은 음성과 음악의 음압 레벨과 주파수의 관계이다. 그림과 같이 일상 회화에서 음압

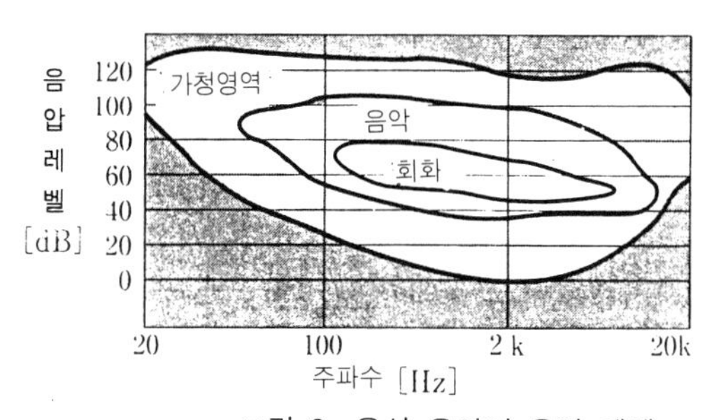

그림 3. 음성 음악의 음압 레벨

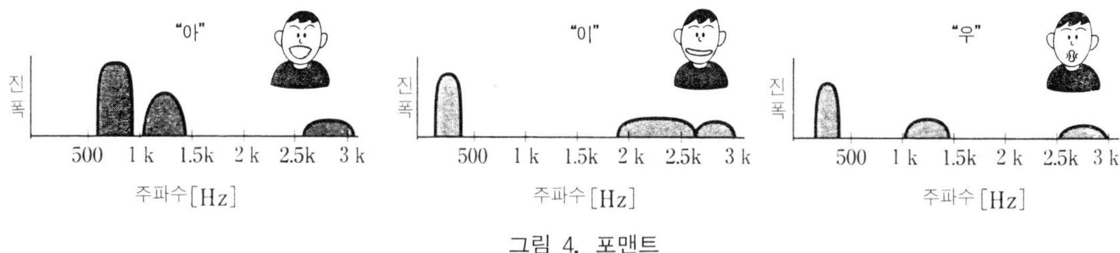

그림 4. 포맨트

레벨과 주파수 범위는 극히 좁은데 오케스트라(많은 악기로 편성)의 경우에는 음압 레벨과 주파수 범위 모두 넓어진다.

가령 회화의 경우에는 주파수 범위가 200Hz~10kHz, 음압 레벨은 40~80dB인데 음악의 경우는 수십Hz~20kHz, 30dB~110dB로 넓어진다.

그림 4는 "아" "이" "우"의 모음에 대한 주파수 성분을 조사한 것이다. 각각의 음성을 특징짓는 주파수 분포를 가지고 있는 것을 알 수 있다. 이 주파수 분포를 포맨트라 한다. 컴퓨터에서 음성을 합성할 때 이 포맨트 주파수가 이용된다.

이와 같이 인간의 음성은 많은 주파수 성분을 포함하고 있어 발성시에는 입·코·목 등으로 구성되는 공명부분에서 특정한 주파수가 강해져 있는 것이다.

복 습

1. 다음 문장 중의 ( ) 안에 적절한 용어를 기입하라.

(1) 음의 전파속도 v는 다음 식으로 구할 수 있다. v=(①) 단, t는 온도이다.

(2) 음의 전파속도 v는 파장을 λ, 주파수를 f라 하면 v=(②)이다.

(3) 인간이 음으로 느낄 수 있는 주파수 범위는 (③)이다.

(4) 인간이 음을 가장 잘 느낄 수 있는 주파수는 (④)이다.

6 마이크로폰

1. 가동 마이크로폰의 구조와 주파수 특성

• **다이내믹 마이크로폰** : 그림 1(a)는 가동 코일 마이크로폰(다이내믹 마이크로폰)의 구조이다. 요크와 영구자석에 의하여 만들어진 자계 중에 보이스 코일(가동코일)이 있으며 음파에 의하여 진동판이 좌우로 움직이면 자계 중의 코일에 전압이 유도된다.

그 전압은 음파의 음압에 비례하므로 음의 에너지를 전기 에너지로 변환한다. 이와 같은 장치가 마이크로폰이다.

• **주파수 특성** : 그림 1(b)는 가동 코일 마이크로폰의 주파수 특성이다. 그림과 같이 전주파수 범위에서 비교적 평탄하며 주파수 특성은 좋다고 할 수 있다.

• **전압감도** : 주파수 특성의 종축은 전압감도이다. 음압을 P〔Pa〕, 단자전압을 V〔V〕라 하면 전압감도는 다음 식으로 표시된다.

$$\text{전압감도} = \frac{V}{P} \text{〔V/Pa〕}$$

또한 음압이 0.1Pa, 단자전압이 1V인 때의 전압감도는,

$$\text{전압감도} = \frac{1\text{〔V〕}}{0.1\text{〔Pa〕}}$$

인데 이것을 기준으로 하여 음압 P〔Pa〕, 단자전압 V〔V〕의 전압감도 비를 구하면,

$$\frac{\frac{V}{P}}{\frac{1\text{〔V〕}}{0.1\text{〔Pa〕}}} = \frac{V}{10P}$$

가 된다. 이것이 〔dB〕 단위의 전압감도이다.

$$\text{전압감도} = 20\log_{10}\frac{V}{10P} \text{〔dB〕}$$

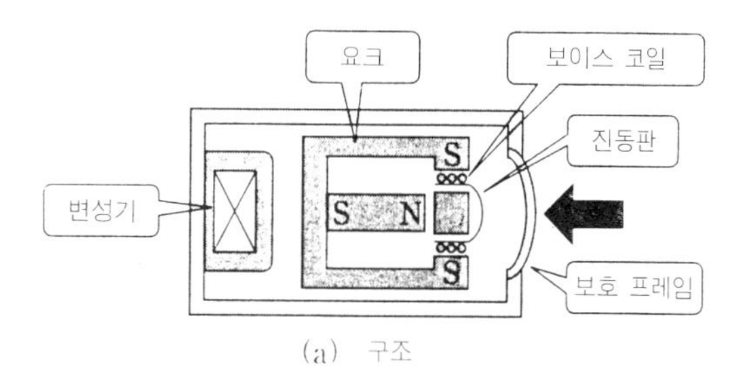

(a) 구조

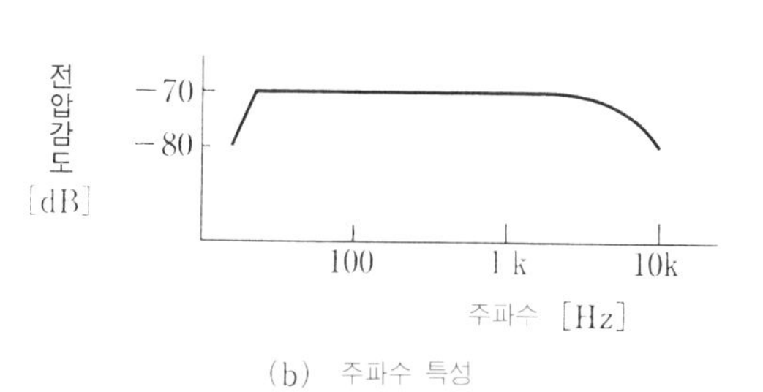

(b) 주파수 특성

그림 1. 가동 코일 마이크로폰

2. 기타 마이크로폰

• **압전 마이크로폰** : 이것은 **크리스털 마이크로폰**이라고도 한다. 수정이나 로셸염 등의 결정체에 압력을 가하면 기전력이 발생한다.

이것을 **압전현상**이라 하며 이 현상을 이용한 것이 **압전 마이크로폰**이다.

압전 마이크로폰은 감도는 좋지만 주파수 특성이 나쁘다. 또한 음색은 독특한 성질을 가지고 있다. 취급시 습기와 충격에 주의한다.

• **정전 마이크로폰** : **콘덴서 마이크로폰**이라고도 한다. **그림** 2(a)는 그 구조이다. 그림과 같이 진동판과 금속판 사이에 작은 공극(에어 갭)을 만든다. 진동판이 음파로 진동하면 진동판과 금속판으로 만든 콘덴서의 정전용량이 변화한다. 정전용량의 변화를 전압의 변화로 변환하려면 그림 2(b)와 같은 회로를 구성하면 된다.

• **일렉트릿 콘덴서 마이크로폰** : 원리는 콘덴서 마이크로폰과 같다. 전극에 고분자 필름을 사용한다. 이것을 **일렉트릿**이라 하며 전하가 방전되지 않아 항상 축적해 둘 수 있는 특징이 있다.

일렉트릿에는 플러스 전하가 축적되어 있으며 고정전극에는 마이너스 전하가 생긴다. 음파에 의하여 진동판이 진동하면 고정전극과의 거리가 변화하여 2개의 전극 간 전압이 변화하여 출력전압이 발생한다. 주파수 특성은 극히 양호하다.

• **일렉트릿 콘덴서 마이크로폰을 사용한 FET에 의한 임피던스 변환회로** : 콘덴서 타입은 주파수 특성이 양호하므로 계측용 표준 마이크로폰으로 사용된다.

또한 입력 임피던스가 높기 때문에 초단에는 입력 임피던스가 낮은 바이폴러 트랜지스터를 사용할 수 없다. 따라서 FET를 사용하여 정합을 기하도록 하고 있다.

그림 4는 FET에 의한 임피던스 변환회로를 구성한 것으로 일렉트릿 마이크로폰을 사용하고 있다. 이것은 콘덴서 마이크로폰이 높은 직류전압을 필요로 하는데 반해 그것을 필요로 하지 않

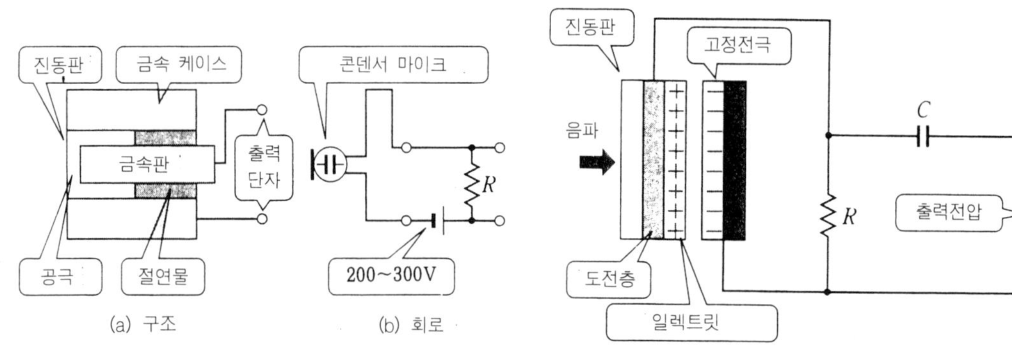

그림 2. 콘덴서 마이크로폰

그림 3. 일렉트릿 콘덴서 마이크로폰

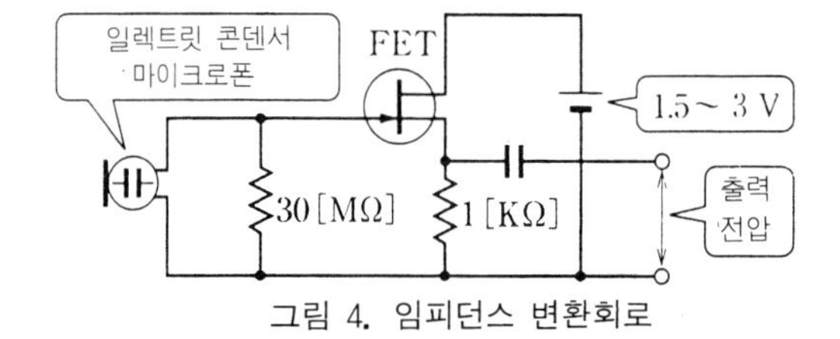

그림 4. 임피던스 변환회로

기 때문이다.

이것은 고분자 화합물 필름에 강한 전계를 가하면 전하가 남는다는 현상을 이용하고 있다.

복 습

1. 다음 문장 중의 ( ) 안에 적절한 용어를 기입하라.
(1) 음의 에너지를 전기 에너지로 변환하는 장치를 (①)이라 한다.
(2) 마이크로폰에는 (②), (③), (④) 등이 있다.
(3) 계측용 마이크로폰에는 (⑤) 타입이 사용된다. 그 이유는 (⑥)이 극히 양호하기 때문이다.
2. 음압이 1Pa인 때 마이크로폰의 단자전압이 100mV였다. dB 단위의 전압감도를 구하라.

⑦ 스피커

1. 콘 스피커

• **스피커** : 전기 에너지를 음 에너지로 변환하는 장치가 **스피커**이다. 스피커는 동작원리상 전자형 · 동전형·압전형 · 정전형으로 분류된다.

전자형이나 압전형은 주파수 특성이 나쁘고 음질이 나쁘기 때문에 거의 사용되지 않는다.

동전형과 정전형이 주로 사용되는데 동전형에는 콘 스피커와 폰 스피커가 있다.

• **콘 스피커** : 구조를 그림 1(a)에 나타내었다. 진동판에는 콘지를 사용하고 콘지의 진동에 의하여 음이 나오게 되어 있다.

그림 1(b)는 이미 알고 있는 플레밍의 왼손 법칙이다. 그림 1(a)의 코일은 요크와 센터 폴에 의한 자계 중에 있으며 코일에 전류가 흐르면 왼손 법칙에 따라 콘이 좌우로 진동하는 구조로 되어 있다.

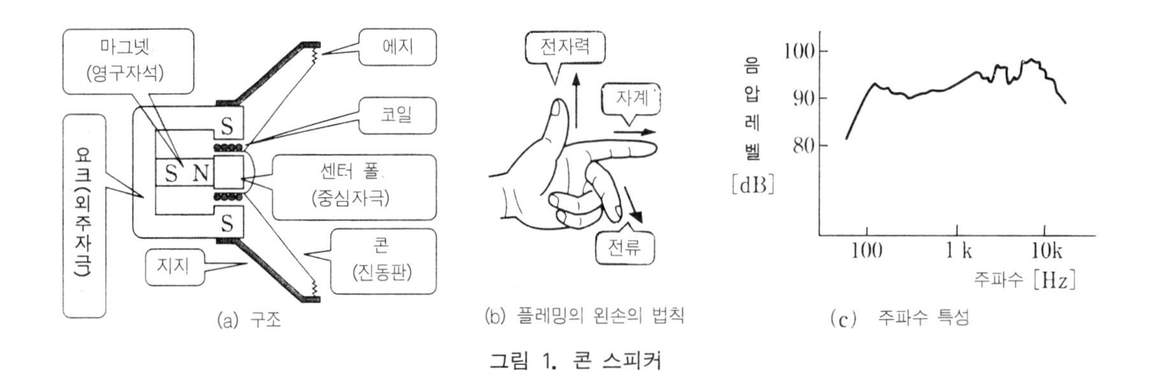

그림 1. 콘 스피커

그림 1(c)는 주파수 특성으로 비교적 양호하다.

콘은 콘지라 하는 섬유상의 종이로 되어 있으며 재질은 목재 펄프에 탄소 등을 배합한 것이다. 이 콘이 적당한 유연성을 가진 에지에 접합되어 매끄럽게 진동하여 음을 발생하는 것이다.

2. 폰 스피커

폰 스피커의 동작원리는 콘 스피커와 같다.

그림 2는 스피커의 구조이다. 진동판에 폰을 장착하여 능률적으로 음을 발생시키는 방식이다. 폰 스피커는 그 형상에서도 알 수 있듯이 음이 확산되지 않고 지향성이 강한 특징이 있다.

3. 콘덴서 스피커

콘덴서 스피커는 정전형 스피커라 하며 그 구조를 그림 3에 나타내었다. 그림과 같이 고정전극과 진동판으로 콘덴서를 구성하고 있다. 진동판은 극히 얇은 막상의 폴리에스테르에 알루미늄 등의 금속을 증착시킨 것이다.

진동판과 고정전극에는 수십~수백V의 직류전압을 가하여 양전극 간에 전하를 발생시켜 둔다. 여기서 입력신호를 가하면 진동판과 고정전극의 전하가 변화한다. 그 전하의 흡인력에 의하여 진동판이 진동하여 음이 나온다.

이 타입의 스피커는 매우 높은 직류전압을 필요로 한다는 것이 결점이다.

여기서 일렉트릿 타입이 사용되게 되었다. 이것은 헤드폰용으로 널리 사용되고 있다.

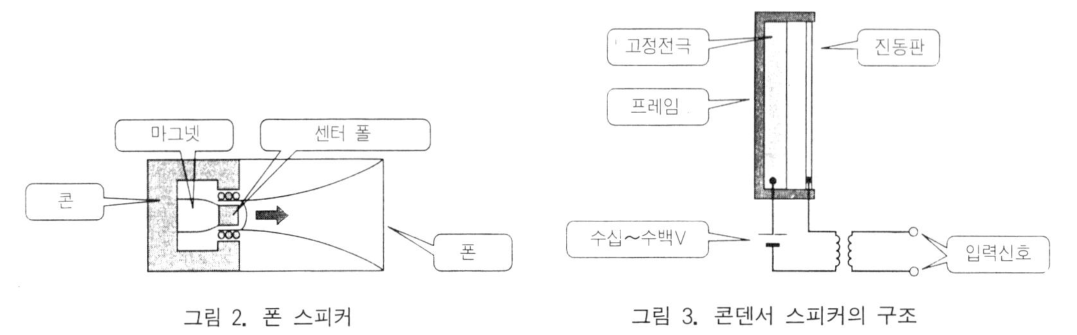

그림 2. 폰 스피커

그림 3. 콘덴서 스피커의 구조

4. 배플판과 캐비닛

스피커의 콘이 진동하면 음파는 전면에서뿐만 아니라 배면에서도 방사된다.

여기서 그림 4와 같은 배플판에 스피커를 장착하여 전면과 배면에서 위상이 다른 음파에 의한 간섭을 방지하도록 한다.

그러나 그림과 같이 스피커에서 배플판 끝까지의 길이 l이 음파 파장의 절반 이하가 되면 전면에서의 음파와 배면에서의 음파가 위상의 편차에 의하여 상쇄되어 음이 작아진다.

배플판을 접어 그림 5(a)와 같은 **후면개방형**으로 하거나 그림 5(b)와 같이 **밀폐형**으로 하여 음이 효율적으로 나오도록 한 케이스를 캐비닛이라 한다. 그림 5(c)는 배면에서의 음의 위상을 반전시켜, 특히 저음의 재현을 양호하게 한 것이다.

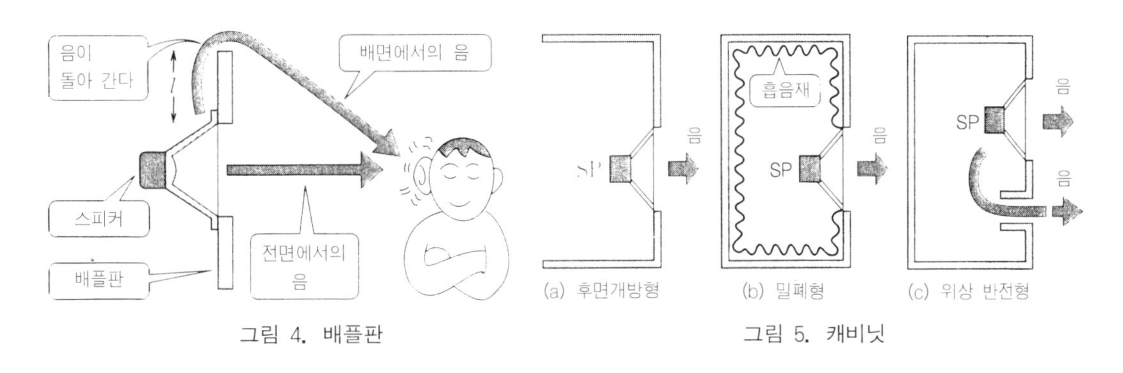

그림 4. 배플판

그림 5. 캐비닛

복 습

1. 다음 문장 중 ( ) 안에 적절한 용어를 기입하라.

(1) 전기 에너지를 음의 에너지로 변환하는 장치를 (①)라 한다.

(2) 동전형 스피커에는 (②) 스피커와 (③) 스피커가 있다.

(3) 콘덴서 스피커에는 (④) 타입이 사용되고 있다.

(4) 스피커에서 음이 효율적으로 나오도록 한 케이스를 (⑤)이라 한다.

제5장의 정리

일반적으로 1W의 전력을 가했을 때에 음압이 0.1Pa이라는 것을 기준으로 하여 스피커의 전력감도를 정의하고 있다. 즉 전력 W〔W〕를 스피커에 가했을 때에 음압이 P〔Pa〕이라면 스피커의 **전력감도** S는 다음 식과 같이 된다.

$$S = 20\log_{10}\frac{\frac{P}{\sqrt{W}}}{\frac{0.1}{\sqrt{1}}} = 20\log_{10}\frac{10P}{\sqrt{W}}\ [\mathrm{dB}]$$

그림 1(a)는 어떤 스피커의 주파수 특성의 예이다. 주파수의 전범위에 걸쳐 평탄한 곡선일수록 주파수 특성은 좋은 것이다. 그림 중에서 0°, 30°, 60°로 되어 있는데 이것은 그림 1(b)와 같이 스피커에서 방사되는 음의 방향에 따라 음압 레벨의 주파수에 차이가 있는 것을 표시하고 있다. 이와 같은 현상을 **스피커의 지향성**이라 한다.

일반적으로 스피커의 주파수 특성은 가청주파수 전반에 걸쳐 평탄하지는 않고 저역 주파수 및 고역 주파수에서 음압 레벨이 저하된다. 스피커의 지향성은 음파의 진행축에서 벗어난 정도에 따라 고역의 레벨이 내려간다.

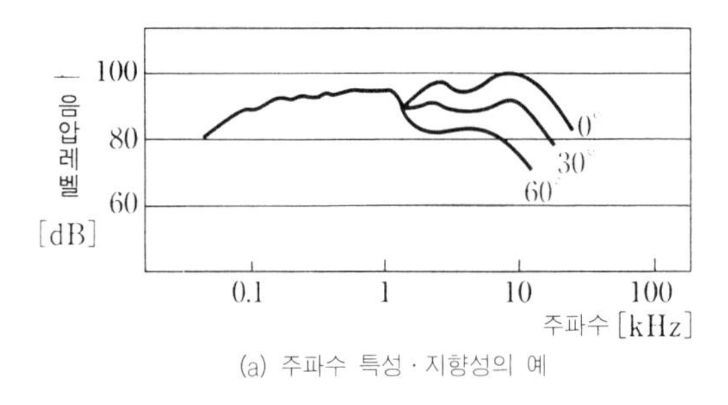

(a) 주파수 특성 · 지향성의 예

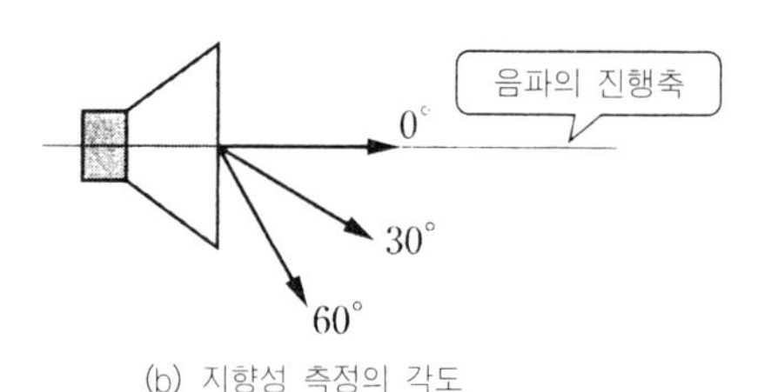

(b) 지향성 측정의 각도

그림 1. 스피커의 지향 특성

해 답

〈102페이지〉

1. ①전자파 ②3,000 ③전파 ④$3\times10^8$ ⑤광속 2. (3)

〈104페이지〉

1. (3) 2. ①페이딩 ②D

〈107페이지〉

1. ①, ②안테나, 공중선 ③, ④지향성, 지향특성 2. 6.37m

〈109페이지〉

1. ②종 ②횡 ③, ④, ⑤음의 강도, 음의 높이, 음색 ⑥음압 ⑦Pa ⑧최저 가청음압

〈112페이지〉

1. ①$331.5+0.61t$ ②$f\lambda$ ③20~20,000Hz ④3,000Hz

〈115페이지〉

1. ①마이크로폰 ②, ③, ④가동 코일, 압전(크리스털) 콘덴서, 일렉트릿 콘덴서 ⑤일렉트릿 ⑥주파수 특성 2. −40dB

〈117페이지〉

1. ①스피커 ②, ③ 콘, 폰 ④일렉트릿 ⑤캐비닛

제 6 장

라디오 수신기

우리들은 많은 정보 속에서 생활하고 있다. 특히 음성이나 음악 등 음의 정보는 우리생활에서 없어서는 안 될 것들이다. 음의 정보는 라디오 수신기, TV 수신기, 전화, 퍼스널 컴퓨터, 비디오, 테이프 리코더, CD 플레이어 등 여러 가지의 기기에 의하여 제공되고 있다는 것을 알 수 있다.

또한 AM이나 FM이라는 말을 듣게 된다. 도대체 이것은 무엇일까? 전파에 대한 성질을 공부했는데 이 AM, FM과는 어떤 관련이 있는 것일까?

라디오 수신기에는 여러 가지 종류가 있다. 가령 스트레이트 라디오와 수퍼 헤테로다인 라디오, 스트레이트 중에는 게르마늄 라디오, 1석 스트레이트 라디오, 2석 스트레이트 라디오 등이 있다. 이들의 회로 구성이나 동작 원리는 어떻게 되어 있을까?

여기서는 가장 간단한 라디오 수신기에서 점차 고급형 라디오 수신기로 진행시켜 변조, 복조란 무엇인지 회로를 예로 들어 해설하여 이해를 깊게 하도록 노력했다.

1 가장 간단한 라디오 수신기

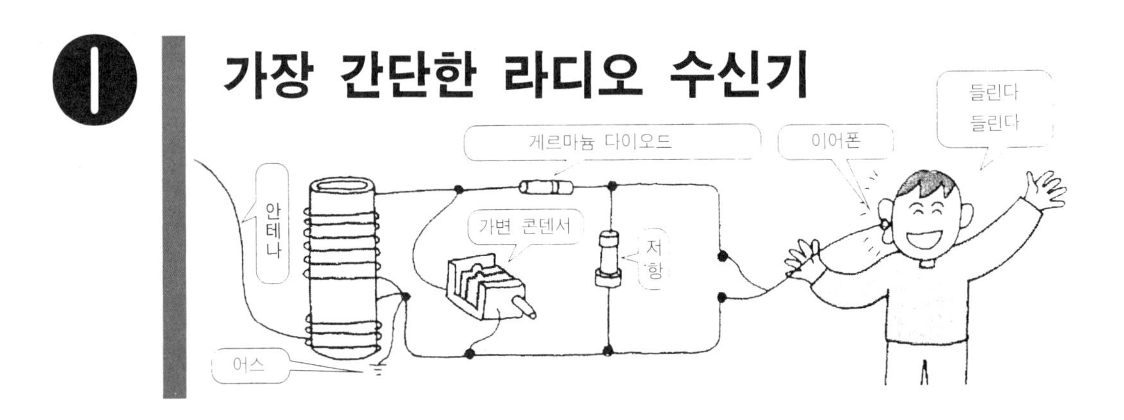

1. 게르마늄 라디오

그림 1(a)는 라디오 수신기 중에서 가장 간단한 게르마늄 라디오 회로도이다.

트랜지스터나 IC를 사용하지 않으므로 증폭회로가 없는 라디오 수신기이며 따라서 스피커를 울릴 수는 없다. 그 대신 이어폰을 사용하고 있다.

그림과 같이 안테나에는 f_1, f_2, f_3 등과 같은 여러 가지 주파수의 전파가 쇄교(鎖交)하여 각각의 주파수의 전류가 안테나에 흐른다. 이 전류를 **안테나 전류**라 한다.

안테나 전류는 안테나 코일 L_1을 통하여 흐른다. 전류가 코일에 흐르면 자속이 발생하고 이 자속은 동조 코일 L_2에 쇄교하여 전자유도작용에 의하여 L_2에 전압이 유도된다.

그림 1(b)는 직렬 공진회로이다. 라디오 수신기에 사용하는 공진회로는 **동조회로**라 한다.

직렬 공진회로에 흐르는 전류 I는 다음 식으로 표시할 수 있다.

식 원본사용

$$I=\frac{V}{\sqrt{R^2+\left(\omega L-\frac{1}{\omega C}\right)^2}}\,[\mathrm{A}]$$

여기서, $\omega L-\frac{1}{\omega C}=0$ 일 때에 전류는 최대가 된다.

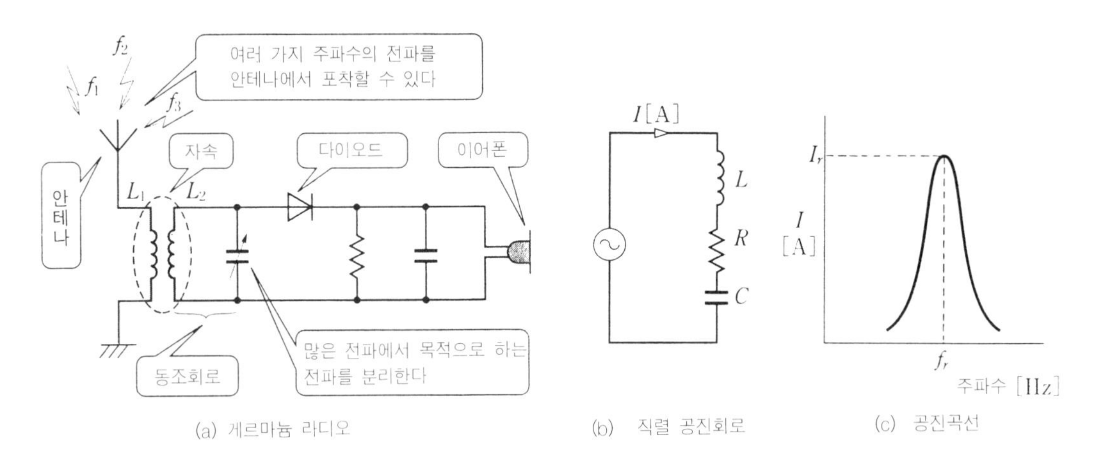

(a) 게르마늄 라디오 (b) 직렬 공진회로 (c) 공진곡선

그림 1. 게르마늄 라디오와 공진회로

따라서 $2\pi fL = \frac{1}{2\pi fC}$ 에서,

$$f = \frac{1}{2\pi\sqrt{LC}} \text{[Hz]}$$

가 된다. 이 주파수를 **공진주파수**라 한다.

그림 1(c)는 공진회로에 흐르는 전류와 주파수의 관계를 표시한 공진곡선이다. 그림과 같이 주파수가 공진주파수 f_r일 때에 회로에 흐르는 전류는 최대가 된다. 이것을 **공진전류** I_r이라 한다.

이와 같이 많은 주파수 전파 중에서 하나의 전파만을 추출하는 회로가 동조회로이다.

2. 검파란

• 검파란 : 파를 검출하는, 즉 신호파를 실은 파에서 필요한 신호파를 발견하는 것, 다시 말하면 변조파에서 반송파를 제거하고 신호파를 추출하는 것이 검파이다.

• 정류작용 : 다이오드의 작용에 대해서는 이미 설명했는데 그림 2(a)에 다이오드를 사용한 정류회로를 나타내었다.

그림 2(b)는 입력전압 v_i에 대한 출력전압 v_0의 파형이다. 이와 같이 다이오드는 반파정류의 작용이 있다.

• 검파회로의 동작원리 : 그림 3과 같이 ①의 파형은 **변조파**이고 동조회로에 의하여 추출된 파형이다. 이 파형이 다이오드의 작용으로 반파정류되어 ②의 파형이 된다.

①, ②의 파선이 **포락선**이다. ③은 콘덴서 C를 통과하여 반송파 성분이 없어지고 포락선만의 파형이다. ④는 결합 콘덴서 C_c에 의하여 직류분이 제거되어 교류분만의 파형으로 이것이 구하려는 신호파이다.

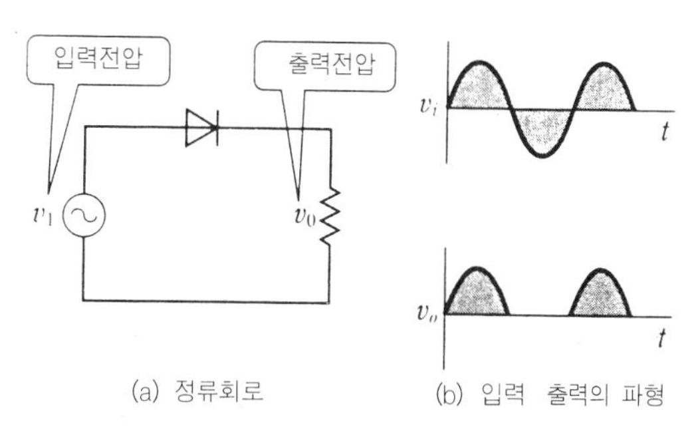

(a) 정류회로 (b) 입력 출력의 파형

그림 2. 정류작용

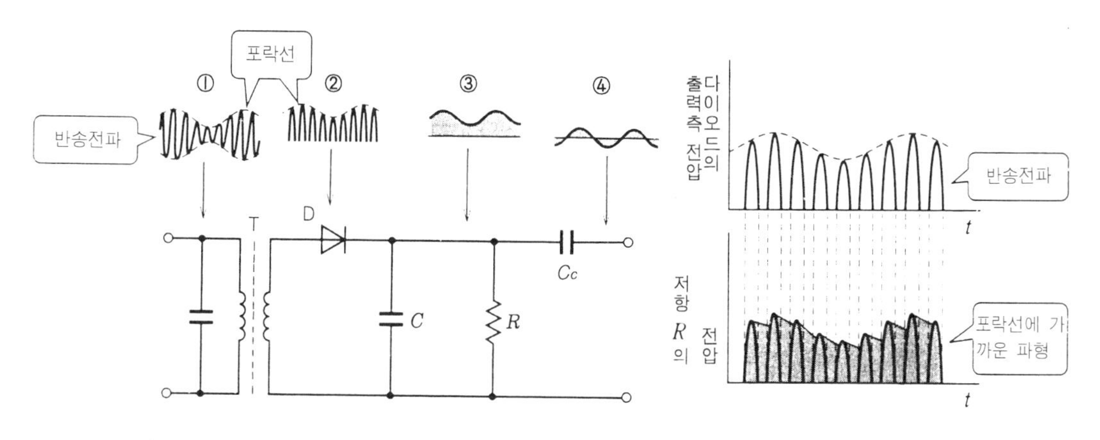

그림 3. 검파회로의 동작원리

그림 4. 포락선의 추출방법

• **포락선의 추출방법** : 그림 4는 다이오드의 출력측 전압에서 포락선을 추출하는 방법을 표시하고 있다. 그림 3에서 ②는 반송파 성분이 포함되어 있다. 신호파(하물)를 실은 반송파(트럭)를 상정하면 하물이 필요한 것이지 트럭은 필요 없는 것이다.

여기서 그림 3과 같이 C와 R을 병렬로 접속하면 C는 반송파의 반 사이클로 충전되며 중단된 반 사이클로 R을 통해 방전된다. 따라서 R의 양단 전압은 포락선에 가까운 파형이 된다.

복 습

1. 다음 문장 중의 ( ) 안에 적절한 용어를 기입하라.
(1) 라디오 수신기에 사용하는 공진회로를 (①)라 한다.
(2) 많은 전파 중에서 희망하는 전파를 추출하기 위해서는 (②)가 필요하다.
(3) 변조파에서 신호파를 추출하는 것을 (③)라 한다.
(4) 변조파의 포락선이 필요한 (④)이다.

② 스트레이트 수신기(1)

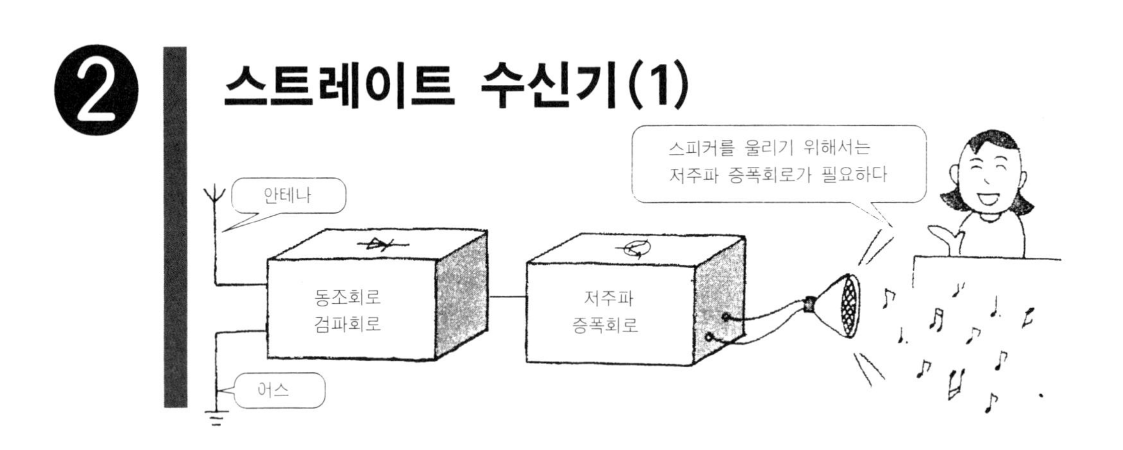

1. 스트레이트 수신기란

그림 1(a)의 회로는 앞에서 설명한 가장 간단한 라디오 수신기와 같은 것으로 이 회로에서 좀더 설명한다.

• **스트레이트 수신기** : 안테나에서 받은 수신전파를 그대로(스트레이트) 주파수로 검파하여 신호파를 추출한 후 이어폰 등의 수화기로 음성신호를 듣는 방식을 **스트레이트 수신기**라 하며 이에 대해 수신전파의 주파수를 변환하는 방식이 있는데 그 방식에 대해서는 뒤에 설명한다.

그림 1(a)와 같이 안테나에 접속된 코일을 **안테나 코일**이라 하며 희망하는 전파를 선택하는 동조회로는 **동조 코일**과 **동조 가변 콘덴서**로 구성된다. 또한 신호파를 추출하는 검파회로는 검파기와 바이패스 콘덴서로 되어 있으며 검파기는 게르마늄 다이오드가 사용되고 있으므로 이

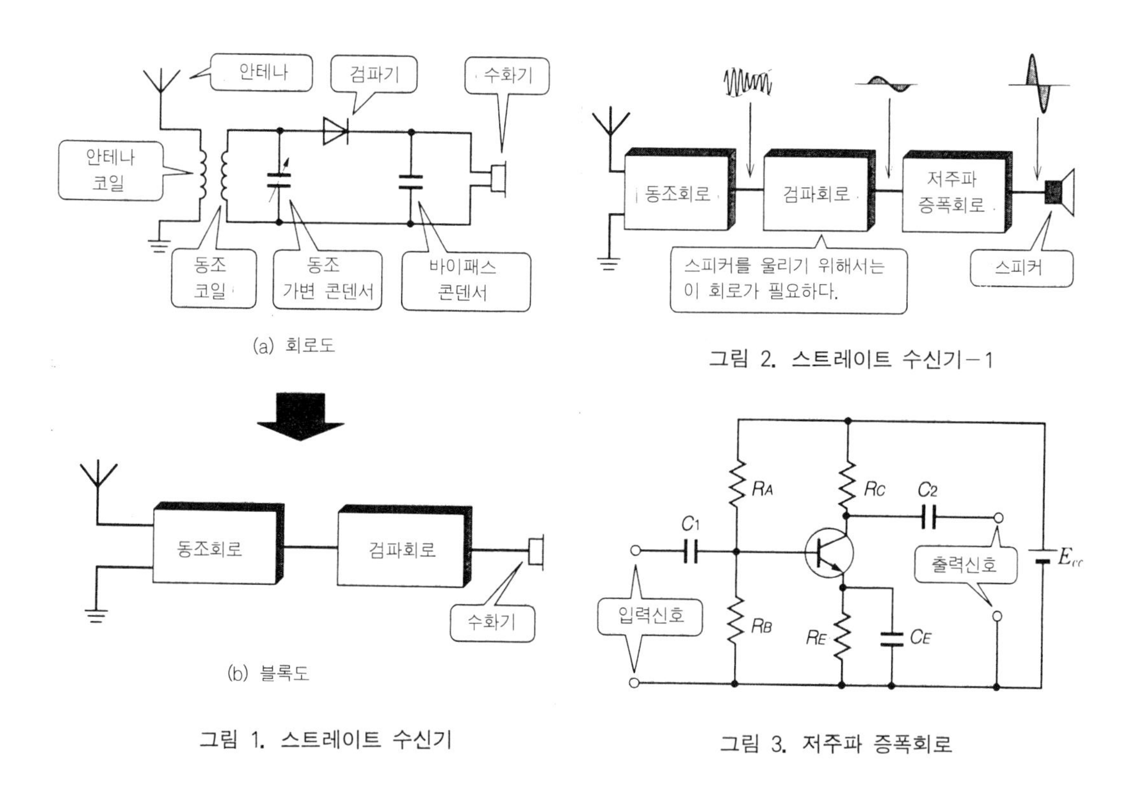

그림 1. 스트레이트 수신기

그림 2. 스트레이트 수신기－1

그림 3. 저주파 증폭회로

같은 종류의 수신기를 게르마늄 라디오라고도 한다. 그림 1(b)는 그림 1(a)의 회로를 블록으로 하여 구성한 블록도이다.

2. 스피커를 울리도록 한 스트레이트 수신기

• **저주파 증폭회로를 가진 스트레이트 수신기** : 그림 2는 스피커를 울리도록 한 가장 간단한 스트레이트 수신기의 블록도이다. 그림과 같이 검파회로로 얻은 신호파를 저주파 증폭회로에 의해 그 신호폭을 크게 한다. 이것으로 스피커를 울릴 수 있게 된다.

또한 저주파란 음성신호의 주파수, 즉 20~20,000Hz 정도의 주파수이다.

• **저주파 증폭회로** : 그림 3은 저주파 증폭회로의 예이다. 좌측에서 입력신호가 입력단자에 가해지면 콘덴서 C_1에서 입력신호에 포함되어 있는 직류분이 제거되고 교류분만이 트랜지스터의 베이스에 가해진다. 저항 R_A, R_B는 트랜지스터에 적당한 베이스 전류를 흐르게 하기 위한 저항으로 **바이어스 저항**이라 한다.

이 교류분 입력신호는 트랜지스터로 증폭되어 큰 진폭이 된다. R_C는 증폭한 신호를 추출하기 위한 부하저항, R_E는 안정적으로 트랜지스터를 동작시키기 위한 **안정저항**, C_E는 교류분을 흐르게 하는 **바이패스 콘덴서**, C_2는 교류분만을 출력신호로 추출하기 위한 콘덴서이며 **커플링** 콘덴서라 한다.

3. 고주파 증폭회로를 포함한 스트레이트 수신기

그림 4에서 우측의 트랜스와 스피커는 이른바 출력회로이며 이 트랜스를 **출력변성기**라고도

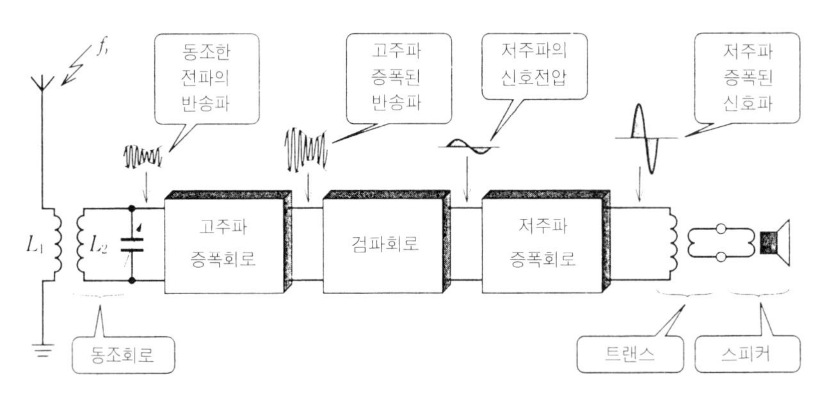

그림 4. 스트레이트 수신기－2

한다.

그러면 동조회로에 의해 선택된 주파수 f_r은 동조 가변콘덴서를 회전시킴으로써 얻은 것이다. 그림과 같이 이 신호는 극히 작은 진폭의 반송파이며 주파수는 수백kHz로 매우 높다. 여기서 고주파 성분을 고주파 증폭회로에서 증폭시켜 준다. 이 증폭된 반송파의 포락선이 신호파이므로 검파회로에서 그 신호전압을 추출한다. 끝으로 저주파 증폭회로에서 신호전압을 증폭하여 출력회로에 이것을 가한다.

즉, 이 수신기는 고주파 증폭회로와 저주파 증폭회로를 가진 스트레이트 수신기이며 고주파 증폭회로가 있으므로 감도가 양호하다.

복 습

1. 다음 문장 중의 ( ) 안에 적절한 용어를 기입하라.

(1) 안테나에서 받은 전파의 주파수를 변화시키지 않고 그대로 검파하는 수신기를 (①)라 한다.

(2) 동조회로를 구성하고 있는 콘덴서를 (②) 콘덴서라 한다.

(3) 스피커를 울리기 위해서는 (③) 증폭회로가 필요하다.

(4) 스트레이트 수신기의 고주파 증폭회로는 수신전파의 (④)을 증폭하는 회로이다.

(5) 스트레이트 수신기의 출력회로에서 사용되는 트랜스는 (⑤)라고도 한다.

(6) 고주파 증폭회로를 가진 스트레이트 수신기는 고주파 증폭회로가 없는 것에 비해 (⑥)가 양호하다.

스트레이트 수신기(2)

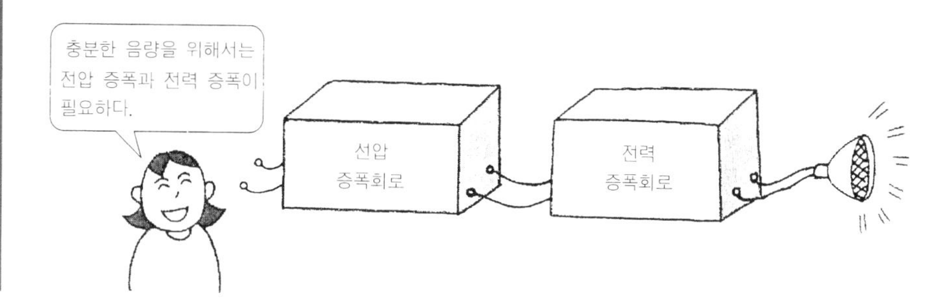

1. 2석 스트레이트 수신기

• 2석이란 : 여기서 말하는 2석이란 돌, 즉 트랜지스터가 2개라는 것이다. 그림 1과 같이 저주파 증폭회로가 2개 있다.

한쪽은 저주파 전압을 증폭하는 회로이고 다른쪽은 저주파 전력을 증폭하는 회로이다.

이 회로가 지금까지의 회로와 다른 점은 가변저항기 VR이 있다는 점과 동조회로가 안테나측에 있다는 점이다. VR은 음량을 변경하기 위한 저항이다.

• 2석 스트레이트 수신기의 작용 : 스피커를 충분한 음량으로 동작시키기 위해서는 스피커에 필요한 저주파 전력을 공급해야 한다. 스피커와 같은 부하에 큰 전력을 부여하기 위한 증폭회로를 **전력 증폭회**

그림 2. 전압 증폭과 전력 증폭

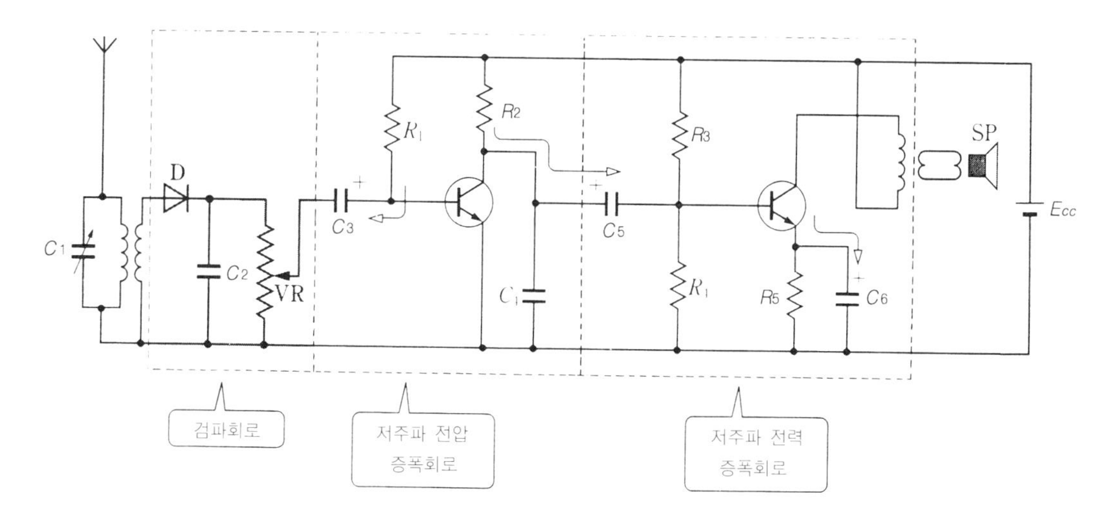

그림 1. 2석 스트레이트 수신기의 회로도

로라 한다. 전력은 전압과 전류의 곱으로 표시되므로 전압만을 높게 하는 전압 폭회로와는 달리 전압과 함께 전류도 크게 하는 것이 전력 증폭회로이다.

단, 일반적으로 트랜지스터 증폭회로는 모두 전력을 증폭하는 것이다. 라디오 수신기의 경우에 한정시켜 말한다면 앞에서와 같이 생각할 수도 있다.

그림 중에서 사용되고 있는 전해 콘덴서 C_3, C_5, C_6의 +측은 전류가 어떻게 흐르고, 전하가 어떻게 축적되는가를 고려하여 결정한다. 그림에서 전류가 흐르는 통로를 화살표로 표시했다.

2. 스트레이트 수신기에 관한 연습

◖연습 1◗ 그림 3은 고주파 증폭회로가 부착된 스트레이트 수신기의 블록도이다. A~D의 회로명을 기입하라.

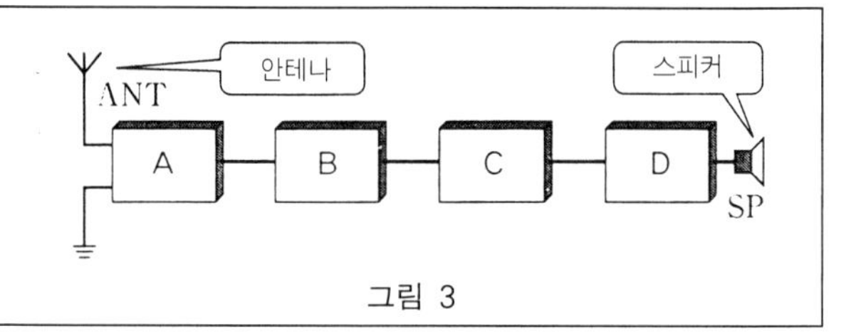

그림 3

(설 명)

스트레이트 수신기의 가장 간단한 구성은 안테나 회로, 동조회로, 검파회로 및 수화기로 되어 있다. 여기에 저주파 증폭회로를 추가하면 스피커를 울릴 수 있다. 또한 고주파 증폭회로를 추가하면 감도가 좋아진다.

이상을 고려하여 우선 A는 동조회로여야 한다. 문제에서 고주파 증폭회로가 있다는 것을 알고 있으므로 이것은 동조회로 다음에 온다. 즉 B는 고주파 증폭회로가 된다. 검파회로는 없어서는 안되는 회로이며 C는 검파회로이다. 저주파 증폭회로는 전압 증폭과 전력 증폭으로 분류되는데 여기서는 D가 하나뿐이므로 구분하여 고려하지 않고 저주파 증폭회로로 한다.

(해답) A→동조회로 B→고주파 증폭회로 C→검파회로 D→저주파 증폭회로

◖연습 1◗ 그림 4는 스트레이트 수신기의 블록도이다. A~E의 회로명을 기입하라.

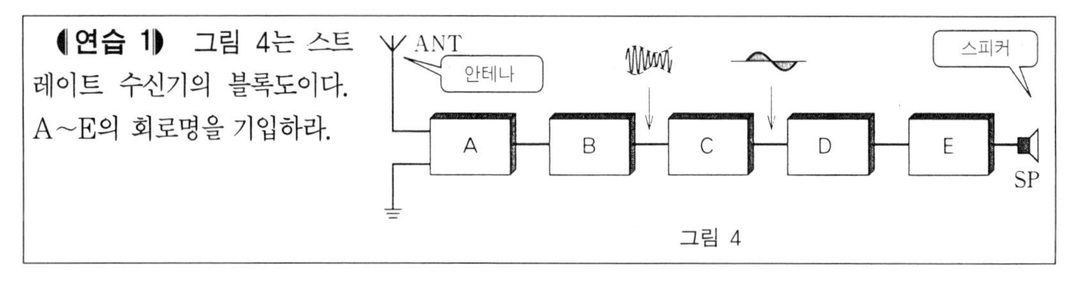

그림 4

(설 명)

힌트의 파형을 보면, 반송파와 그 포락선이며 따라서 C는 검파회로이다. 안테나 ANT는 전파를 받아 동조회로로 유도하는 역할을 하고 있다.

또한 동조회로에서 선택된 전파를 증폭하는 것이 고주파 증폭회로이다.

그리고 검파된 신호파 뒤에 2개의 블록이 있으며 이것은 전압 증폭회로와 전력 증폭회로이다.

(해답) A→동조회로 B→고주파 증폭회로 C→검파회로 D→저주파 전압 증폭회로
E→저주파 전력 증폭회로

복 습

1. 다음 문장 중의 ( ) 안에 적절한 용어를 기입하라.

(1) 2석 스트레이트 수신기의 2석이란 트랜지스터가 (①)개 있다는 것이다.

(2) 스피커를 충분한 음량으로 동작시키기 위해서는 (②) 증폭회로가 필요하다.

(3) 증폭회로를 구성하는 전해 콘덴서의 극성은 (③)가 어떻게 흐르고 (④)가 어떻게 축적되는지를 고려하여 결정한다.

(4) 저주파 증폭회로는 전압 증폭회로 외에 (⑤)가 있다.

4 수퍼 헤테로다인 수신기(1)

1. 스트레이트 수신기와 다른 점

수퍼 헤테로다인 수신기는 우리가 일상생활에서 이용하고 있는 라디오 수신기이다.

그러면 이 수퍼 헤테로다인 수신기는 지금까지 설명한 스트레이트 수신기와 어떻게 다른 것일까?

• 주파수의 변환 : 스트레이트 수신기는 동조회로에서 선택한 전파의 주파수를 그대로 이용했다. 수퍼 헤테로다인 수신기는 선택한 전파의 주파수를 중간 주파수라 하는 다른 주파수로 변화하는 것이다.

그림 1은 주파수를 변환하는 회로의 블록도이다. 고주파 증폭기의 출력신호 f_c는 신호파성분을 포함하는 반송파이며 주파수는 f_c이다.

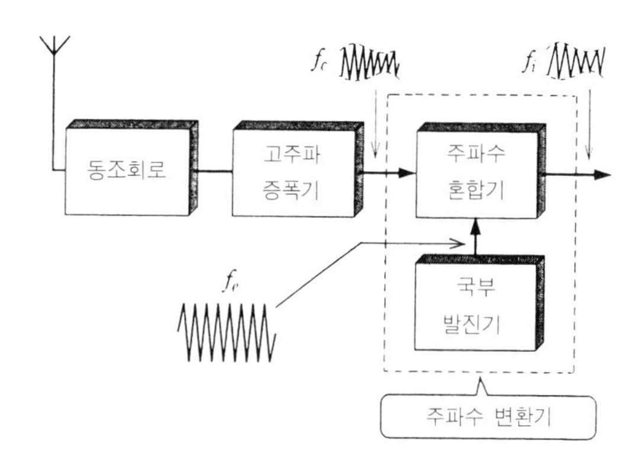

그림 1. 주파수의 변환

한편 국부 발진기에서는 진폭이 일정한

주파수 f_l이 발생하고 있다. 이 2종류의 파형이 주파수 혼합기에 가해지면 여기서 f_l과 f_c의 차인 주파수 f_i를 얻을 수 있다. 이 f_i를 **중간 주파수**라 한다.

즉, $f_i=f_l-f_c$이며 f_i에는 신호파 성분도 포함되어 있다.

2. 수퍼 헤테로다인 수신기의 블록도

그림 2의 블록도에서 좌단의 블록은 동조회로와 고주파 증폭회로를 함께 표시했다. 그림과 같이 도래 전파를 안테나로 받아 그 고주파를 증폭한 후 중간 주파수 즉, 고주파보다 낮은 일정한 주파수로 변환한다.

다음에 중간주파 증폭회로에서 증폭하고 이것을 검파하여 저주파 성분 f_0를 추출하여 증폭한다. 이 경우 저주파 증폭은 전압 증폭과 전력 증폭을 포함하고 있다.

3. 헤테로다인 검파와 수퍼 헤테로다인 검파

• 제1검파와 제2검파 : 그림 3과 같이 도래 전파의 주파수 f_c와 국부 발진회로의 출력 주파수 f_l은 혼합회로(혼합기)에서 주파수가 중간 주파수로 변환된다. 이 경우에 중간 주파수 f_i가 되는데 f_i에는 신호파의 성분도 포함되어 있으므로 혼합회로를 **제1검파회로**라 한다.

또한 지금까지 설명한 검파회로를 **제2검파회로**라 한다.

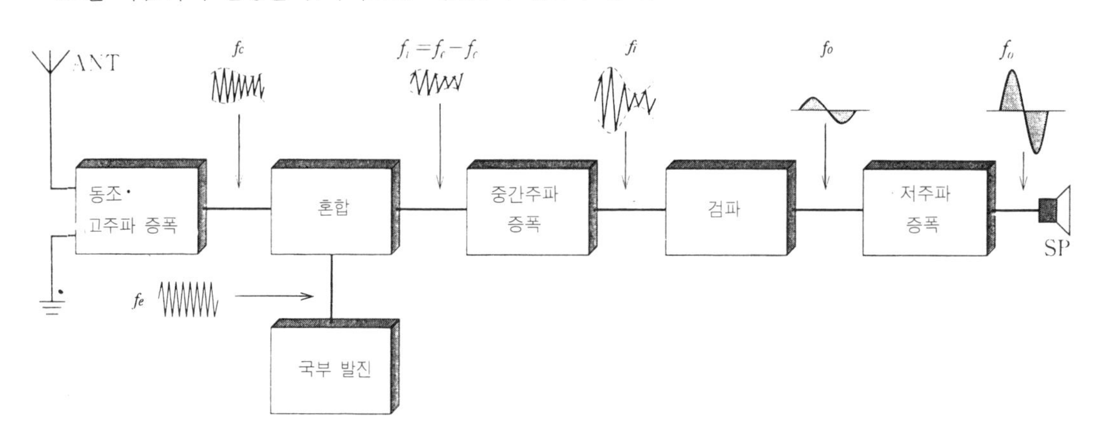

그림 2. 수퍼 헤테로다인 수신기의 블록도

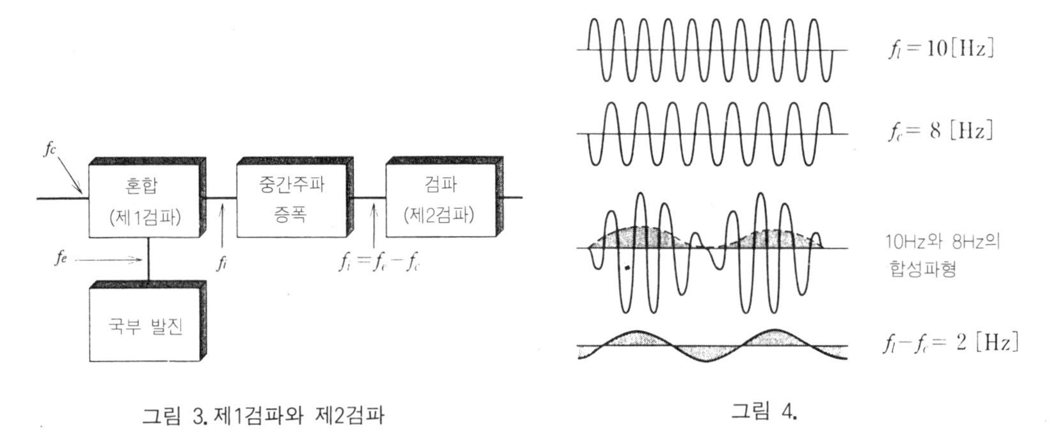

그림 3. 제1검파와 제2검파

그림 4.

• **수퍼 헤테로다인 검파** : 수신주파수 f_c와 국부 발진주파수 f_l을 제1검파회로에 가하면 그 출력에는 $f_l \pm f_c$의 주파수(이것을 **비트 주파수**라 한다)를 포함하는 신호를 얻을 수 있다. 이 신호 중에서 $f_l - f_c$의 주파수 성분을 추출하는 방식을 **헤테로다인** 검파라 하며 헤테로다인 검파후에 다시 한번 검파하여(제2검파) 신호파를 추출하는 방식을 **수퍼 헤테로다인** 검파라 한다.

그러면 비트 주파수의 발생에 대하여 알아보기로 하자.

그림 4에서는 $f_l = 10$[Hz], $f_c = 8$[Hz]일 때의 비트 주파수 f_l를 구하고 있다. 이 f_l과 f_c와의 차의 주파수, 즉 2Hz가 비트 주파수이며 수퍼 헤테로다인 수신기의 경우의 중간 주파수가 된다.

• **중간주파수**　중간 주파수는 항상 일정하게 정해 두고 수신주파수에 따라 국부 발진주파수를 변화시키도록 하고 있다.

가령 도쿄 지방에서는 NHK 등의 방송전파의 주파수는 다음과 같다.

NHK 제1　　594kHz
NHK 제2　　693kHz

국부 발진수파수는 다음과 같이 된다.

NHK 제1　　594+455=1,049[kHz]
NHK 제2　　693+455=1,148[kHz]

복　습

1. 다음 문장 중의 ( ) 안에 적절한 용어를 기입하라.
(1) 수신전파의 주파수 f_c와 국부 발진주파수 f_l과의 차의 주파수를 (①)라 한다.
(2) 수퍼 헤테로다인 수신기에서는 (②)회 검파가 실시된다.
(3) 일반적으로 표준적인 라디오 수신기의 중간 주파수는 (③)kHz이다.
2. TBS 라디오의 주파수는 945kHz이다. 국부 발진주파수를 구하라.

❺ 수퍼 헤테로다인 수신기(2)

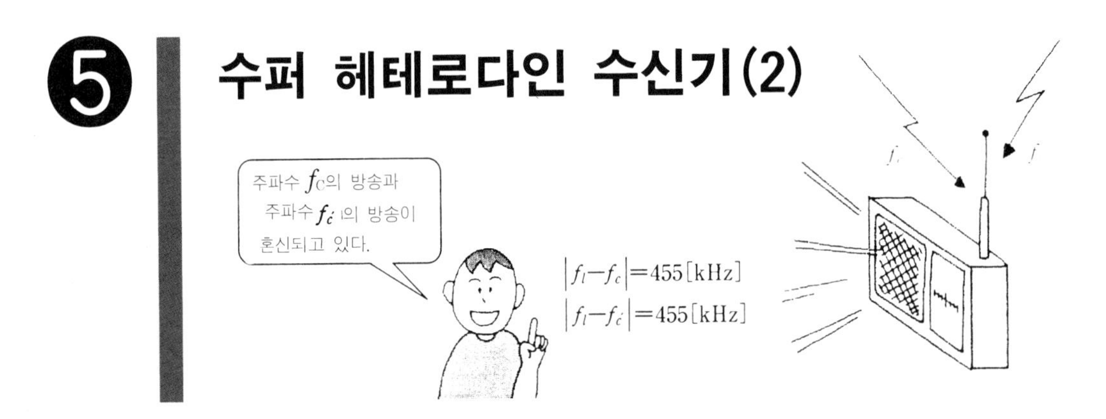

1. 주파수 변환회로

• **자려식과 타려식** : 주파수를 변환하는 회로에는 국부 발진과 주파수 혼합을 1개의 트랜지스터에서 실행하는 **자려식**과 발진과 혼합을 별도의 트랜지스터에서 실행하는 **타려식**의 2종류로 대별할 수 있다.

• **베이스 주입형과 이미터 주입형** : 그림 1(a)와 같이 트랜지스터 Tr의 베이스에 수신전압(주파수 f_c)과 국부 발진전압(주파수 f_l)을 동시에 가하는 방식을 **베이스 주입형**이라 한다. 또한 그림 1(b)와 같이 수신전압을 베이스에 발진전압을 이미터에 가하는 방식을 **이미터 주입형**이라 한다.

• **단일조정** : 그림 2는 실제의 회로이다. 안테나측의 C_1과 발진측의 C_2가 파선으로 접속되어 있다. 이것은 국부 발진주파수가 항상 수신주파수보다 455kHz만큼 높아지도록 동조 가변콘덴서 C_1, C_2를 연동하여 변화시키는 것을 표시하고 있다.

이것을 **단일조정**이라 한다. C'_1와 C'_2는 미세조정을 위한 트리머 콘덴서이다.

• **안테나** : 일반적으로 바안테나가 사용된다. 바안테나는 전파의 수신과 동조를 겸하고 있다.

• **중간주파 변성기** : IFT는 보통 중간주파 트랜스라고도 하며 455kHz의 중간 주파수 성분을 다음 단으로 보내기 위한 트랜스이다.

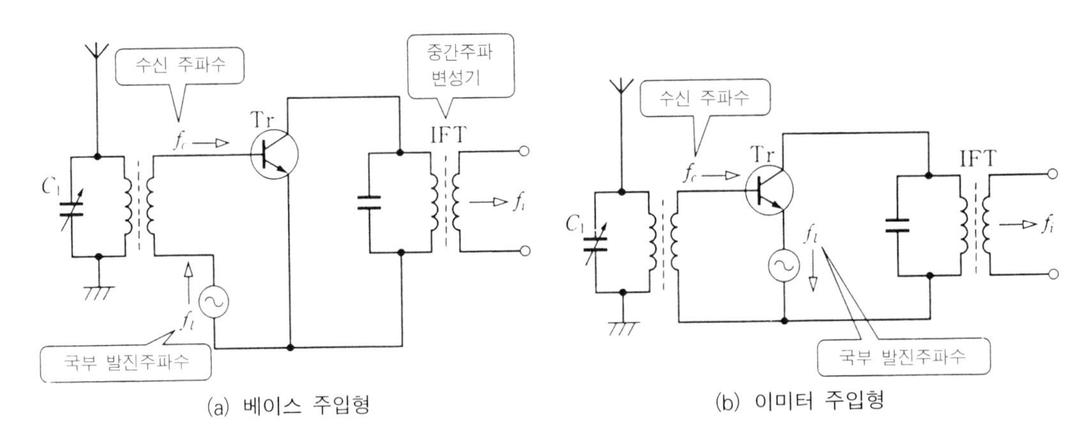

그림 1. 주파수 변환회로의 원리

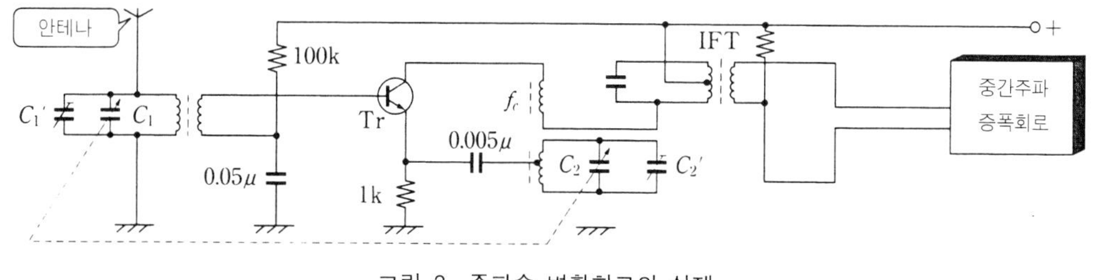

그림 2. 주파수 변환회로의 실제

2. 중화회로

높은 주파수가 되면 트랜지스터의 컬렉터와 베이스 간에 형성되는 정전용량 때문에 증폭된 신호가 컬렉터측에서 베이스측으로 돌아와 발진하는 현상이 발생한다.

이 현상을 방지하기 위해 **그림 3**과 같이 콘덴서 C_1을 접속하여 C_{cB}를 통하여 귀환된 전압과 같은 크기로 역위상의 전압을 베이스에 가한다. 접속된 C_1을 **중화용 콘덴서**, 회로를 **중화회로**라 한다.

그림 3의 브리지 회로의 평형조건에서 C_1을 구해 보기로 한다.

$$\omega L_1 \cdot \frac{1}{\omega C_{cB}} = \omega L_2 \cdot \frac{1}{\omega C_1} \quad \therefore C_1 = C_{cB} \frac{L_2}{L_1} \text{[F]}$$

중화 콘덴서 C_1의 값은 수〔pF〕~수십〔pF〕가 사용된다.

3. 영상주파수

수퍼 헤테로다인 수신기 특유의 혼신(混信) 방해에 영상신호가 있다. 중간주파수 455kHz에 대하여 수신주파수를 f_c라 하면 국부 발진주파수 f_l은 다음과 같다.

$$f_l = f_c + 455$$

여기서 $f_c' = (f_c + 2 \times 455)$〔kHz〕의 전파를 보내는 방송국이 있으며 이것이 동조회로에 들어왔다고 하면 f_c와 f_c'가 제1검파기에 가해지므로 f_c와 f_c'의 비트는 다음과 같이 된다.

f_c의 비트 : $f_l - f_c = (f_c + 455) - f_c = 455$

f_c'의 비트 : $f_l - f_c' = (f_c + 455) - (f_c + 2 \times 455) = -455$

f_c'의 비트는 마이너스 기호인데 검파했을 때의 주파수는 f_l과 f_c'의 차이며 455kHz가 된다. 즉

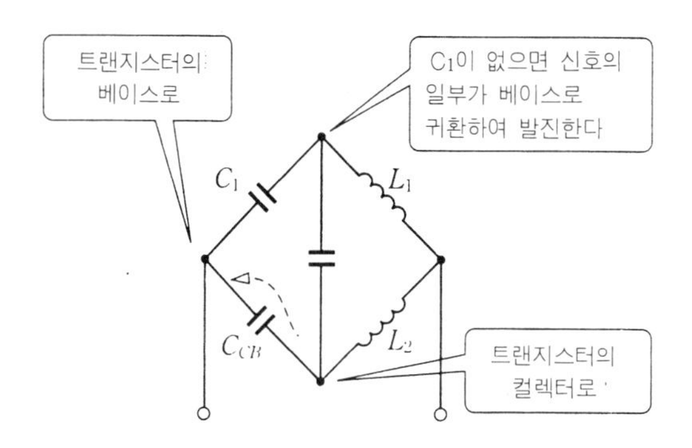

그림 3. 중화회로

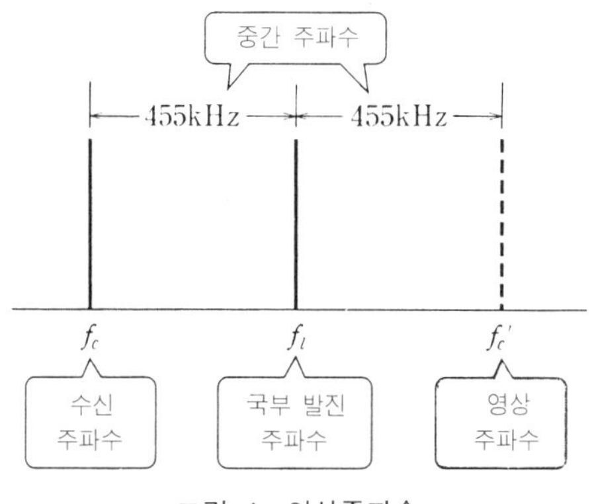

그림 4. 영상주파수

f_c의 수신중에 f_c'가 혼신하게 된다. 이 f_c'를 영상주파수 또는 이미지 주파수라 한다. 실제로는 f_c에 공진하는 회로를 설치하여 f_c'를 제거하고 있다.

복 습

1. 다음 문장 중의 ( ) 안에 적절한 용어를 기입하라.
(1) 주파수 변환회로에는 (①) 주입형과 (②) 주입형이 있다.
(2) 높은 주파수가 되면 컬렉터에서 베이스로 신호의 일부가 귀환하여 발진하는 경우가 있다. 이것을 방지하기 위해 (③)회로를 사용한다.
2. 수신 주파수가 1,000kHz일 때 영상주파수를 구하라

6 수퍼 헤테로다인 수신기(3)

1. 자동 이득조정회로

자동 이득조정은 보통 AGC라 한다. 이것은 automatic gain control의 약자이다.

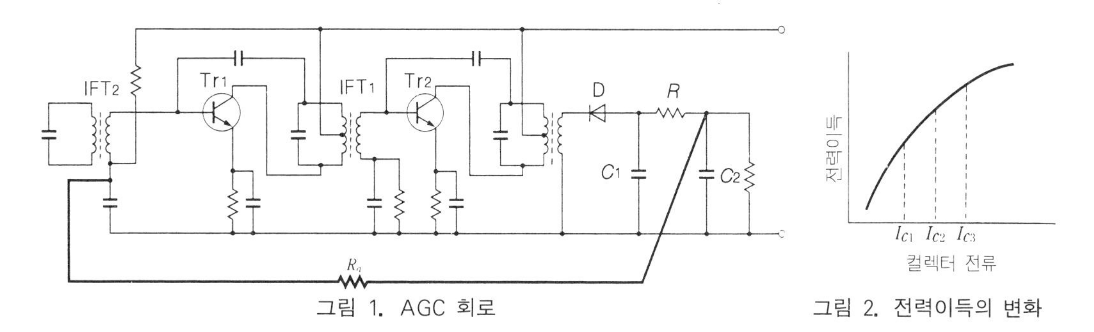

그림 1. AGC 회로

그림 2. 전력이득의 변화

• **자동 이득조정회로 :** 그림 1에 AGC 회로를 나타내었다. 이득을 입력신호의 변동에 따라 자동적으로 조정하여 거의 일정한 출력이 되도록 한다.

검파기 D의 직후에는 C_1-R-C_2의 π형 필터가 접속되어 검파출력 중 필요 없는 고주파분이 제거된다. 검파된 후의 콘덴서 C_2에 축적된 직류분을 저항 R_a를 통하여 중간주파 증폭회로의 첫단 트랜지스터 Tr_1의 베이스에 가한다.

여기서 입력신호가 크면 입력전압에 비례하는 직류전압이 C_2의 양단에 나타나 이 전압이 Tr_1의 베이스에 가해지므로 Tr_1의 베이스 전류가 감소하며 이에 의하여 Tr_1의 컬렉터 전류는 감소한다.

또한 반대로 입력신호가 작으면 C_2 양단의 직류전압이 작아지고 Tr_1의 베이스 전류가 증가하여 컬렉터 전류도 증가한다.

따라서 컬렉터 전류 I_c의 변화에 따라 전력이득의 변화가 큰 트랜지스터를 사용하면 우수한 AGC 회로를 구성할 수 있다.

• **컬렉터 전류에 의한 전력이득 :** 그림 2의 특성에 대해 고찰해 본다. 여기서 컬렉터 전류를 I_{c2}라 한다. 입력전압이 증가하고 컬렉터 전류가 감소하여 I_{c1}이 되면 전력이득이 저하된다.

반대로 입력전압이 작으면 컬렉터 전류는 증가하여 I_{c3}가 되어 전력이득은 증가한다. 이런 방식으로 출력을 효율적으로 항상 일정하게 유지할 수 있다.

2. 라디오 수신기의 성능

라디오 수신기의 성능은 감도·선택도·충실도·안정도 등으로 표시된다.

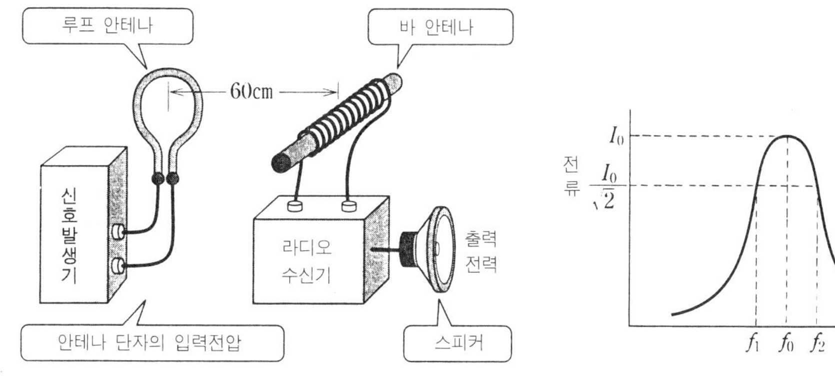

그림 3. 감도의 측정회로

그림 4. 선택도 특성

• **감도** : 측정 수신기가 어느 정도의 약한 전파까지 수신할 수 있는지 그 측정 성능을 **감도**라고 한다. 일반적으로 감도는 수신기의 출력이 50mW가 될 때 안테나 단자의 입력 전압으로 표시한다.

이 전압은 1μV를 기준으로 하여 데시벨〔dB〕로 표시하는 경우가 많다.

그림 3은 감도의 측정회로이다. 루프 안테나를 신호 발생기에 접속하여 바 안테나와의 거리를 60cm로 설정하여 측정한다.

• **선택도** : 수신할 전파와 근접한 전파를 분리하는 능력을 **선택도**라 한다. 공진회로의 Q는 공진전류 I_0의 $1/\sqrt{2}$가 되는 전류를 **그림 4**에 의하여 구했을 때의 주파수를 f_1, f_2라 하면,

$$Q=\frac{f_0}{f_2-f_1}$$

으로서 구한다.

여기서 $f_0=1,000$〔kHz〕, $Q=25$라 하면 $f_2-f_1=40$이 되고 $f_2=1,020$〔kHz〕, $f_1=980$〔kHz〕가 된다. 즉 980~1,020kHz의 전파는 수신 주파수 1,000kHz와 함께 $1/\sqrt{2}$이상의 강도로 수신하게 된다. 이상은 스트레이트 수신기의 경우이다.

수퍼 헤테로다인의 경우에는 중간 주파수 $f_i=455$〔kHz〕이므로 $1/\sqrt{2}$ 이상의 강도로 수신되는 주파수 (f_2-f_1)〔kHz〕는,

$$f_2-f_1=\frac{455}{25}=18.2$$

따라서 436.8~473.2kHz가 된다. 이에 상당하는 Q는 다음과 같다.

$$Q=\frac{1000}{18.2}=54.95$$

즉 Q는 25에서 약 55로 향상되었다.

• **충실도** : 송신측에서의 신호가 어느 정도 정확하게 재현될 수 있는가 그 능력을 **충실도**라 한다.

• **안정도** : 라디오 수신기의 출력이 어느 정도 기간 일정하게 유지되는가를 표시하는 성능을 **안정도**라 한다. 온도 변화, 기계적 진동 등이 안정도에 영향을 미치는 요인이 된다.

복 습

1. 다음 문장 중의 ( ) 안에 적절한 용어를 기입하라.

(1) 입력신호가 변동해도 거의 일정한 출력이 되도록 이득을 자동적으로 조정하는 것을 (①) 또는 (②)이라 한다.

(2) 라디오 수신기의 성능으로서는 일반적으로 (③), (④), (⑤), (⑥) 등이 있다.

2. 수신 주파수 $f_0=1,000$〔kHz〕, $f_1=980$〔kHz〕, $f_2=1,020$〔kHz〕일 때 Q는 얼마인가?

AM과 FM

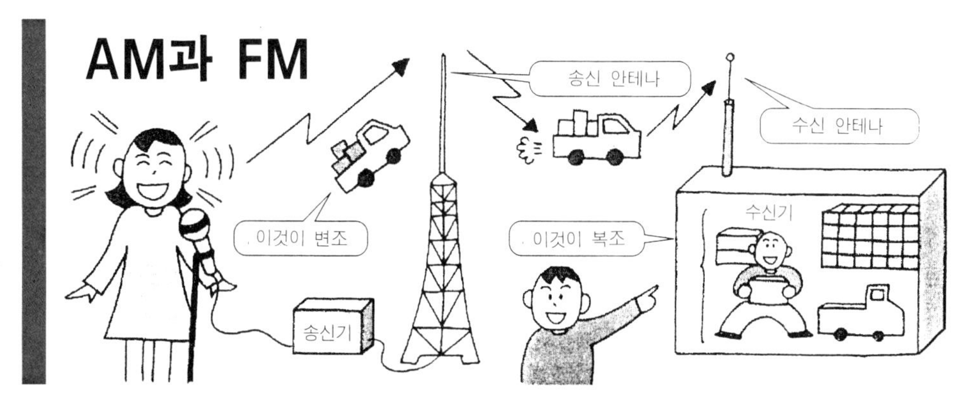

1. 변조와 복조(검파)

전파에 대해서는 이미 설명했다. 그런데 전파에는 신호파의 성분과 이 신호파를 실어 주는 반송파의 성분이 포함되어 있다.

여기서는 신호파를 어떻게 반송파에 싣는지, 또한 수신측에서 신호파를 어떻게 추출하는지에 대해 설명한다.

- **변조** : 진폭이나 주파수가 일정한 반송파를 신호파로 변화시켜 진폭이나 주파수를 변화시키는 것을 **변조**라 한다.
- **복조** : 변조된 파를 **변조파**라 하고 변조파에서 신호파를 추출하는 것을 **복조** 또는 **검파**라 한다.

2. 진폭 변조(AM)

AM이란 amplitude modulation의 약자로 **진폭 변조**라 한다. 그림 1(a)는 반송파이다. 반송이란 하물 등을 반송하는 것이며 하물을 트럭으로 운반하는 것에 비유하면 반송파는 트럭이고 신호는 하물에 상당한다. 그림 1(b)는 신호파이며 반송파의 진폭을 신호파의 진폭으로 변조하면 그림 1(c)를 얻을 수 있다. 그림 1(c)의 파를 **진폭 변조파**라 한다.

진폭 변조파의 파선으로 표시한 파를 **포락선**이라 하며 이것은 신호파의 파형과 같은 형이다. 이 변조파가 송신 안테나에서 전파로 방사된다.

- **진폭 변조파를 수식으로 표시한다** : 그림 1(a)의 반송파의 진폭(최대값)을 V_c, 주파수를 f_c라 하면 반송파 v_c는 다음 식과 같이 된다.

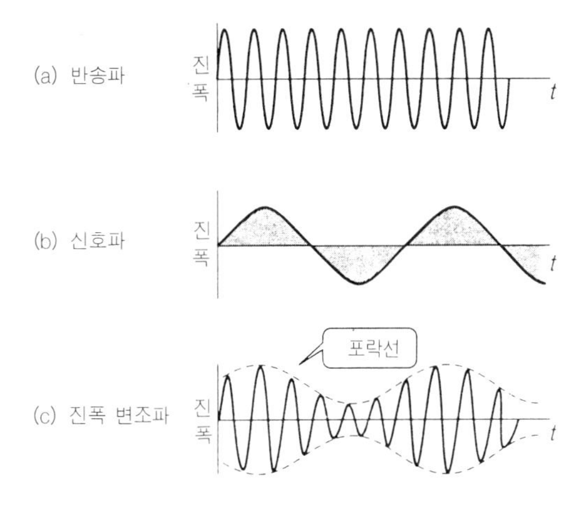

그림 1. 진폭 변조(AM)

$$v_c = V_c \sin 2\pi f_c t \qquad (1)$$

그림 1(b)의 신호파의 진폭을 V_s, 주파수를 f_s라 하면 신호파 v_s는 다음 식으로 표시된다.

$$v_s = V_s \sin 2\pi f_s t \qquad (2)$$

그러면 변조파는 어떻게 표시될까? 변조파 v_m은 반송파 v_c의 진폭 V_c를 신호파 v_s로 변화시킨 것이므로

$$v_m = (V_c + V_s \sin 2\pi f_s t)\ \sin 2\pi f_c t \qquad (3)$$

가 된다.

( ) 안의 $V_c + V_s \sin 2\pi f_s t$는 변조파 진폭의 변화이다. 즉 그림 1(c)의 파선으로 표시된다. 이것이 포락선이다.

식 (3)은 다음과 같이 변형시킬 수 있으며 $m = V_s/V_c$를 **변조도**라 한다.

$$v_m = V_c(1 + m \sin 2\pi f_s t) \sin 2\pi f_c t$$

3. 진폭 변조회로

진폭 변조회로에는 **베이스 변조회로**와 **컬렉터 변조회로**가 있다.

그림 2는 베이스 변조회로의 예이다. 반송파를 증폭하고 있는 트랜지스터 증폭회로의 베이스에 신호파 전압을 가하면 출력단자에는 변조파가 나타난다.

한편 컬렉터 변조회로는 트랜지스터의 컬렉터에 신호전압을 가하여 변조한다.

4. 주파수 변조(FM)

FM이란 frequency modulation의 약자로 **주파수 변조**라 한다. 그림 3(a)는 진폭이 일정한 반송파이다. 이 반송파 주파수를 신호파의 진폭에 의하여 변화시키는 방식이 FM이다. 주파수에 편차가 생기는 것을 **주파수 편이**라 하는데 그림 3(c)는 신호파에 의한 주파수 편이이다. 신호파가 없을 때의 변조파의 주파수는 f_c이며 이것을 **중심 주파수**라 한다. 중심 주파수를 기준으로 하여 신호파의 진폭이 커지면 주파수 편이도 커진다. 주파수 편이의 최대 값 Δf를 **최대 주파수 편이**라 한다.

• **주파수 변조회로** : 주파수 변조회로는 신호파의 진폭에 의하여 반송파의 주파수가 변화하는 회로로 해야 한다. 이를 위해서는 발진회로의 발진 주파수를 변화시키는 연구가 필요하다.

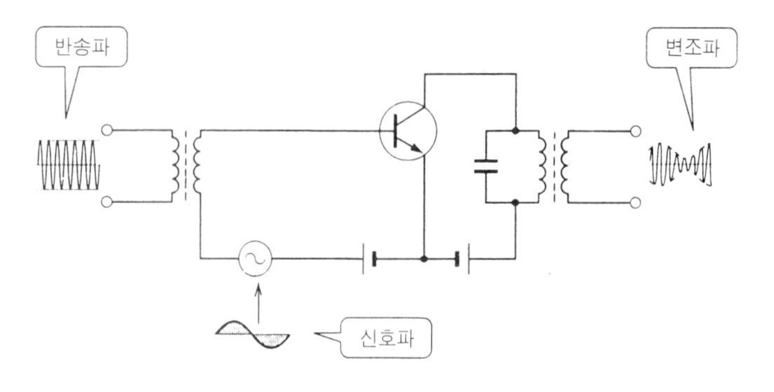

그림 2. 진폭변조회로의 예

그림 4는 콘덴서 마이크로폰을 공진회로의 콘덴서로서 사용한 회로이며 음성신호를 정전용량의 변화로 대체하면 발진 주파수가 변화하여 FM파를 얻을 수 있다.

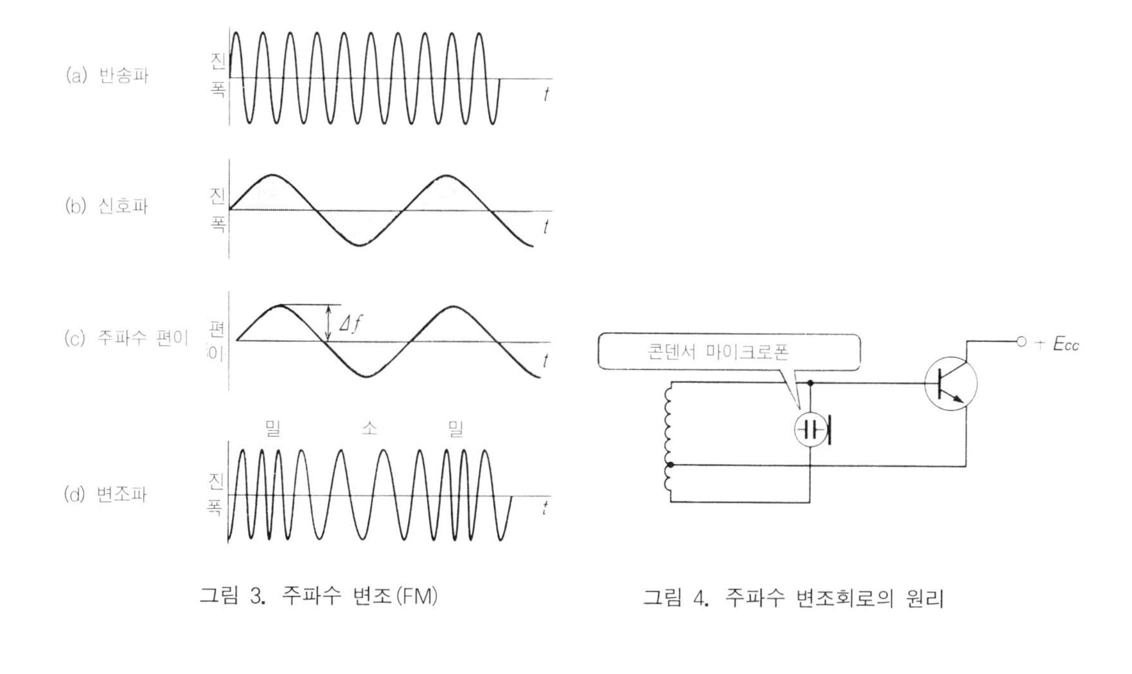

그림 3. 주파수 변조(FM)

그림 4. 주파수 변조회로의 원리

복 습

1. 다음 문장 중의 ( ) 안에 적절한 용어를 기입하라.

(1) 진폭이나 주파수가 일정한 반송파를 신호파로 변화시켜 진폭이나 주파수를 변화시키는 것을 (①)라 하며 그 파를 (②)라 한다. 여기에서 신호파를 추출하는 것을 (③)라 한다.

제6장의 정리

FM파의 복조

그림 1(a)는 공진회로를 이용한 FM파의 복조회로이다. 또한 그림 1(b)는 주파수 편이를 진폭의 변화로 변환하는 공진회로의 복조 특성이다. 여기서 FM파의 중심 주파수를 f_c라 하고 이 f_c가 공진곡선의 사선의 중심이 되도록 설정한다. 변조파의 주파수 편이가 $+\Delta f$가 되면 출력전압은 $V_0+\Delta V$이 되고 $-\Delta f$가 되면 출력전압은 $V_0-\Delta V$가 된다.

이와 같이 하여 주파수의 변화가 출력전압의 변화로 변환된다.

이 출력전압의 변화, 다시 말하면 진폭의 변화를 다이오드 D, 콘덴서 C_2, 저항 R_1에 의하여 진폭 복조(진폭 검파)하면 신호파를 얻을 수 있다. FM파의 복조회로에는 레이시오 검파, 피크 디퍼렌셜 검파, 포스터 실리 검파 등 각종의 회로가 있다.

주파수 변조방식은 진폭 변조방식에 비하여 주파수 대폭을 크게 해야 한다는 결점이 있다. 그러나 신호의 전송중에 혼입된 잡음을 제거하기 쉽고 양질의 음을 얻을 수 있다는 장점이 있으므로 널리 사용되고 있다.

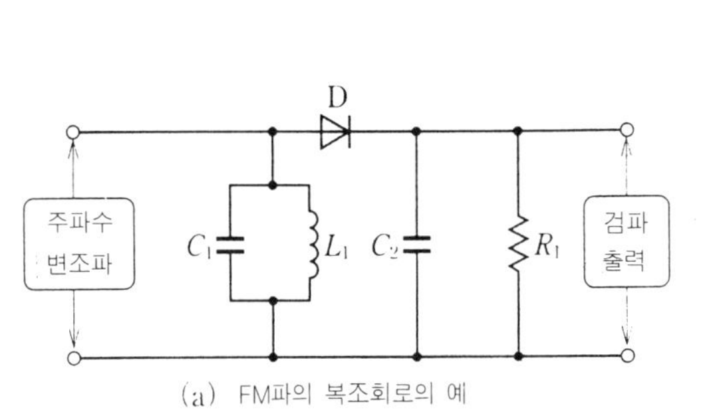

(a) FM파의 복조회로의 예

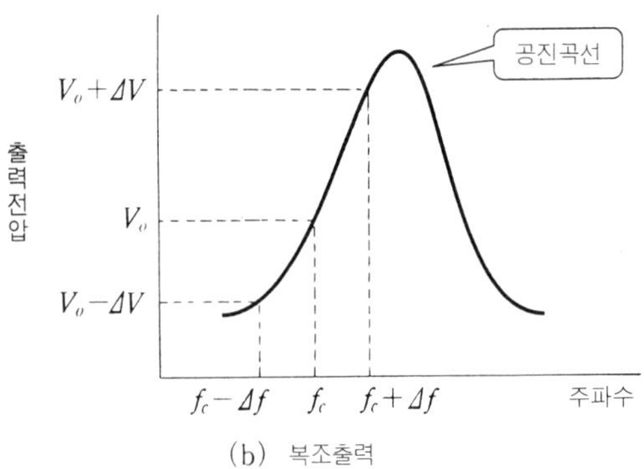

(b) 복조출력

그림 1. 주파수 편이를 진폭 변화로 변환

해 답

〈122페이지〉
1. ① 동조회로 ② 동조회로 ③ 검파 ④ 신호파

2. 1, 409kHz

〈124페이지〉
1. ① 스트레이트 수신기 ② 동조 ③ 저주파 ④ 고주파 성분 ⑤ 출력변성기 ⑥ 감도

〈127페이지〉
1. ① 2 ② 전력 증폭회로 ③ 전류 ④ 전하 ⑤ 전력 증폭회로

〈129페이지〉
1. ① 중간 주파수 ② 2 ③ 455

〈132페이지〉
1. ①, ② 베이스, 이미터 ③ 중화

2. 1, 910kHz

〈134페이지〉
1. ①, ② AGC, 자동이득조정 ③, ④, ⑤, ⑥ 감도, 선택도, 충실도, 안정도

2. 25

〈135페이지〉
1. ① 변조 ② 변조파 ③ 검파, 복조

제 7 장

여러 가지의 부품과 테스터

라디오 수신기는 저항·콘덴서·다이오드·트랜지스터·변성기 등 여러 가지 부품으로 조립되어 있다. 그러면 이들 부품에는 어떤 종류가 있고 어떤 작용을 하는가?

또한 이들 부품의 양부나 회로 내에서의 사용법은 어떻게 조사하는 것이 좋을까? 가장 간단한 방법은 테스터(회로계)에 의한 체크이다.

그러면 테스터에는 어떤 종류가 있고 각각의 동작원리·회로의 구조·사용방법은 어떠한가?

여기서는 저항이나 콘덴서 등 여러 가지 부품의 종류와 작용을 설명하고 아날로그 테스터와 디지털 테스터의 차이점과 특징에 대하여, 또한 아날로그 테스터에 의한 각종의 전기량, 즉 직류전압·직류전류·교류전압·저항값의 측정법에 대하여 설명한다.

저항기의 종류와 그 작용

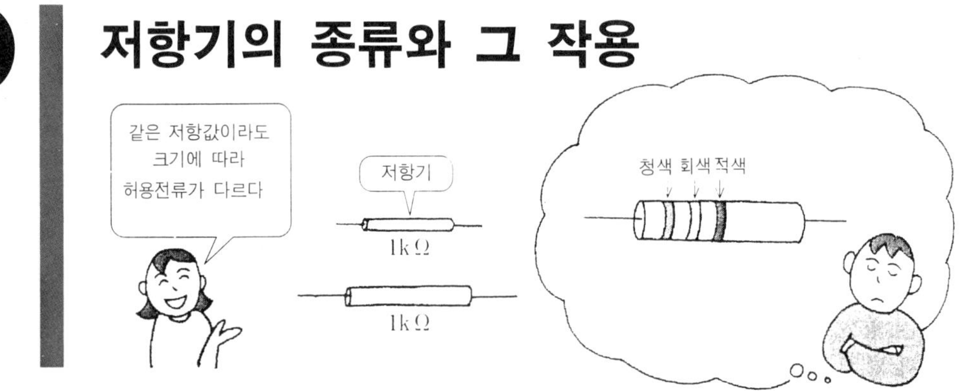

1. 여러 가지의 저항기

저항기는 그림 1과 같이 고정저항기, 가변저항기, 반고정저항기로 분류된다.

반고정저항기는 일정한 저항값으로 조정하여 고정저항으로 사용하는 것이다. 탄소피막 저항은 세라믹 원통에 카본 피막을 입힌 저항기이다. 솔리드 저항은 탄소 분말을 혼합제 속에 넣어 고화시킨 저항기이다.

또한 몇 개의 저항을 하나의 패키지에 수납한 집적저항기도 있다.

2. 컬러 코드

그림 2는 솔리드 저항 등의 저항값을 컬러 표시했을 때의 색대를 유효숫자 2자리의 경우와 3자리의 경우로 표시한 것이다.

각각의 색대 컬러 표시와 유효숫자, 제곱수, 저항값 허용차의 관계를 표 1에 나타내었다.

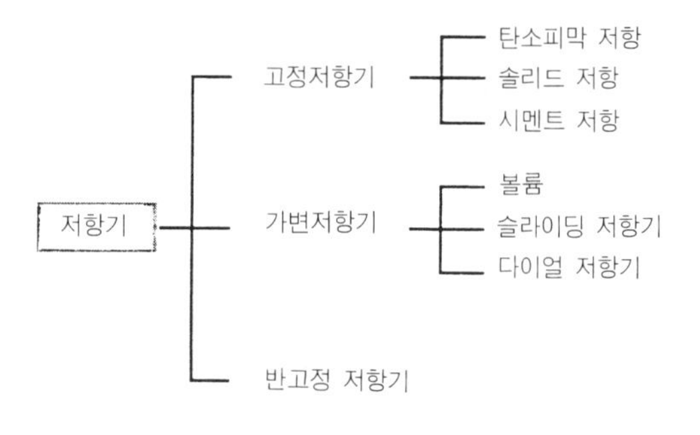

그림 1. 저항기의 종류

3. 볼 륨

가변저항기는 일반적으로 볼륨이라고 한

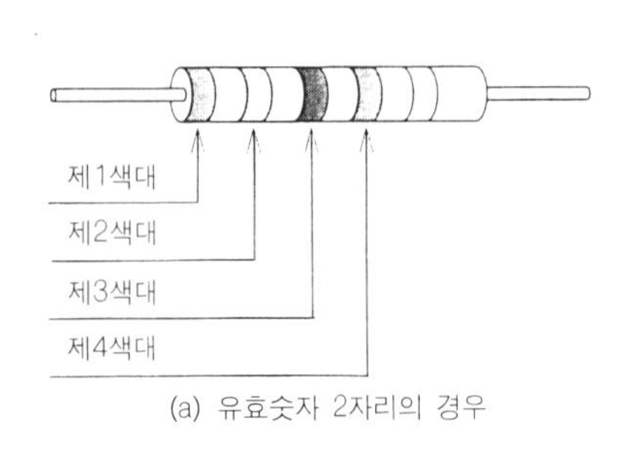

(a) 유효숫자 2자리의 경우

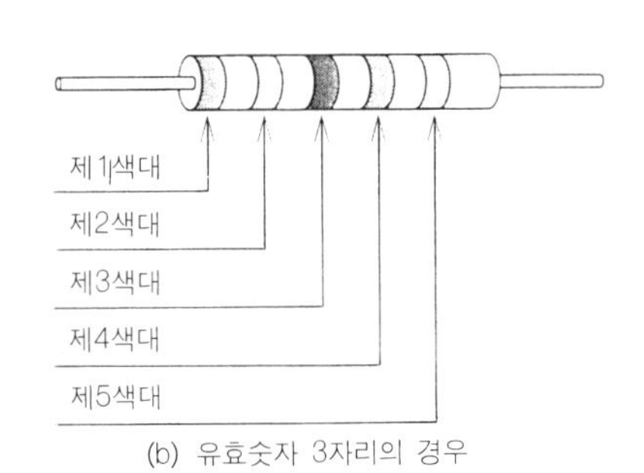

(b) 유효숫자 3자리의 경우

그림 2 저항값의 컬러 표시

표 1. 컬러 코드표

		유효숫자			곱수	허용차
색	3자리	1색대	2색대	3색대	4색대	5색대
	2자리	1색대	2색대		3색대	4색대
흑		1	1	1	10^0	
갈		1	1	1	10^1	±1%
적		2	2	2	10^2	±2%
오렌지		3	3	3	10^3	
황		4	4	4	10^4	
녹		5	5	5	10^5	±0.5%
청		6	6	6	10^6	±0.25%
자		7	7	7	10^7	±0.1%
회		8	8	8		
백		9	9	9		
금						±5%
은						±10%
무색						±20%

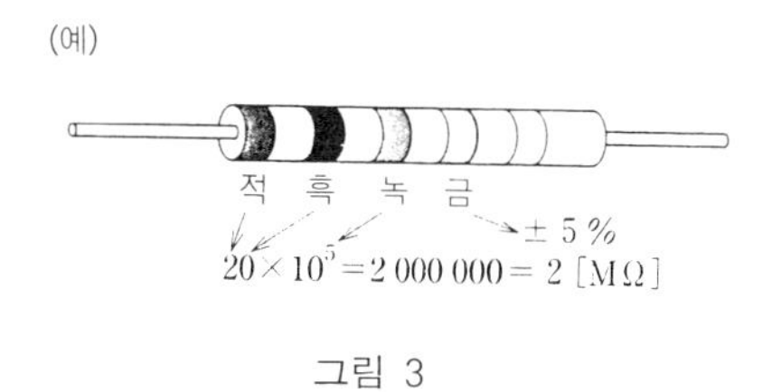

그림 3

다. 볼륨은 일정한 회전각에 의해 저항값 간의 값이 변화하는 저항기이다.

볼륨의 종류에는 스위치 부착, 2련, 중간 탭이 부착된 것 등이 있다. 그림 4(a)는 중간 탭이 부착된 것이다.

그림 4(b)의 A형은 음량 조정용, B형은 이득 조정용, C형은 하이파이 증폭기용으로 회전각과 저항값의 변화의 관계는 3종류가 있다. 따라서 용도에 따라 구분해서 사용할 필요가 있다.

4. 저항기에 흐르게 할 수 있는 허용전류

일반적으로 소비전력 P, 저항값 R, 전류 I 사이에는 $P=I^2R$의 관계가 있다.

따라서 허용전류 I는

$I=\sqrt{P/R}$가 된다.

가령 1/4W, 100Ω의 경우 허용전류 I는,

$$I=\sqrt{1/4/100}=\sqrt{1/400}=0.05\text{[A]}$$

이 된다.

최고 사용전압은 150V, 250V, 350V, 500V 등이 있는데 치수가 큰 저항기일수록 최고

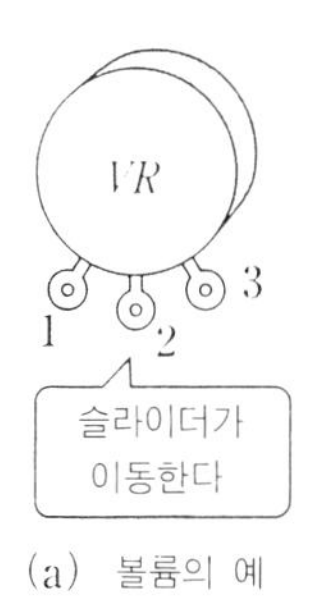

(a) 볼륨의 예

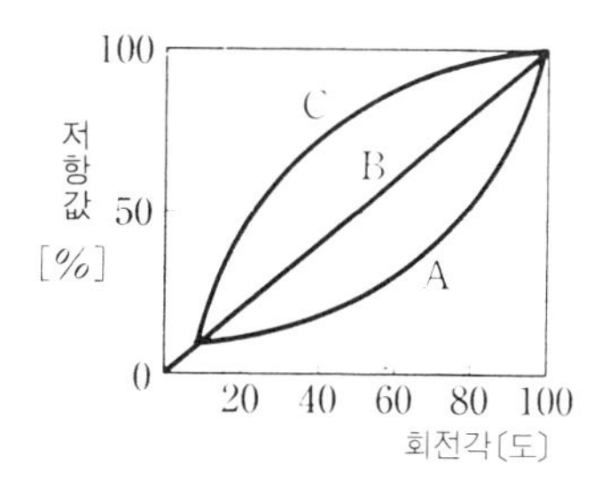

(b) 저항값의 변화

그림 4. 볼 륨

사용전압이 높아진다.

저항값의 범위는 1/8W에서 10Ω~2.2MΩ, 2W에서 10Ω~22MΩ 등으로 정격전력이 큰 것일수록 범위는 넓다.

복 습

1. 다음 문장 중의 ( ) 안에 적절한 용어를 기입하라.

(1) 저항기 중 고정저항기에는 (①), (②) 등이 있다.

(2) 저항기의 허용전류 I는 정격전력을 P, 저항값을 R이라 하면 $I=$(③)이다.

2. 다음 저항기의 저항값을 구하라.

(1) 황 자 오렌지 갈

(2) 갈 흑 청 갈

❷ 콘덴서의 종류와 그 작용

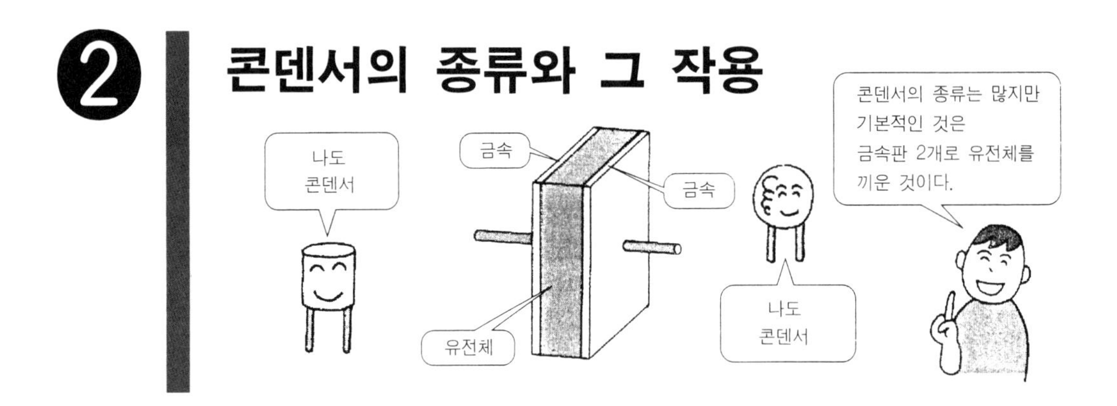

1. 여러 가지의 콘덴서

그림 1은 콘덴서의 종류이다. 정전용량이 일정한 콘덴서를 고정 콘덴서, 정전용량을 변화시

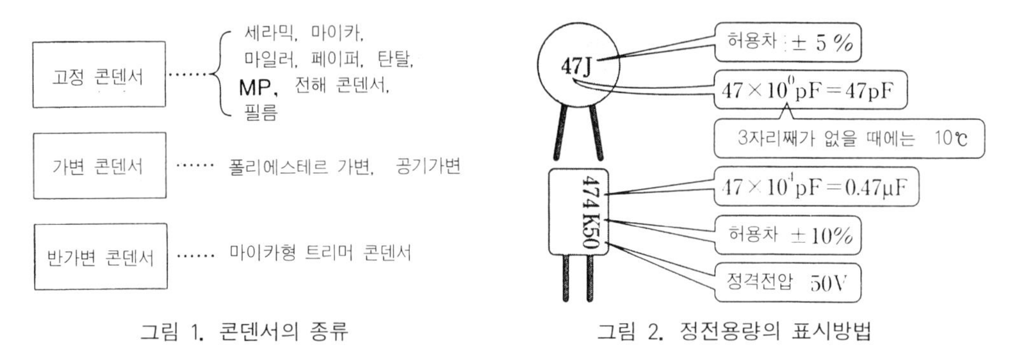

그림 1. 콘덴서의 종류 그림 2. 정전용량의 표시방법

킬 수 있는 콘덴서를 **가변 콘덴서**라 한다.

마이카형 트리머 콘덴서는 나사를 돌리는 것으로 전극 간의 간격을 변경하여 정전용량을 변화시킬 수 있다. 이와 같은 콘덴서를 **반고정 콘덴서**라 한다.

콘덴서는 공기 콘덴서와 같이 절연물의 재질에서 그 명칭이 부여된 것이 많다.

2. 정전용량의 표시방법

콘덴서의 정전용량은 콘덴서에 직접 기입되어 있는 경우와 **그림** 2와 같이 2~3자리의 숫자와 기호로 표시되는 경우가 있다.

2자리의 숫자는 그대로 정전용량의 수치로서 보고 3자리째의 숫자는 10의 멱승의 수치이다.

또한 J 및 K는 정전용량이 허용되는 오차이며 이것을 **허용차**라 한다. J는 ±5%, K는 ±10%이다. 허용차 다음의 숫자는 연속적으로 콘덴서에 가할 수 있는 정격전압이다. 그림 2의 경우 정격전압은 50V가 된다.

3. 인벌류트형 콘덴서의 구조

인벌류트형 콘덴서의 구조를 **그림** 3에 나타내었다. 그림과 같이 2개의 전극 간에 절연물을 삽입한 구조로 되어 있다.

인벌류트형 콘덴서에는 페이퍼 콘덴서, MP 콘덴서, 필름 콘덴서, 오일 콘덴서, 전해 콘덴서 등 여러 가지가 있다.

- **페이퍼 콘덴서** : 유전체로 페이퍼지를 사용하며 전극으로는 주석이나 알루미늄을 사용하고 있다. 페이퍼는 파라핀이나 절연유가 스며 들어 있으므로 대용량이 된다. **종이 콘덴서**라고도 한다.
- **MP 콘덴서** : 유전체로 종이의 한쪽면에 금속을 진공증착시키고 그 증착한 금속을 전극으로 사용한다. 같은 정전용량이면 페이퍼 콘덴서보다 소형이 된다. MP란 메탈라이즈드 페이퍼를 말한다.
- **전해 콘덴서** : 플러스극의 금속 표면에 산화피막을 형성시킨다. 금속으로는 알루미늄이나 탄탈을 사용한다. 산화피막은 유전체로서 작용하며 전해액을 함유시킨 종이를 삽입한다. 정전용량이 큰 것이 되며 전원회로의 평활용이나 저주파 증폭의 바이패스용으로 사용된다. 내압은 수백V 정도까지이다.

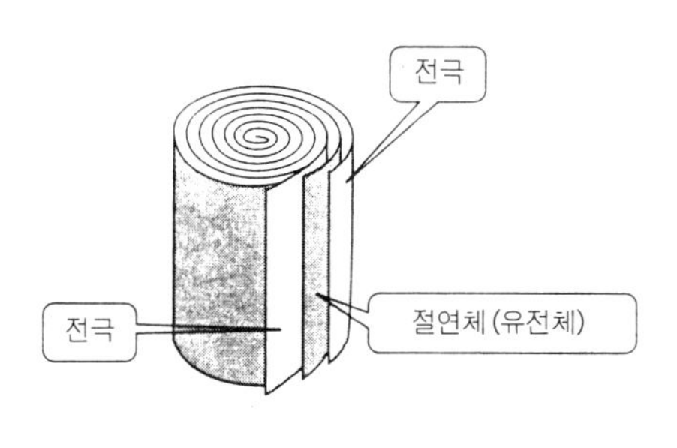

그림 3. 인벌류트형 콘덴서

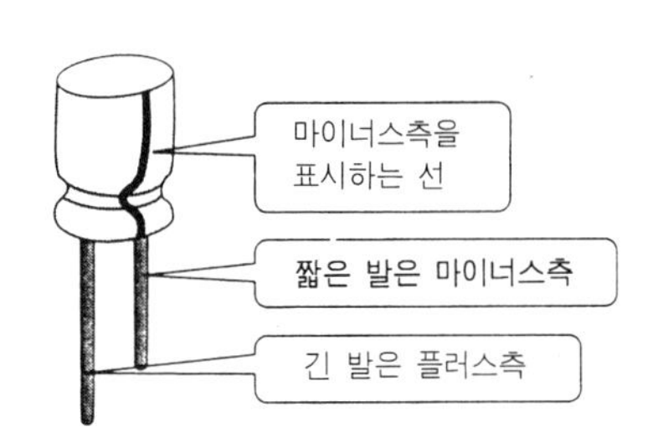

그림 4. 전해 콘덴서

• **필름 콘덴서** : 유전체로서 플라스틱 필름을 사용한 콘덴서를 필름 콘덴서라 한다. 필름 콘덴서는 온도가 변화해도 정전용량의 변화가 적고 절연성도 우수하다는 특징이 있다. 그러나 정전용량이 큰 것은 만들 수 없다.

• **오일 콘덴서** : 유전체로서 종이에 오일을 함침시킨 것으로 오일 콘덴서라 한다. 저주파의 콘덴서로서 사용한다.

4. 적층형 콘덴서

전극과 유전체를 여러장 적층한 구조의 콘덴서를 **적층형 콘덴서**라 한다. 적층형 콘덴서에는 마이카 콘덴서, 세라믹 콘덴서, 티탄 콘덴서 등이 있다.

• **마이카 콘덴서** : 유전체로서 마이카(운모)를 사용하여 전극의 알루미늄박을 겹쳐 만든 것을 마이카 콘덴서라 한다. 여기에는 운모에 은을 베이킹하여 전극으로 한 것도 있다.

마이카 콘덴서는 온도 특성이나 손실 등에서 우수하며 표준 콘덴서로서 사용된다. 정전용량이 큰 콘덴서에는 적합하지 않으나 내전압은 비교적 높다.

• **세라믹 콘덴서** : 유전체로서 원판상의 세라믹 자기를 사용하여 표면에 은을 베이킹하고 그것을 전극으로 사용하는 콘덴서이다.

• **티탄 콘덴서** : 유전체로서 티탄산바륨을 사용한 것으로 크기에 비해 정전용량이 큰 콘덴서를 만들 수 있다.

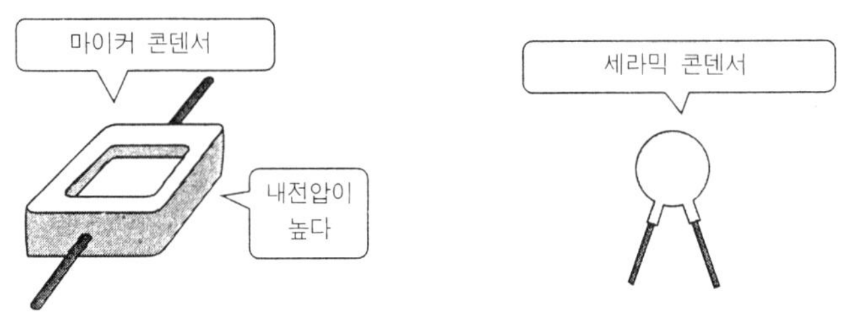

그림 5. 적층형 콘덴서

복 습

1. 다음 문장 중의 ( ) 안에 적절한 용어를 기입하라.

(1) 콘덴서에는 그 구조에 따라 (①)과 (②)이 있다.

(2) 전해 콘덴서는 극성이 있으며 발이 긴 것이 (③), 짧은 것이 (④)이다.

(3) 나사를 돌려 정전용량을 변화시킨 후에 사용하는 콘덴서를 (⑤)라 한다.

2. 콘덴서에 334K 50이라 기입되어 있었다. 이 콘덴서의 정전용량은 얼마인가?

트랜지스터의 종류와 그 작용

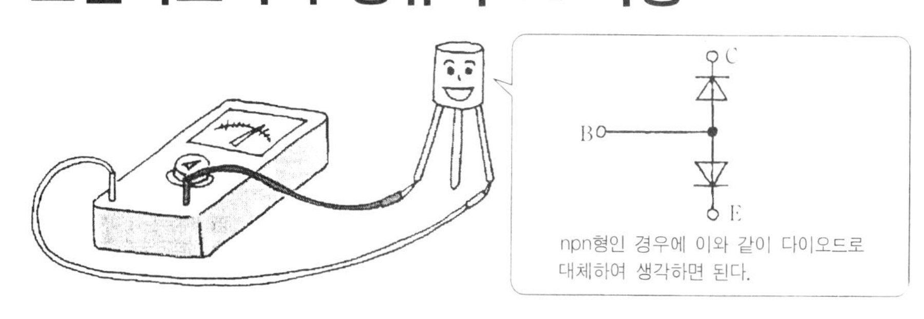

1. 트랜지스터의 표시법

다이오드와 트랜지스터의 표시법은 JIS(일본공업규격)에 규정되어 있으며 표 1과 같이 바이폴러 트랜지스터와 유니폴러 트랜지스터(FET)를 포함하여 정하고 있다.

표 1. 트랜지스터 등의 표시방법 예:2SA 123A란 무엇인가

2	S	A	1234	A
이 숫자는 반도체 소자의 종별을 표시한다. 0은 포토 트랜지스터 1은 다이오드 2는 트랜지스터 3은 2개의 게이트를 가진 FET	Semiconductor의 S이다. 즉 반도체 소자라는 것이다.	용도의 표시이다. A는 고주파용 pnp형 B는 저주파용 pnp형 C는 고주파용 npn형 D는 저주파용 npn형 F는 p게이트의 사이리스터 G는 n게이트의 사이리스터 J는 p형 채널의 FET K는 n형 채널의 FET	등록번호이며 11부터 차례로 부여한다.	개량의 종별을 표시하는 것으로 A에서 K까지 차례로 부여한다. 단, I는 사용하지 않는다. A에서 K 외에 메이커 각사에서 독자적으로 결정하는 문자, 가령 Ⓗ나 Ⓢ와 같이 사용하는 수가 있다.

2. 트랜지스터의 접지방식과 그 특징

그림 1은 3종류의 트랜지스터 접지방식이다. 즉 이미터 접지, 베이스 접지, 컬렉터 접지이다.

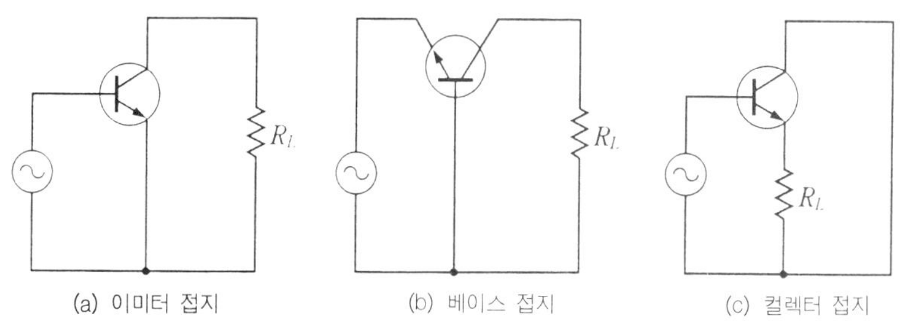

그림 1. 트랜지스터의 접지법

표 2. 트랜지스터의 접지방식과 특징

이미터 접지	베이스 접지	컬렉터 접지
• 증폭회로에 널리 사용되고 있다. • 이득이 크다. • 임피던스 정합이 용이하다. • 주파수 특성은 나쁘다.	• 고주파 특성이 양호하다 • VHF 및 UHF 등 높은 주파수의 증폭회로에 적합하다. • 입력 임피던스가 낮다.	• 저주파 증폭이나 펄스 증폭에 적합하다. • 이미터 폴로어이다. • 입력 임피던스가 높다. • 전력이득이 작다.

이 3종류의 접지방식은 각각 특징이 있다. 그들의 특징이나 용도 등에 대하여 표 2에 종합했다. 가장 많이 사용되는 증폭회로는 이미터 접지이다. 이미터 접지는 이득이 크다는 특징이 있고, 베이스 접지는 고주파 특성이 양호하므로 고주파 증폭회로에 사용된다. 컬렉터 접지는 이미터 폴로어라고도 하며 회로와 회로 사이에 넣어 상호의 영향을 제거하는 버퍼로 사용한다.

3. 트랜지스터에 전압을 가하는 방법

그림 2(a)에 npn형 트랜지스터 증폭회로에 전압을 가하는 방식을 나타내었다. 트랜지스터를 취급할 때에는 항상 트랜지스터에 전압을 가하는 방법에 오류가 없도록 주의해야 한다. 그림 2(b)는 트랜지스터를 다이오드로 대체한 것이며 이에 의거하여 그림 2(c)에 전압을 가하는 방법을 나타내었다. 이것은 후에 트랜지스터의 양부 체크에 관련된다.

4. 트랜지스터의 발에 대하여

트랜지스터는 여러 가지의 종류가 있으며 트랜지스터를 사용할 때 이미터, 베이스, 컬렉터의

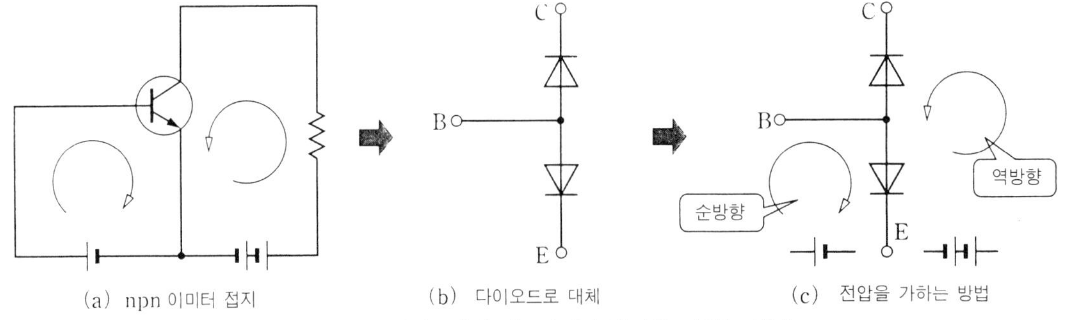

그림 2. 트랜지스터의 사고방식과 전압을 가하는 방법

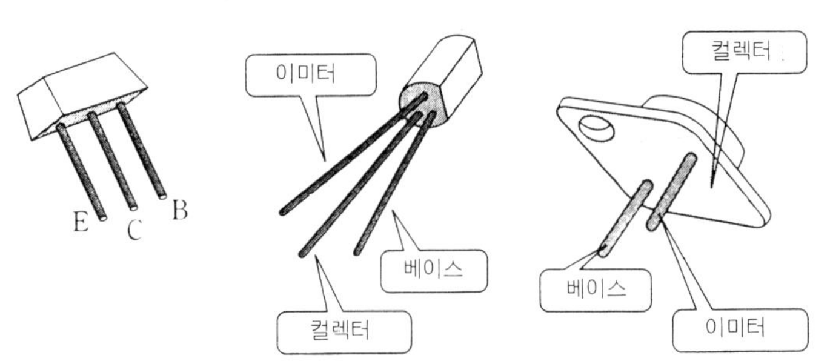

그림 3. 여러 가지 트랜지스터의 발

발이 어떤 것인지를 알 필요가 있다. 그림 3에 여러 가지 트랜지스터의 발에 대하여 들었다.
트랜지스터의 발은 트랜지스터의 평활면을 얼굴로 보고 좌측으로부터 ECB로 기억한다.

복 습

1. 다음 문장 중의 ( ) 안에 적절한 용어를 기입하라.
(1) 트랜지스터의 접지방식에는 (①), (②), (③)가 있다.
(2) 이미터 접지회로는 증폭회로에 널리 사용되고 있는데 여기에는 (④)이 크다는 것, (⑤)이 용이하다는 것 등이 있다.

변압기·변성기의 사용방법

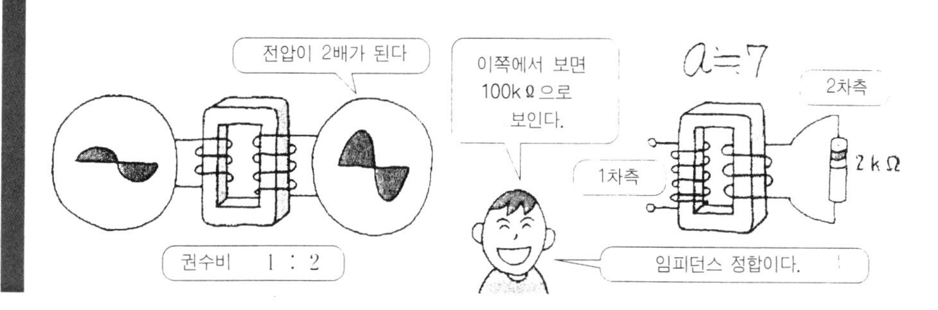

1. 변압기와 변성기의 원리

변압기, 변성기 모두 트랜스이며 이들의 어원은 영어의 transformer이다.

일본에서는 전원회로나 전기회로 관련분야에서는 변압기, 전자회로의 분야에서는 변성기라 호칭하고 있다.

그림 1은 트랜스의 원리도이다. 여기서 1차측에 $\dot{E}_1$〔V〕를 가하면 1차 권선에는 전류 $\dot{I}_1$〔A〕가 흐른다. 이 전류에 의하여 자속 Φ〔Wb〕가 발생하여 이것이 2차 권선에 쇄교된다. 따라서 2차 권선에는 유도기전력 $\dot{E}_2$이 발생한다.

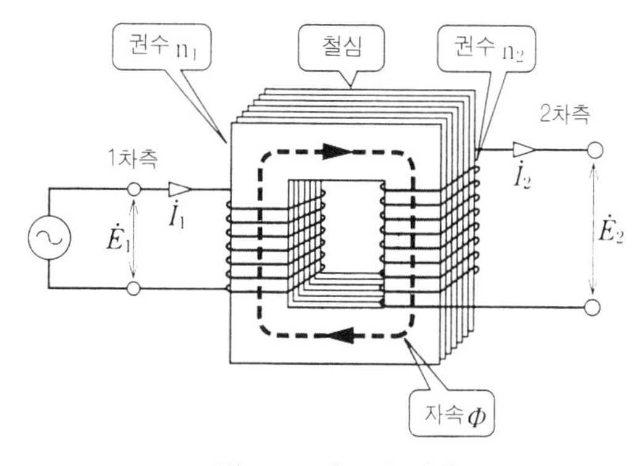

그림 1. 트랜스의 원리

1차 코일의 권수를 n_1회, 2차 코일의 권수를 n_2회, 1차측의 전압을 $\dot{E}_1$〔V〕, 2차측의 전압을 $\dot{E}_2$〔V〕라 하면 n_1, n_2 $\dot{E}_1$,

$\dot{E}_2$ 사이에는 다음과 같은 관계가 있다.

$$\frac{\dot{E}_1}{\dot{E}_2} = \frac{n_1}{n_2}$$

따라서 $\dot{E}_2 = \dot{E}_1 \frac{n_2}{n_1}$〔V〕 식이 된다.

여기서 n_2/n_1이 0.1, $\dot{E}_1$가 100V라 하면 $\dot{E}_2$는 100×0.1=10〔V〕가 된다.

2. 전원 트랜스의 사용방법

그림 2는 전원 트랜스의 예이다. 1차측에 100V, 60V, 0V의 단자가 있고 2차측에 30V, 0V의 단자가 있다.

이것은 0V와 60V 단자에 교류전압 60V를 가하면 2차측에 30V의 교류전압이 발생하고 또한 0V와 100V 단자에 교류전압 100V를 가하면 2차측에 30V의 교류전압이 발생한다는 의미이다. 여기서 1차측 교류전압의 실효값을 V_1〔V〕, 2차측에 발생한 교류전압의 실효값을 V_2〔V〕라 한다. 또한 1차 권선을 n_1, 2차 권선을 n_2라 하면 다음 식이 성립된다.

$$\frac{V_1}{V_2} = \frac{n_1}{n_2} = a$$

이 a를 권수비 또는 변압비라 한다.

그림 2의 경우 0~60V의 변압비는 2이며 0~100V의 변압비는 3.33이 된다.

3. 임피던스 변환

그림 3의 트랜스(변성기) T에 의하여 부하저항 R_L과 트랜스의 입력측에서 본 저항 R′가 같아지도록 하는 것을 임피던스 변환이라 한다. R'는 다음 식에 의하여 구한다.

$$V_1 I_1 = V_2 I_2 \qquad (1)$$

$$n_1 I_1 = n_2 I_2 \qquad (2)$$

$$R_L = \frac{V_2}{I_2} \qquad (3)$$

식 (1)은 1차측의 전력이 모두 2차측으로 전송되었다고 생각한 식이고 식 (2)는 1차측의 자기 에너지가 모두 2차측으로 전송되었다고 가정했을 때의 식이다. 식 (1), (2), (3)에서 R'를 구하면,

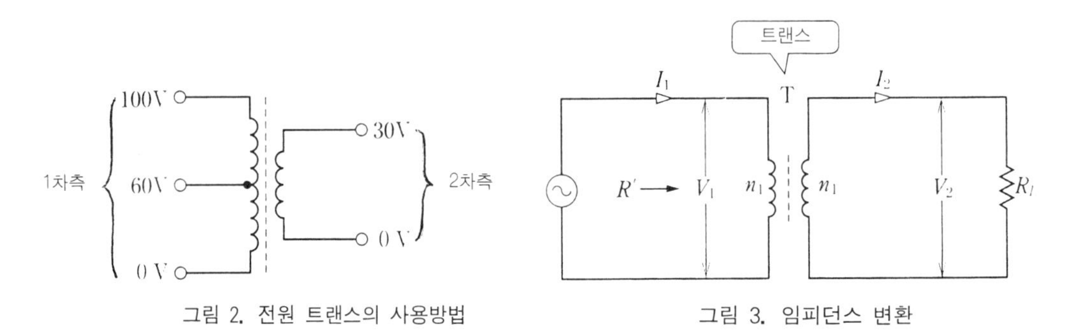

그림 2. 전원 트랜스의 사용방법

그림 3. 임피던스 변환

$$R' = \frac{V_1}{I_1} = \frac{V_2 I_2 / I_1}{I_1} = \frac{V_2 I_2}{I_1^2} = \frac{V_2}{I_2} \cdot \frac{I_2^2}{I_1^2} = \frac{V_2}{I_2}\left(\frac{n_1}{n_2}\right)^2 = \left(\frac{n_1}{n_2}\right)^2 R_L = a^2 R_L \tag{4}$$

즉 1차측에서 본 저항(임피던스) R'는 트랜스의 작용에 의하여 부하저항 R_L의 a^2배로 된다(a는 권수비).

4. 임피던스 정합

그림 4(a)와 같이 임피던스 100kΩ의 크리스털 마이크로폰을 입력 임피던스 2kΩ의 트랜지스터 증폭기에 접속하는 경우에 입력 트랜스 T의 권수비 a는 다음과 같이 구할 수 있다.

임피던스 변환의 식 (4)에서,

$$a = \sqrt{\frac{z_1}{z_2}} = \sqrt{\frac{100}{2}} = \sqrt{50} \fallingdotseq 7$$

이와 같이 2차측의 임피던스와 1차측에서 본 임피던스를 트랜스에 의하여 등가적으로 같게 하는 것을 **임피던스 정합**(**임피던스 매칭**)이라 하며 이것은 매우 중요한 개념이다.

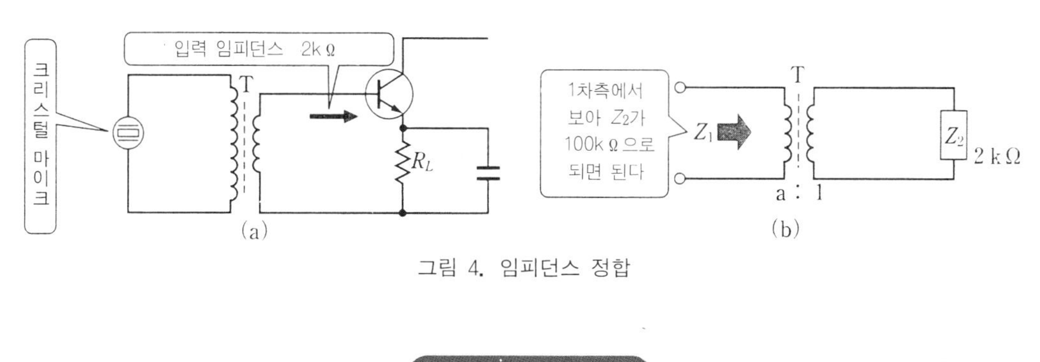

그림 4. 임피던스 정합

복 습

1. 다음 문장 중의 ( ) 안에 적절한 용어를 기입하라.

(1) 어떤 트랜스의 권수가 1차측 n_1, 2차측 n_2일 때에 권수비는 (①)가 된다.

(2) 1차측의 교류전압의 실효값을 V_1, 2차측의 전압을 V_2라 할 때 이 트랜스의 변압비는 (②)이다.

2. 임피던스 200kΩ의 크리스털 마이크를 입력 임피던스가 1kΩ의 증폭기에 접속하려 한다. 권수비는 얼마의 트랜스를 사용하면 되는가?

5 테스터의 구조

1. 아날로그 테스터와 디지털 테스터

그림 1(a)는 9V 전지의 전압을 지침의 지시로 판독하고 있다. 이와 같이 지침의 지시로 전기량을 판독하는 테스터를 **아날로그 테스터** 또는 **아날로그 회로계**라 한다.

아날로그 테스터로 측정할 수 있는 전기량은 직류전압(DCV), 직류전류(DCmA), 교류전압(ACV), 저항(Ω)의 4종류이며 교류전류, 정전용량 등을 측정할 수 있는 특수한 테스터도 있다.

그림 1(b)는 9V 전지의 전압을 숫자로 표시하는 테스터로 판독하고 있다. 이와 같이 숫자에 의해 전기량을 판독하는 테스터를 **디지털 테스터** 또는 **디지털 회로계**라 한다.

아날로그 테스터와 디지털 테스터는 각각 특징이 있으므로 그 특징을 살려 이용하는 것이 중요하다.

2. 직류전압계로서의 아날로그 테스터

그림 2는 아날로그 테스터를 직류전압계로 사용할 때의 테스터 내의 회로 구성이다. 그림에

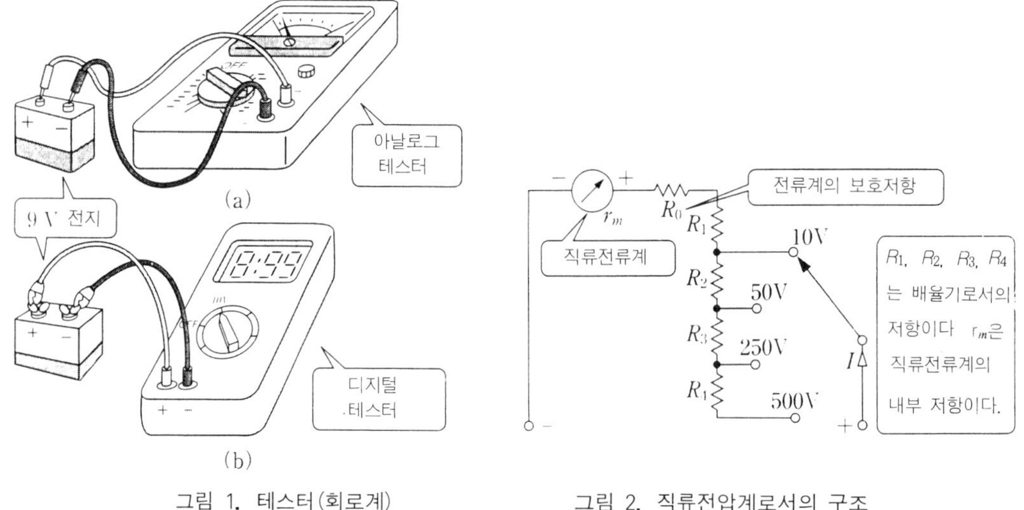

그림 1. 테스터(회로계)

그림 2. 직류전압계로서의 구조

서 알 수 있듯이 측정단자 전압이 10V에서 50V, 250V, 500V로 높아질수록 측정단자에서 본 저항이 커진다.

또한 직류전류계에 흐르는 전류 I와 내부 저항 r_m의 곱에 의해 전압강하가 발생하여 전류계가 전압계로 동작한다.

$R_1 \sim R_4$는 배율기로 작용하며 R_0도 일종의 배율기이다.

직류전압이나 직류전류를 측정할 때 +, −의 극성이 몇 V 정도인지를 고려하여 적절한 측정 레인지를 선택할 필요가 있다.

3. 교류전압계로서의 아날로그 테스터

그림 3은 아날로그 테스터를 교류전압계로 사용시 테스터 내의 회로 구성이다. 교류전압을 가하여 저항에 흐르게 했을 때의 교류를 직류전류계로 측정하게 된다.

여기서 정류용 다이오드 4개를 브리지로 구성하여 미터에 직류가 흐르도록 한다.

$R_1 \sim R_4$는 배율기이다. 또한 $D_1 \sim D_4$는 다이오드이다. 다이오드의 특성에 의한 전류값의 변화가 있으므로 눈금은 교류와 직류가 별도가 되며 보정용 저항을 공통으로 한다. 또한 직류전류계에는 항상 같은 방향의 전류가 흐르는 것에 주의한다.

4. 직류전류계로서의 아날로그 테스터

그림 4는 아날로그 테스터를 직류전류계로 사용시 테스터 내의 회로 구성이다.

직류전류계와 보호용 저항 R_0에 대해 $R_1 \sim R_3$의 분류기로서의 저항이 병렬로 접속되어 측정 범위를 확대하는 구조로 되어 있다.

50μA의 단자에서 측정시 분류기는 사용하지 않고 R_0를 통해 직접 전류를 전류계에 흐르게 하여 측정한다.

5. 저항 측정을 하는 아날로그 테스터

측정단자를 단락하면 r_m과 R_z의 병렬 접속에 R_1이 직렬로 접속된 회로가 된다. 여기서 전류계가 지침하는 지시가 최대가 되

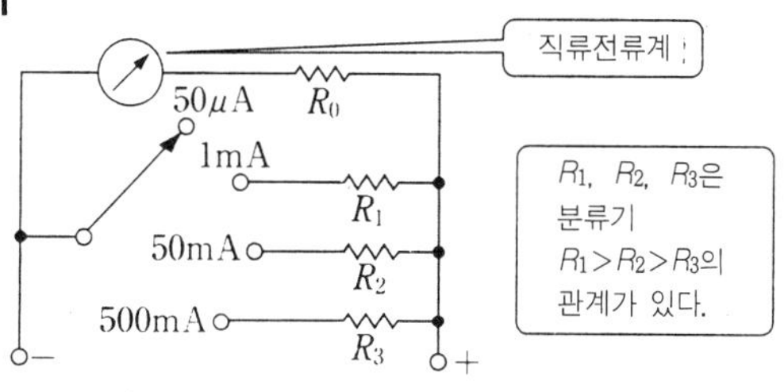

그림 4. 직류전류계로서의 구조

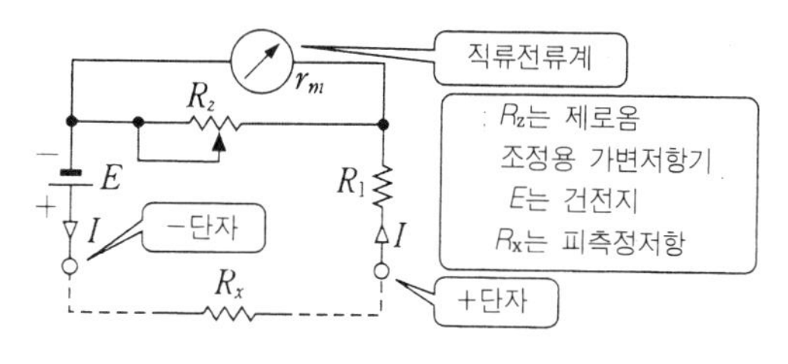

그림 5. 저항계로서의 구조

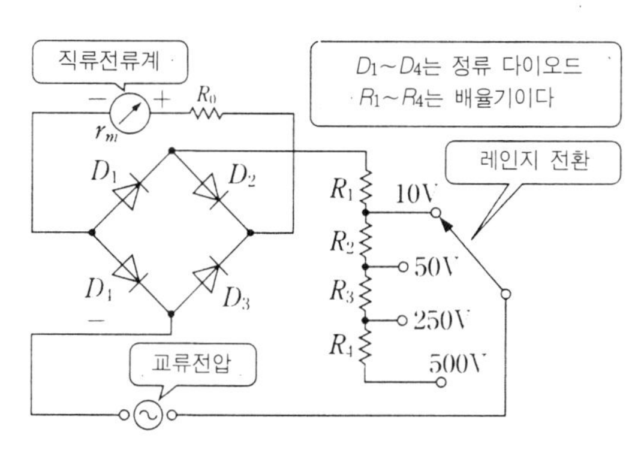

그림 3. 교류전압계로서의 구조

도록 R_z를 조정한다. 이것을 **제로옴 조정**이라 한다.

저항측정에는 건전지 E가 필요하게 된다. 여기서 +단자에는 전지의 −측이, −단자에는 전지의 +측이 나타나는 것에 주의한다.

복 습

1. 다음 문장 중의 ( ) 안에 적절한 용어를 기입하라.

(1) 직류전압이나 교류전압을 아날로그 테스터로 측정하는 경우 테스터 내의 미터는 (①)이다. 또한 저항을 측정하는 경우 직류전원으로서 (②)가 필요하다.

(2) 테스터에는 (③) 테스터와 (④) 테스터가 있다.

(3) 저항측정의 경우 측정단자의 +측에는 전지의 (⑤)가, −측에는(⑥)이 나타난다.

6 테스터의 사용방법(1)

1. 디지털 테스터의 구성과 사용방법

• **디지털 테스터의 구성** : 그림 1은 디지털 테스터의 기본 구성이다. 측정단자에 가해진 사인파 교류전압 100V는 우선 입력 변환회로에서 직류전압으로 변환된다. 이 직류전압은 A-D 변환회로에서 디지털화되어 펄스로 변환된다.

이 펄스는 계수회로에서 일정시간 내의 펄스수가 카운트되어 수치처리를 할 수 있는 형으로 변환된다. 이것이 표시회로를 통하여 100V로 표시된다.

• **디지털 테스터의 사용방법** : 디지털 테스터의 사용상 주의점은 다음과 같다.

① 디지털 테스터에는 여러 가지 보호회로가 있으나 과대한 입력은 피한다.

② 측정하려는 전압이나 전류의 값을 모를 때에는 우선 큰 레인지로 측정하고 점차 작은 레인지로 전환하도록 하거나 오토레인지를 사용하도록 한다.

③ 입력을 가한 상태에서 레인지를 전환해서는 안된다.

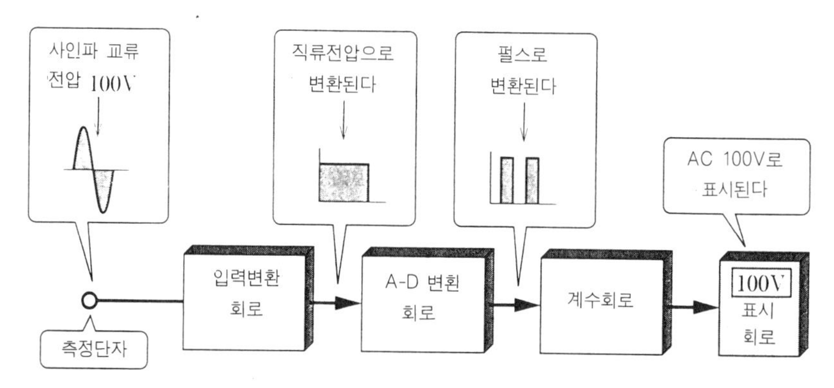

그림 1. 디지털 테스터의 구성

④ 측정 결과는 7자리 정도까지 표시되는데 유효숫자를 고려하여 적당한 자리에서 판독한다. 일반적으로는 3~4자리에서 판독한다.

2. 테스터의 보관·운반·이용장소

테스터의 보관·운반·이용장소 등에 대하여 설명한다.

• **보관장소** : 테스터 내부의 부품이 열화되거나 녹슬 염려가 있으므로 고온 다습한 장소의 보관은 피한다.

• **운반** : 테스터를 사용할 때나 운반할 때에 진동이나 충격을 주지 않도록 한다.

또한 올바른 측정값을 얻기 위해 때로는 교정한다.

• **이용장소** : 강한 외부 자기가 있거나 직사광선 또는 먼지가 많은 장소에서는 사용하지 않는다. 이것은 정류기의 특성이나 미터 전체의 전기 특성이 변화할 가능성이 있기 때문이다. 전자회로 부품은 일반적으로 온도에 의해 특성이 변화하는 점에 주의한다.

3. 테스터를 사용할 때의 유의사항

• 테스터 사용의 준비

① 테스터의 리드봉은 적색을 +, 흑색을 −의 측정단자에 삽입한다.

② 레인지는 측정하고자 하는 전기량에 맞는 것을 선택한다. 측정값을 예측할 수 없을 때에는 최고 레인지로 하여 측정한다.

③ 측정중 레인지를 전환할 때에는 피측정물에서 테스트봉을 이탈시킨 후 실시한다.

④ 미터에 과부하 보호장치가 있을지라도 과전압을 가한다거나 과전류를 흐르게 하는 것은 피한다.

• **아날로그 테스터 사용상의 유의점** : 그림 2는 아날로그 테스터를 위에서 본 것이다. 미터의 눈금은 다음과 같다.

① AC는 교류, DC는 직류이다.

② AC 10V ONLY는 '교류 10V 레인지만을 이 눈금에서 보라'는 의미이다.

③ AC 50V UP은 '교류 50V 이상의 레인지를 이 눈금에서 보라'는 의미이다.

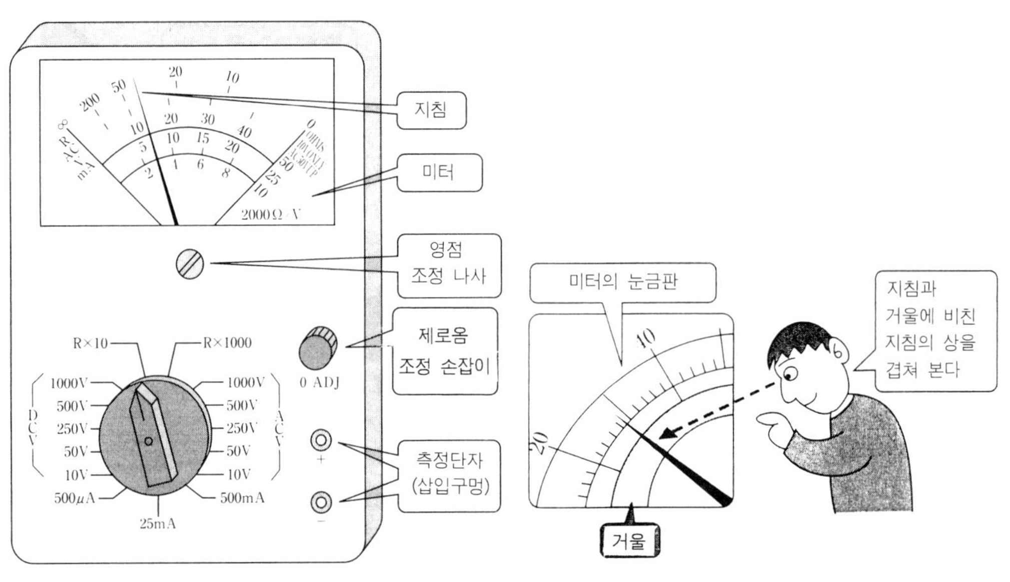

그림 2. 아날로그 테스터의 윗면

그림 3. 눈금의 판독방법

④ 2,000Ω/V는 미터의 내부 저항이며 '1V당 2,000'이라는 의미이다.

또한 미터의 판독에 대해서는,

① 지침의 바로 위에 눈이 오도록 하고 거울이 있는 경우에는 지침과 거울에 비친 지침이 겹친 곳을 본다.

② 눈금은 좌측에서 우측으로 커지며 저항의 눈금은 반대로 되어 있다.

③ 판독 눈금의 위치에 주의한다. 저항은 판독한 값에 배율을 곱한다.

복 습

1. 다음 문장 중의 ( ) 안에 적절한 용어를 기입하라.

(1) 디지털 테스터의 기본 구성을 보면 (①), (②), (③), (④)의 블록도가 필요하게 된다.

(2) 테스터로 교류전압을 측정하는 경우 그 값을 가늠할 수 없는 경우에는 (⑤)로 한다.

(3) 2,000Ω/V란 미터의 (⑥)이며 1V당 (⑦)Ω이라는 의미이다.

(4) 저항은 판독한 값에 (⑧)을 곱하여 구한다.

테스터의 사용방법(2)

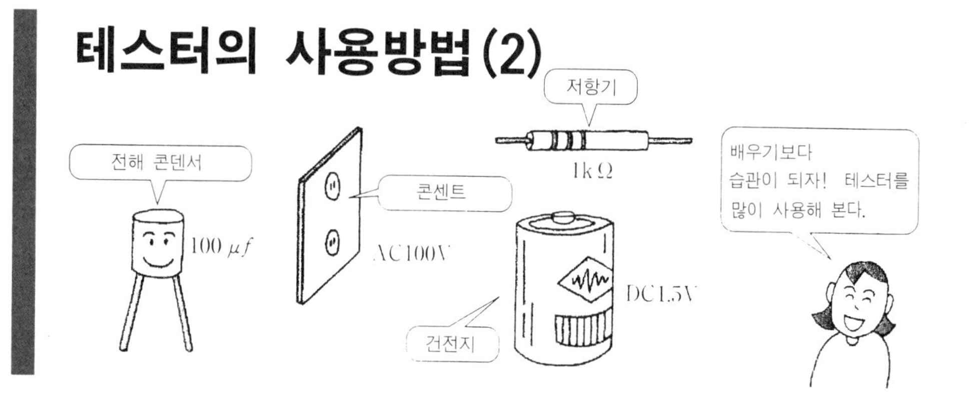

1. 아날로그 테스터에 의한 저항의 측정

• 측정준비 : 저항 측정전에 다음의 준비를 한다.

① 테스트 리드를 측정단자에 삽입한다.

② 저항측정의 레인지 중 적절하다고 생각되는 레인지로 전환 스위치를 돌린다.

③ 테스트 리드의 측정봉을 단락시킨 후 0ΩADJ(제로옴 조정) 손잡이를 돌려 지침이 우단의 0이 되도록 조정한다.

• 저항측정 : 피측정 저항기의 양단에 테스트봉을 접촉하여 지침을 판독하고 측정 레인지의 배수를 곱하여 저항값을 판독한다.

그림 1의 경우 20×1,000=20〔KΩ〕이 된다.

• 측정상의 주의 : 레인지는 지침이 중앙 부근에 오도록 선택한다. 또한 레인지를 변경했을 때에는 그 때마다 제로옴 조정을 한다.

측정할 수 있는 범위는 0~1MΩ 정도이다. 건전지가 소모되어 있으면 배율이 큰 레인지는 제로 조정이 가능해도 작은 레인지는 불가능하다.

2. 아날로그 테스터에 의한 직류전압의 측정

그림 2는 트랜지스터 회로의 이미터 저항 양단의 직류전압을 측정하고 있다.

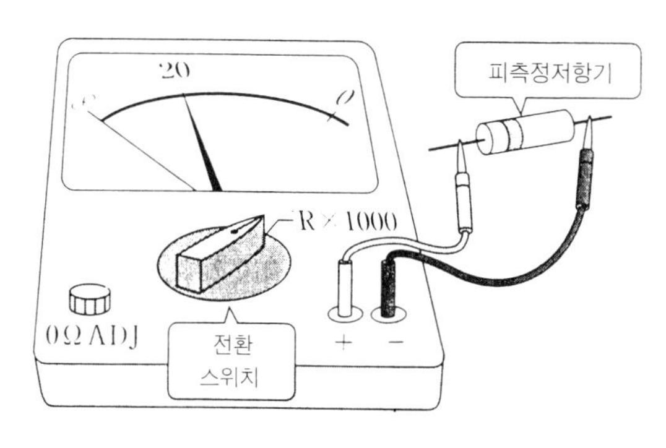

그림 1. 저항의 측정

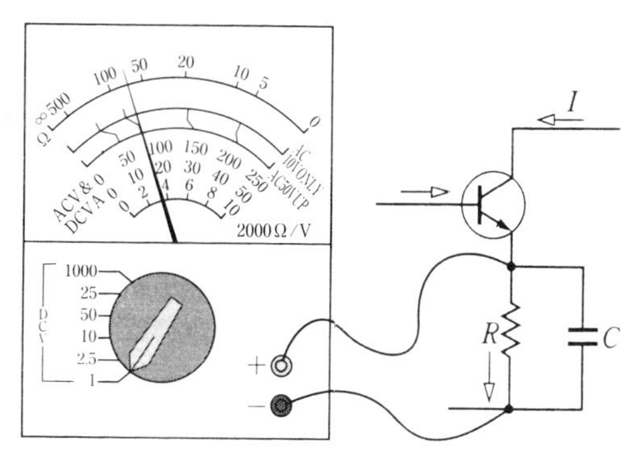

그림 2. 직류전압의 측정

직류전압이므로 DCV의 눈금을 보면 10V 및 50V이다. 단, 전환 스위치는 1V를 지시하고 있으므로 풀스케일 10V의 1/10로 생각하여 지침을 3V로 보면 3×1/10=0.3〔V〕가 된다.

다음은 내부 저항에 대한 설명으로 테스터에는 2,000Ω/V로 되어 있으며 50V 레인지를 사용하려면 내부 저항은 2,000×50=100〔kΩ〕이 된다.

내부 저항의 표시에 대해서는 DCV 20kΩ/V, ACV 8kΩ/V, 2,000 OHMS PER VOLT DC & AC 등이 있다.

3. 아날로그 테스터에 의한 교류전압의 측정

측정의 구조에서 보면 직류전압계에 브리지 정류회로를 설치한 것으로 생각할 수 있다. 측정상의 유의점은 다음과 같다.

① 눈금은 교류, 직류 모두 사용할 수 있도록 되어 있으며 다이오드의 특성에 따라 저전압 레인지의 눈금이 달라진다.

② 교류전압의 파형은 사인파를 기준으로 눈금이 새겨져 있다. 따라서 사인파 이외의 파형일 경우 오차가 생기므로 그것을 염두에 둘 필요가 있다.

③ 교류전압은 상용 주파수(50Hz 또는 60Hz)를 기본으로 설계되어 있으므로 주파수가 높아지면 오차가 생긴다.

④ 직류전압의 측정이 아니므로 극성을 고려할 필요는 없다.

⑤ 그림 3의 눈금은 10V 레인지만 별도의 눈금으로 되어 있다.

⑥ 교류전압 외에 직류전압을 포함하는 경우에는 직렬로 콘덴서를 접속하고 직류분을 제거하여 교류분을 측정한다.

4. 아날로그 테스터에 의한 직류의 측정

직류(직류전류)를 측정하려면 그림 4와 같이 테스터를 회로에 직렬로 접속한다.

측정시 유의점은 다음과 같다.

① 전류의 흐름을 고려하여 극성을 확인하여 바르게 접속하며 직류가 테스터에 유입되는 쪽을

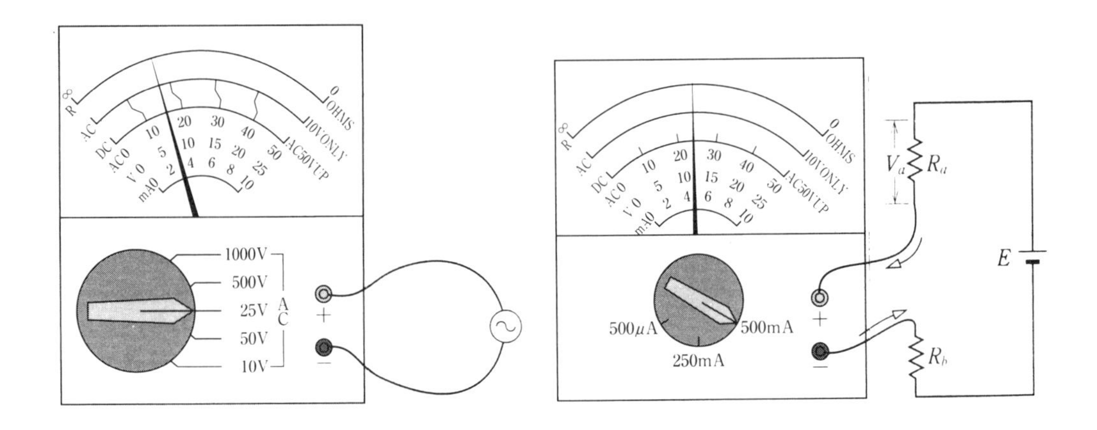

그림 3. 교류전압의 측정　　　　그림 4. 직류의 측정

+로 한다.

② 직류의 눈금은 일반적으로 직류전압과 공통이다.

③ 그림 4의 경우 레인지가 500mA일 때 눈금은 23이므로 230mA이다. 250mA의 레인지는 115mA가 된다.

복 습

1. 다음 문장 중의 ( ) 안에 적절한 용어를 기입하라.

(1) 저항을 아날로그 테스터로 측정할 때는 반드시 (①) 조정을 한다.

(2) 직류전압을 측정할 때 1,000Ω/V였다. 50V 레인지를 사용했을 때의 내부 저항은 (②)이다.

(3) 직류분을 포함하는 교류전압을 측정하려면 (③)를 직렬로 접속한다.

(4) 직류(전류)의 눈금은 (④)과 공통으로 되어 있다.

2. 그림 4에서 레인지가 250mA일 때에 직류의 값을 구하라.

제7장의 정리

전해 콘덴서의 양부 판정

같은 정전용량 100μF의 전해 콘덴서 C_1, C_2, C_3, C_4를 그림 1(a)와 같이 접속하고 옴계에서(R×100) 지침의 진동을 조사했다.

그림 1(b)는 그 지침의 진동을 시간을 횡축으로 하여 측정한 그래프이다.

정전용량이 큰 콘덴서의 경우 지침은 처음에는 크게 흔들리고 점차 감소된다. 최종 저항값이 큰 것이 좋은 제품이다.

C_1은 최종 저항값이 제로, 즉 쇼트되어 있다.

C_2는 최종 저항값이 작으므로 절연불량이다.

C_4는 지침의 진동 최대값이 작으므로 용량 부족이다.

C_3는 지침이 크게 진동하여 서서히 작아져 최종 저항이 상당히 크므로 좋은 제품이다.

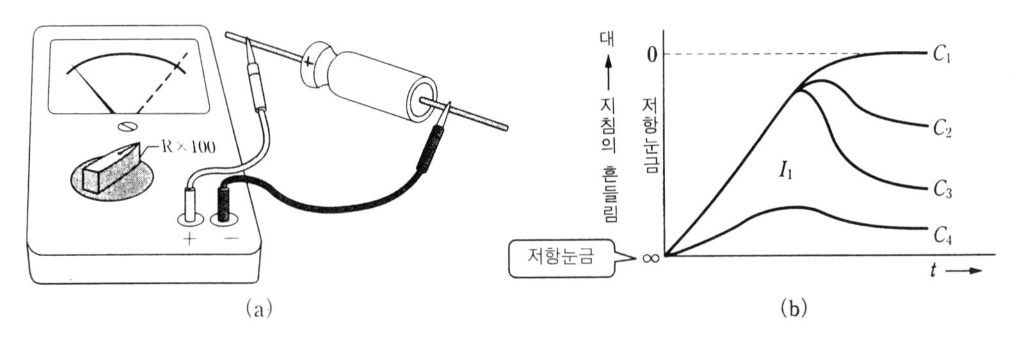

그림 1. 전해 콘덴서의 판정

해 답

〈142페이지〉

1. ①, ②탄소피막 저항, 솔리드 저항, ③$\sqrt{P/R}$

2. (1) 47kΩ (2) 10MΩ

〈144페이지〉

1. ①, ②인벌류트형, 적층형 ③플러스측 ④마이너스측 ⑤반고정 콘덴서

2. 33×10^4[pF]=0.33[μF]

〈147페이지〉

1. ①, ②, ③이미터, 베이스, 컬렉터 ④이득 ⑤임피던스 정합

〈149페이지〉

1. ①n_1/n_2 ②V_1/V_2 2. 14

〈152페이지〉

1. ①직류전류계 ②건전지 ③, ④아날로그, 디지털, ⑤− ⑥+

〈154페이지〉

1. ①, ②, ③, ④입력변환회로, A-D 변환회로, 계수회로, 표시회로 ⑤최대 레인지 ⑥내부 저항 ⑦2,000 ⑧배율

〈157페이지〉

1. ①제로옴 ②50kΩ ③콘덴서 ④직류전압 2. 120mA

제 8 장

여러 가지의 음향기기

우리 주변에는 인터폰, 스테레오, 테이프 리코더, CD 플레이어 등 여러 가지의 음향기기가 있다.

이러한 음향기기를 일상 생활에서 활용하여 쾌적한 환경을 조성하고 있다.

그러면 이들 음향기기는 어떤 원리와 구조로 되어 있을까?

스테레오로 음악을 즐기는 취미를 가진 사람도 많은데 음악을 즐기기 위한 환경에 대해서는 어느 정도나 배려하고 있는가? 스피커의 배치에 따라 음향효과의 차이가 나는 점 등에 대해 공부한다면 한층 더 감도 높은 취미생활을 즐길 수 있을 것이다.

또한 음향기기에서 필요한 스피커를 보다 이상적인 상태로 사용하기 위해서는 어떤 지식이 필요한가? 트위터·스쿼커·우퍼라는 스피커를 어떻게 조합하여 사용하면 되는가?

여기서는 음향기기의 원리와 구조 또는 사용방법 등에 대해 설명하고 동시에 라디오·음향기능 검정시험도 충분히 배려하여 해설했다.

1 인터폰

1. 인터폰의 원리

여기서는 인터폰의 원리에 대해 설명한다.

그림 1(a)은 전압 증폭회로, 전력 증폭회로, 전환 스위치, 메인 스피커(SP), 서브 SP로 구성된 인터폰의 원리도이다.

• 메인에서 서브로

여기서 전환 스위치를 A-A′측으로 하면 그림 1(b)의 결선이 된다. 그러면 메인은 전압 증폭회로의 입력에 접속되고 서브는 전력 증폭회로의 출력에 접속된다. 즉 메인에서의 회화가 서브에 전송된다.

• 서브에서 메인으로

다음 전환 스위치를 B-B′측으로 하면 그림 1(c)의 결선이 된다. 이 경우에는 서브가 전압 증폭회로의 입력에 접속되고 메인은 전력 증폭회로의 출력에 접속된다. 즉 서브에서 메인에 회화가 전송되는 것이다.

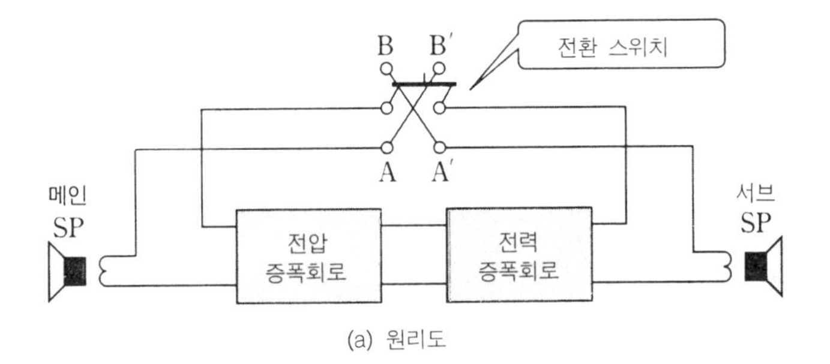

(a) 원리도

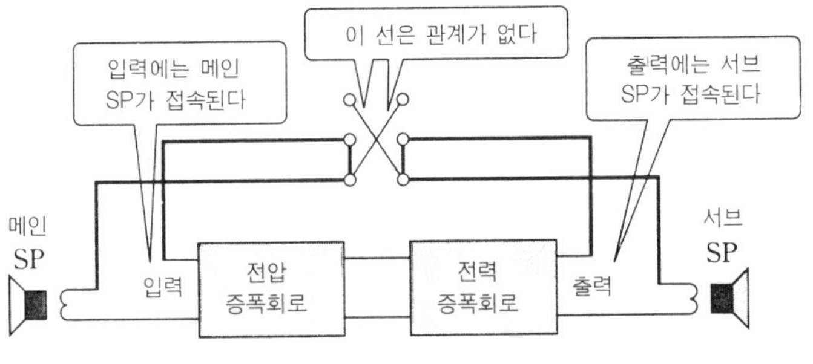

(b) 메인에서 서브로

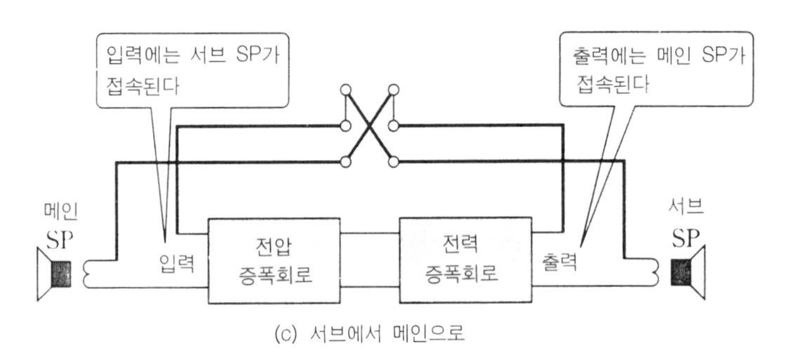

(c) 서브에서 메인으로

그림 1. 인터폰의 원리

2. 인터폰 회로

그림 2의 인터폰 회로는 미완성이다. 증폭회로는 완성되어 있으며 ⓐ는 전압 증폭회로, ⓑ는 전력 증폭회로이다.

그러면 결합 콘덴서 C_1, C_2와 이미터 콘덴서 C_3는 모두가 전해 콘덴서이며 그 극성을 결정한다.

• **C_1, C_2, C_3의 극성 :** 그림 3은 전해 콘덴서의 극성을 결정하기 위해 그림 2의 인터폰 회로에서 관계가 있는 부분을 추출한 회로이다. C_1은 그림 3(a)와 같아지며 C_1은 화살표와 같이 충전된다. 따라서 ⓑ가 플러스, ⓐ가 마이너스가 된다.

C_2, C_3는 그림 3(b)와 같이 된다. 먼저 C_2는 ⓒ와 ⓓ 어느쪽의 전압이 높은가를 측정해 보면 $V_1 > V_2$가 되므로 ⓒ가 플러스, ⓓ가 마이너스가 된다.

C_3는 화살표 방향으로 전류가 흐르므로 ⓔ가 플러스, ⓕ가 마이너스가 된다.

• **스피커와 전환 스위치의 결선 :** 스위치를 하측으로 넣으면 보내는(송) 것이고 상측으로 넣으면 받는(수) 것이다. 이것을 염두에 두고 메인에서 서브로 통화하려면 메인의 ⓜ과 ⓝ이 스위치의 ⓠ와 ⓡ에 접속하면 되고 받을 때는 메인이 전력 증폭회로의 출력단자 ⓟ에 접속되어

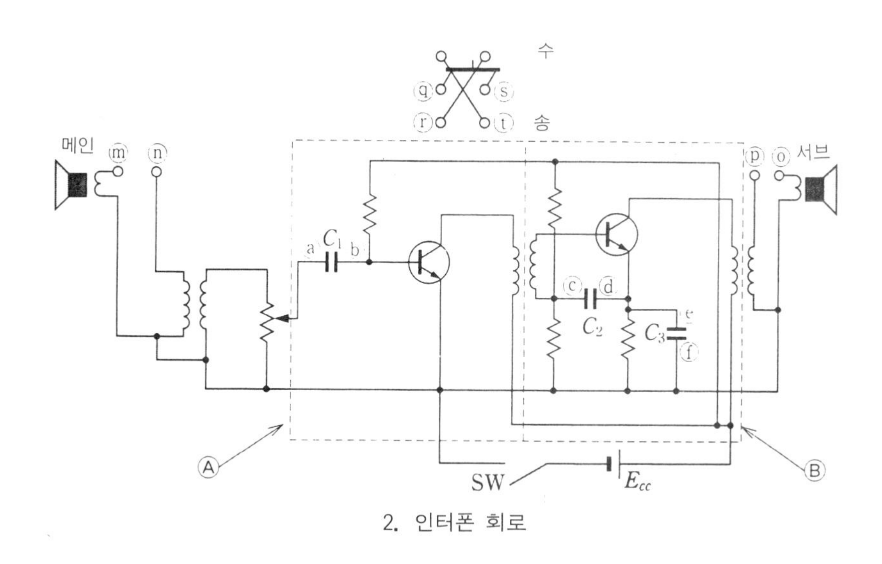

2. 인터폰 회로

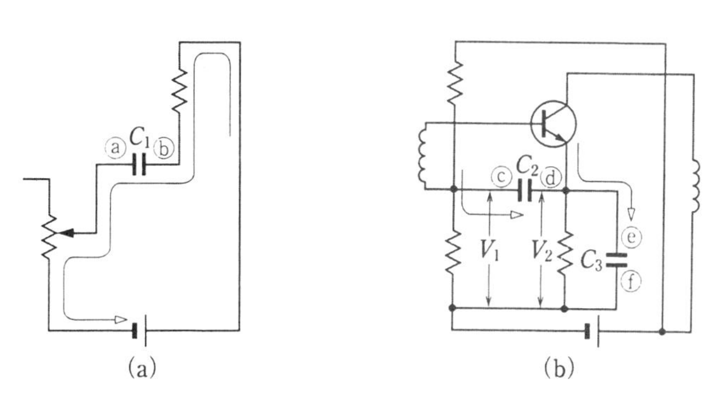

그림 3. 전해 콘덴서의 극성

야 한다.

이것은 서브에 대해서도 마찬가지이므로 메인의 접속과 서브의 접속은 좌우 대칭이 되어야 한다. 따라서 ⓜ과 ⓡ, ⓝ과 ⓠ를 접속하고 ⓟ와 ⓢ, ⓞ와 ⓣ를 접속한다.

복 습

1. 다음 문장 중의 ( ) 안에 적절한 용어를 기입하라.

(1) 인터폰의 기본 구성으로는 (①), (②), (③), (④)가 필요하다. 전환 스위치는 (⑤)과 (⑥)의 수송을 교환하기 위해 사용한다.

(2) 전해 콘덴서의 극성을 결정하려면 그 콘덴서 양단의 (⑦)을 고려하고 전류의 방향을 고려한다.

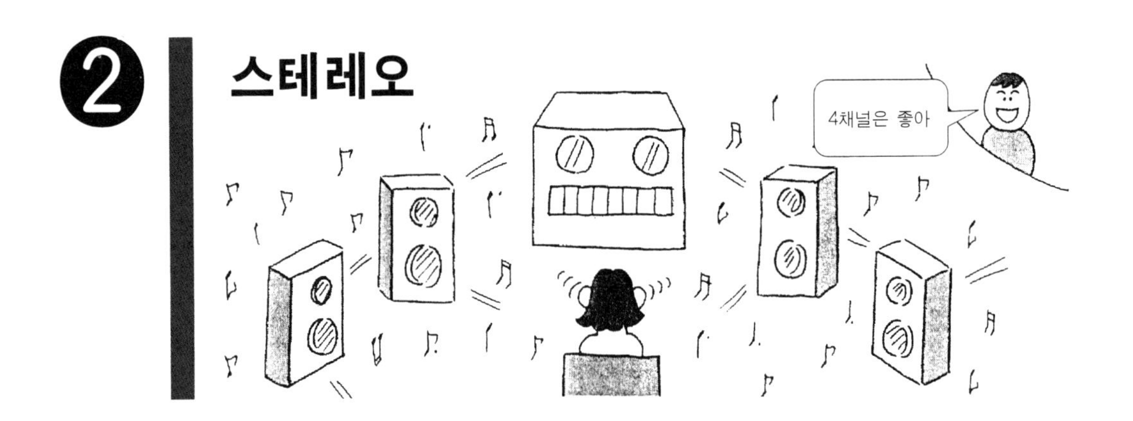

1. 모노포닉과 스테레오포닉

• **모노포닉** : 모노(mono)란 하나라는 의미이며 포닉(phonic)이란 음이라는 형용사이다. 이것은 스테레오에 대응하는 용어로서 일반적으로 모노라고도 한다.

모노포닉은 1개의 마이크로폰으로 녹음하여 1대의 스피커에서 재생하는 방식이다.

• **스테레오포닉** : 한편 스테레오포닉이라 하는 용어는 일반적으로 스테레오라 하며 스테레오(stereo)는 입체라는 의미이므로 스테레오포닉은 입체음향을 의미한다. 또한 스테레오는 입체음향장치라는 의미에서 사용하는 경우도 있다. 따라서 '스테레오를 산다'고 할 때는 스테레오 장치를 의미하며 '스테레오를 듣는다'고 할 때는 음향을 의미한다.

스테레오포닉은 인간의 귀가 2개 있으므로 2개의 마이크로폰에서 녹음하여 2대의 스피커에서 재생하는 방식을 말한다.

그림 1은 스테레오의 녹음과 재생의 방법이다. 그림 1(a)와 같이 좌우의 마이크로폰을 스테

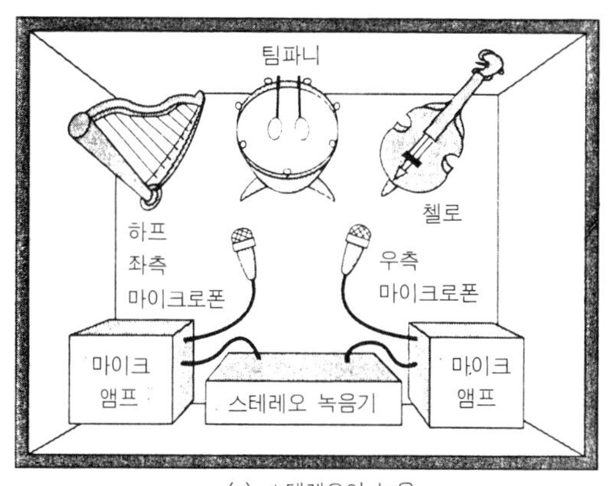

(a) 스테레오의 녹음

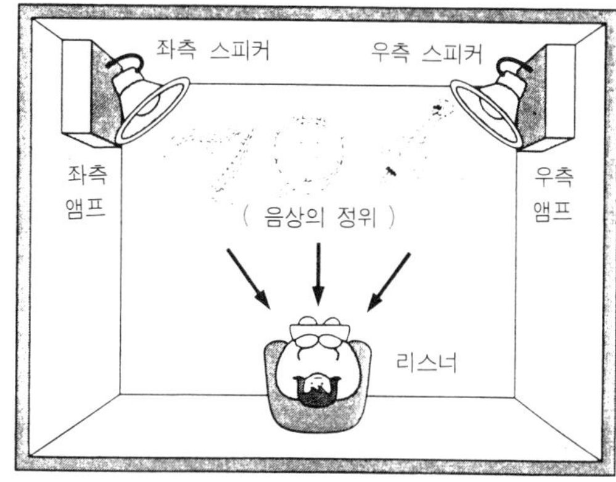

(b) 스테레오의 재생

그림 1. 스테레오의 녹음과 재생

이지의 전방에 놓고 녹음한다.

그림 2(b)는 재생 방법이다. 즉 좌측의 스피커에서는 좌측 마이크로폰의 음이 들리며 우측의 스피커에서는 우측 마이크로폰의 음이 들린다. 이와 같이 하면 듣는 사람은 연주하고 있는 악기의 음을 입체적으로 들을 수 있다.

즉 하프의 음은 좌측에서, 첼로의 음은 우측에서, 팀파니의 음은 거의 중앙에서 들리는 것 처럼 느낀다. 각각의 악기가 마치 그 장소에 있는 것 같이 느끼므로 이 위치(장소)를 음상(音像)의 정위(定位)라 한다. 음상의 정위에 관한 현상은 스피커에서 나오는 음파가 듣는 사람의 양쪽 귀에 도달하는 거리의 차이에서 생기는 것이다.

2. 스피커의 위치

그림 2는 4채널 스테레오의 스피커 배치이다.

기본형은 그림 2(a)와 같이 스피커를 전후 좌우로 배치하는 2-2 배열이다. 그림 2(b), (c), (d)와 같은 변형의 배치도 생각할 수 있다. 방의 형편상 네 모퉁이에 스피커를 배치할 수 없는 경우에는 그림 2(c)와 같이 전방 2-2 배열로 하거나 그림 2(d)의 4-0 배열로 하는 것이 좋다.

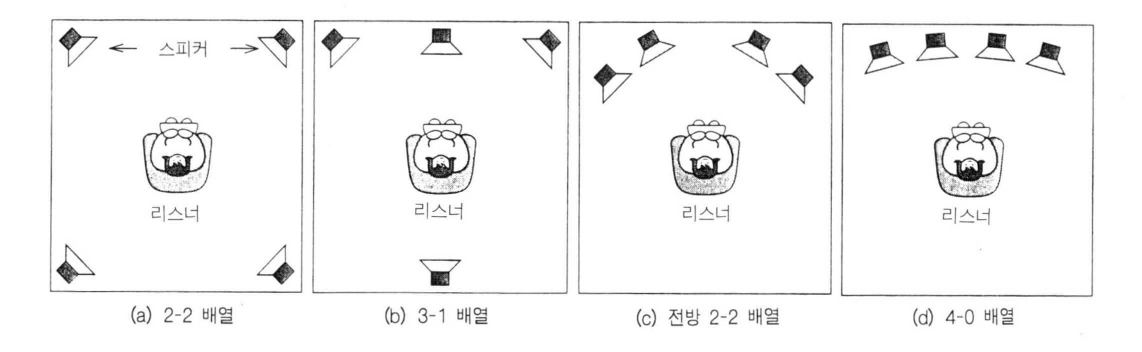

(a) 2-2 배열 (b) 3-1 배열 (c) 전방 2-2 배열 (d) 4-0 배열

그림 2. 4채널 스테레오 스피커의 배치

3. 데드한 방과 라이브한 방

데드인가, 라이브인가는 리스닝 룸 평가의 중요한 요소로 작용하는데 그것은 어느 것이 좋고 나쁜지를 평가하는 것이 아니라 그림 3과 같이 데드한 방이란 스피커의 음 중 듣는 이 방향의 것이 주로 들려 우수한 재생음을 얻을 수 있는 것을 말하고, 라이브한 방이란 스피커의 음이 반사되어 그 시간에 따라 잔향이 생기므로 음이 풍부하게 확산되어 들리는 것을 말한다.

데드인지 라이브인지는 듣는 이의 기호에 따르는데 일반적으로는 양자의 중간이 선택된다.

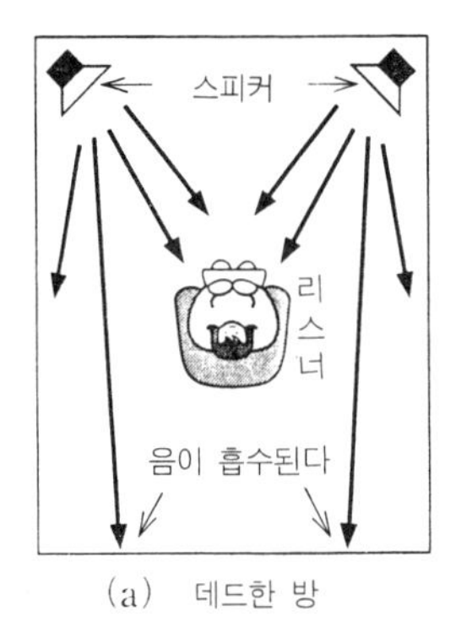

(a) 데드한 방

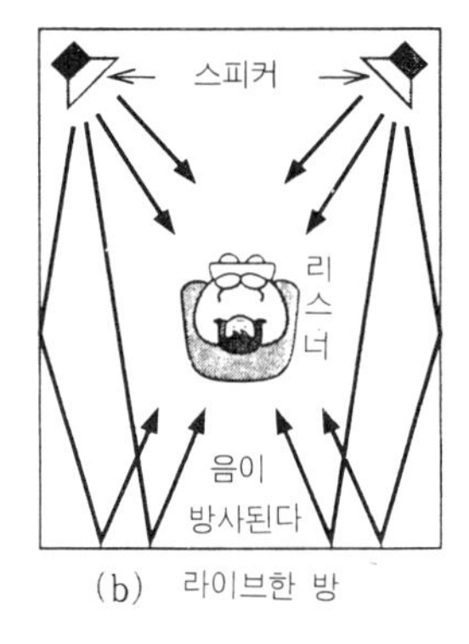

(b) 라이브한 방

그림 3. 데드한 방과 라이브한 방

복 습

1. 다음 문장 중의 ( ) 안에 적절한 용어를 기입하라.

(1) 스테레오란 (①)의 음향을 의미하는데 (②)를 의미하는 경우도 있다. 스테레오에 대하여 (③)포닉이라는 용어가 있다.

(2) 스테레오를 듣고 있을 때 각각의 악기가 마치 그 위치에 있는 것 처럼 느낀다. 이 위치를 (④)라 한다.

(3) 리스닝 룸에는 (⑤)한 방과 (⑥)한 방이 있다. 잔향의 영향으로 음이 풍부하게 확산되어 들리는 방은 (⑦)한 방이다.

3 오디오 앰프

1. 오디오 앰프

오디오 앰프는 마이크로폰이나 테이프 리코더 등에서의 미약한 신호를 증폭시켜 스피커를 울리기 위한 증폭기이다. 이 증폭기는 **음성증폭기**라고도 한다.

그림 1은 오디오 앰프의 구성으로 프리 앰프와 메인 앰프로 되어 있다.

• **프리 앰프** : 프리 앰프는 등화기회로와 음질조정회로로 마이크로폰이나 테이프 리코더 등의 미약한 음성신호를 증폭하여 음량이나 음질을 조정한다. 프리 앰프는 메인 앰프 앞에 놓는 증폭기라는 의미에서 **전치증폭기**라 한다.

그림 2는 입력신호 선택 스위치를 포함한 프리 앰프의 구성이다.

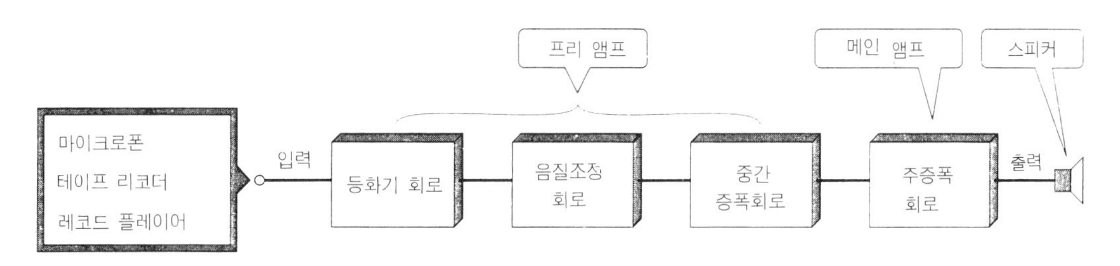

그림 1. 오디오 앰프의 구성

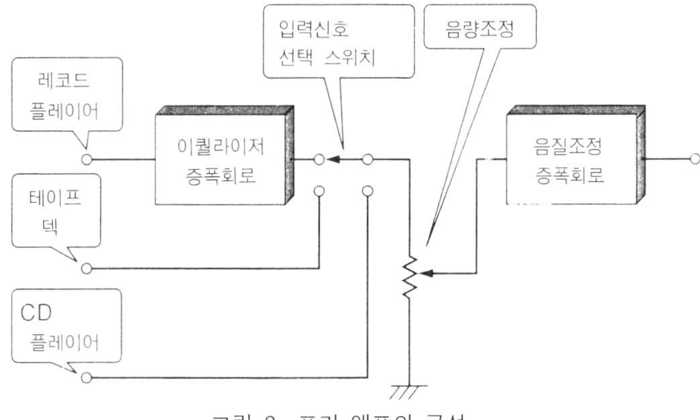

그림 2. 프리 앰프의 구성

그림과 같이 레코드 플레이어, 테이프 덱, CD 플레이어 등의 출력을 앰프에 입력할 수 있도록 입력단자가 설치되어 있다.

또한 각 입력단자에는 0.3mV에서 150mV 정도의 전압이 가해지고 입력 임피던스는 4Ω, 50kΩ, 100kΩ 등이 각각 준비되어 있다.

일반적으로 프리 앰프의 출력은 0.1~2V 정도라 생각하면 된다.

프리 앰프는 레코드 플레이어나 마이크로폰 등 여러 가지 음향기기에서의 입력신호를 전환하기 위한 입력신호 선택 스위치, 음량조정용 볼륨, 고음부 또는 저음부를 강화시키기 위한 음질조정 증폭회로, 레코드를 재생할 때의 이퀄라이저 증폭회로 등으로 구성된다.

2. 이퀄라이저와 음질조정회로

• **이퀄라이저** : 이퀄라이저는 **등화기**라고도 하며 그 특성을 **그림 3**에 나타내었다.

음악이나 음성 등의 주파수 성분은 저음부는 크고 고음부는 작다. 따라서 레코드판에 음성신호를 녹음할 때에는 낮은 주파수에서는 압축하고 높은 주파수에서는 신호의 진폭을 확대한다. 즉, 그림 3의 실선과 같은 특성이 되는데 이것을 **녹음 특성**이라 한다.

또한 재생할 때는 주파수 특성이 평활해지도록 보정한다. 그 보정회로를 **이퀄라이저**라 하며 파선으로 표시한 특성을 **재생 특성**이라 한다.

• **음질조정회로** : 사람의 청각에는 일종의 주파수 특성이 있으며 방에도 특성이 있으므로 음악을 들을 때는 고음이나 저음을 강화시키거나 약화시킨다. 이와 같이 음질을 조정하는 회로를

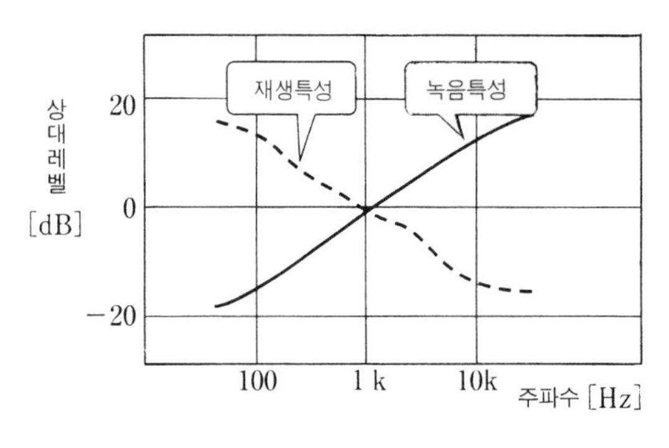

그림 3. 이퀄라이저 특성

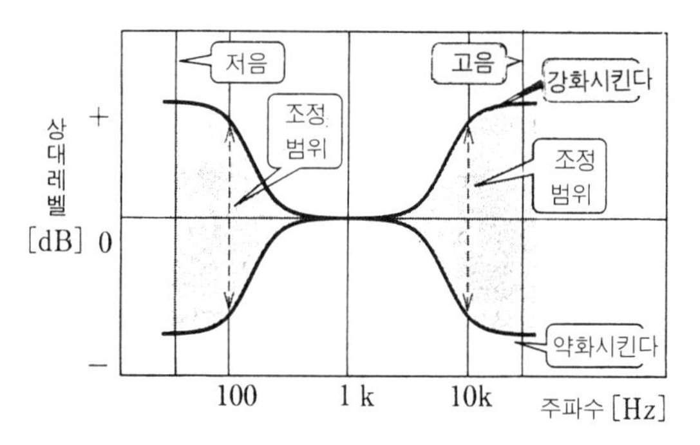

그림 4. 음질조정회로 주파수특성

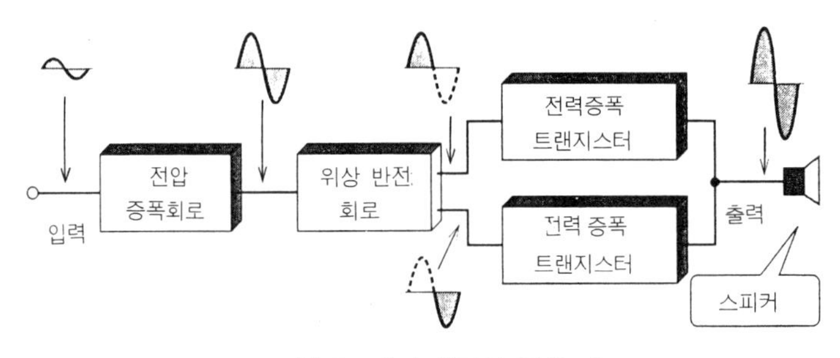

그림 5. 메인 앰프의 구성 예

음질조정회로라 하며 그림 4는 주파수 특성이다.

이 주파수 특성과 같이 1kHz 전후를 중심으로 하여 고음영역과 저음영역에서 상대 레벨의 조정 범위가 설정되어 있다. 이러한 조정을 함으로써 좋은 음질을 얻고 있다.

3. 메인 앰프

메인 앰프는 **주증폭기**라고도 하며 전력증폭기이다. 메인 앰프의 최종단에는 B급 푸시풀 증폭회로가 사용된다. 스피커를 구동시키기 위해서는 메인 앰프가 꼭 필요하다. 여기서는 트랜지스터를 사용한 증폭기의 예를 들었는데 최근에는 IC를 사용한 메인 앰프도 널리 사용되고 있다.

복 습

1. 다음 문장 중 ( ) 안에 적절한 용어를 기입하라.

(1) 프리 앰프는 (①) 앰프 앞에 설치하는 증폭기라 하여 (②)라고도 한다.

(2) 메인 앰프는 (③)라고도 하며 (④) 증폭회로가 널리 사용된다.

(3) 이퀄라이저는 (⑤)라고도 하며 레코드를 재생할 때 주파수 특성이 평활하게 되도록 하는 (⑥)회로이다.

4 테이프 리코더(1)

1. 테이프 리코더의 구성

그림 1은 널리 사용되고 있는 카세트식 테이프 리코더의 구성이다. 헤드라 표시된 부분이 3개 있는데 정확하게는 **자기 헤드**라 하며 그림과 같이 **재생 헤드·녹음 헤드·소거 헤드**로 분류한다.

또한 전자회로에는 블록 표시와 같이 재생 증폭기·녹음 증폭기·고주파 발진기가 있으며 테이프 이송기구로서 권취 허브·공급 허브·테이프 가이드·캡스턴이 있다.

그림에는 표시되어 있지 않지만 소형 모터나 건전지 등이 카세트 케이스에 수납되어 있다.

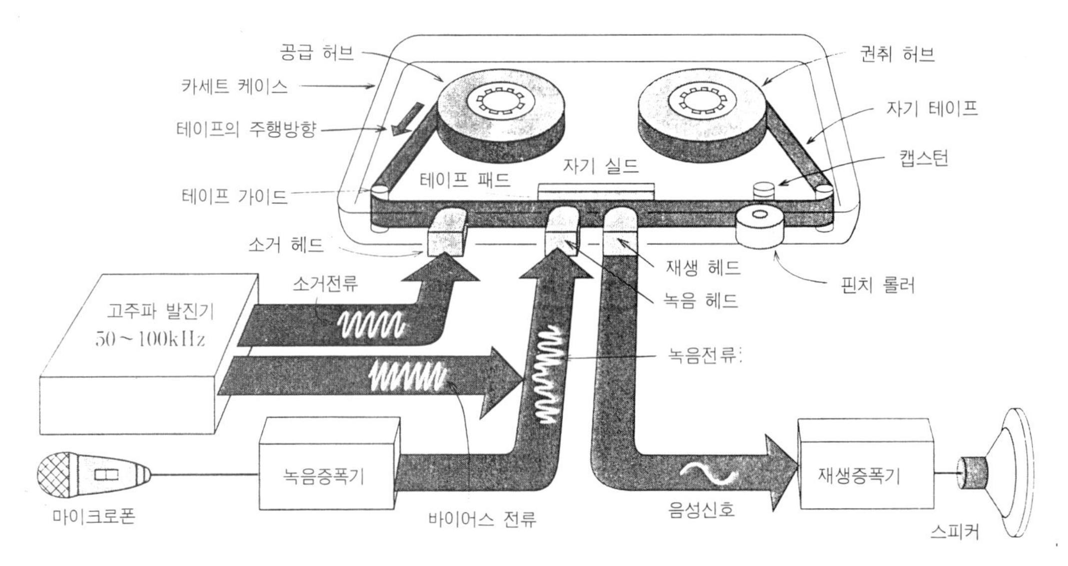

그림 1. 카세트식 테이프 리코더

마이크로폰에 들어 있는 음성은 전기신호로 변환, 증폭되어 음성신호가 된다. 이 음성신호를 고주파 발진기에서의 바이어스 전류에 실어 자기 테이프상에 녹음한다(녹음 헤드). 재생 헤드는 자기 테이프의 신호를 판독하여 전기신호로 변환한다. 이것을 재생 증폭기로 증폭하여 스피커에서 음파를 발생하는 구조로 되어 있다.

재생이란 녹음이나 녹화한 음성, 화상 등을 테이프나 레코드에서 추출하는 것이다. 소거 헤드는 자기 테이프에 녹음된 여러 가지의 정보를 고주파 전류로 소거하는 것이다. 즉 고주파 발진기에서 발생된 소거전류가 자기 테이프상의 자화를 흩어지게 하는 것이다.

2. 녹음의 원리

그림 2에 녹음의 원리로서 녹음 헤드에 의한 테이프의 자화 구조를 나타내었다.

녹음 헤드의 코일에 신호전류(음성신호)가 흐르면 그 신호의 강약이나 고저 등에 대응하는 자

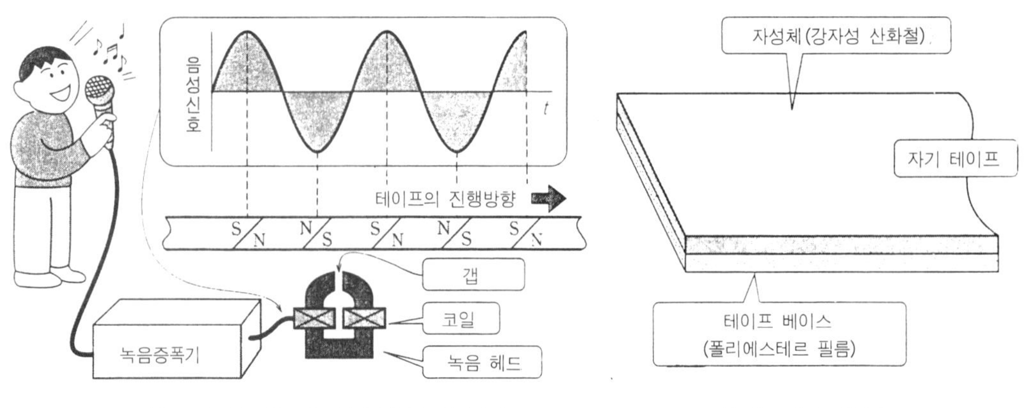

그림 2. 녹음 헤드에 의한 테이프의 자화

그림 3. 자기 테이프

계가 헤드의 갭에 생긴다. 테이프는 헤드에 접촉하면서 일정한 속도로 주행하고 있으며 발생한 자계에 의해 N과 S로 자화되어 마이크를 향한 음성이 테이프에 녹음된다.

그림 3은 자기 테이프의 구성이다. 테이프의 기반이 되는 부분을 **테이프 베이스**라 한다. 테이프 베이스는 폴리에스테르 필름으로 되어 있으며 그 두께는 6, 8, 12μm(μm$=10^{-6}$m)의 3종류가 있다. 그 위에 강자성 산화철의 자성체가 두께 3, 4, 6μm로 도포되어 있다.

3. 재생의 원리

그림 4는 재생의 원리이다. 자기 테이프에 재생 헤드를 접촉시켜 녹음할 때와 같은 속도로 주행시키면 재생 헤드의 코일에는 전자유도작용에 의해 녹음할 때와 같은 음성신호가 발생하며 재생 증폭기로 충분히 증폭해 주면 스피커에서 음의 신호가 재생된다. 재생 헤드와 녹음 헤드를 하나의 헤드에서 실행하는 방식이 있다. 이것을 2헤드 방식이라 한다.

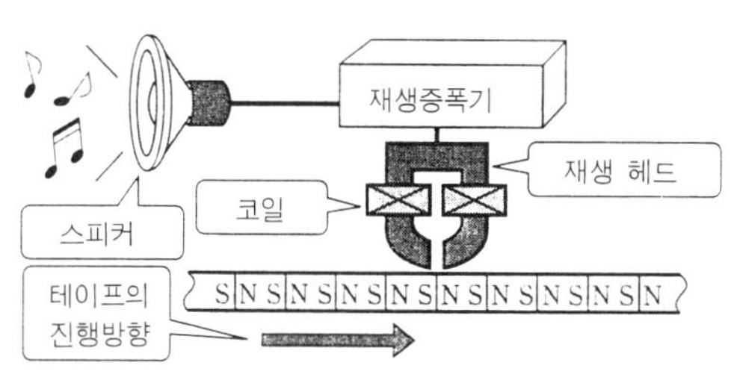

그림 4. 재생의 원리

복 습

1. 다음 문장 중 ( ) 안에 적절한 용어를 기입하라.

(1) 테이프 리코더의 3종류의 헤드는 (①), (②), (③)이다.

(2) 테이프 리코더에는 2종류의 증폭기가 있다. 그것은 (④), (⑤)이다.

(3) 녹음 헤드의 코일에 신호전류가 흐르면 그 신호의 (⑥), (⑦)에 따른 자계가 헤드의 (⑧)에 생긴다.

(4) 자기 테이프는 테이프 베이스 위에 (⑨)을 도포한 것이다.

5 테이프 리코더(2)

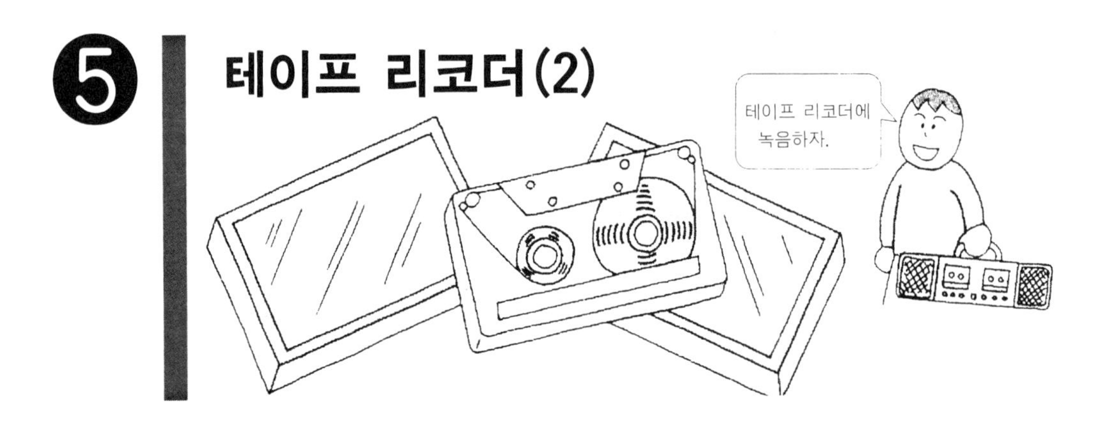

1. 녹음 테이프의 자화 특성

• 강자성체의 자화 특성 : 그림 1(a)는 강자성체의 자화 특성을 표시하는 B-H 곡선이다.

녹음 테이프는 강자성체이며 자계 H와 자속밀도 B의 관계는 그림 1(a)와 같다.

녹음 헤드로부터 자계의 강도 H'가 자기 테이프에 가해지면 테이프의 자속밀도는 B'가 된다. 그러나 녹음 헤드를 테이프가 통과하면 그 점의 자속밀도는 B'가 아니고 B_r(잔류자기)이 되며 테이프에 기록되는 것이다.

따라서 테이프에 가해진 자계의 강도 H와 테이프에 기록된 잔류자기 B_r의 관계는 그림 1(b)와 같으며 B_r-H 특성은 직선이 아니다.

2. 바이어스

B_r-H 특성이 직선이 아니라는 것은 녹음할 때 헤드 갭의 자계 강도가 녹음신호 전류에 비례해도 테이프상의 잔류자기의 강도는 신호전류에 비례하지 않게 된다. 그림 2(a)는 B_r-H 특성의 비직선성 때문에 녹음신호 파형에 사인파를 가해도 출력의 재생신호 파형은 변형되는 것을 표시하고 있다.

여기서 재생신호 파형이 변형되지 않도록 하기 위해 B_r-H 특성의 직선부분을 사용하는 것이

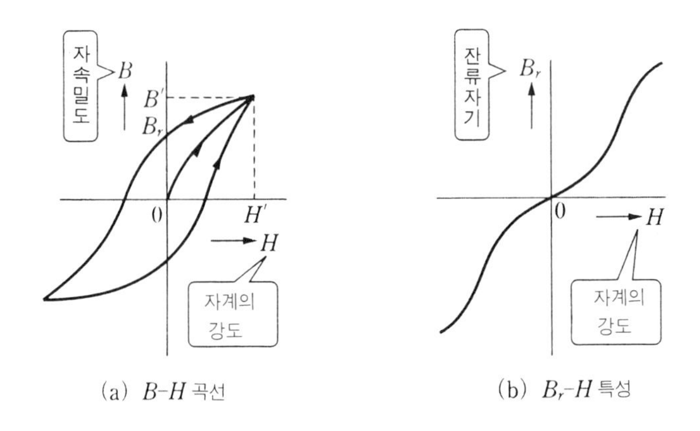

그림 1. 자화특성

좋다. 즉 녹음신호 전류에 직류 바이어스를 그림 2(b)와 같이 가한다.

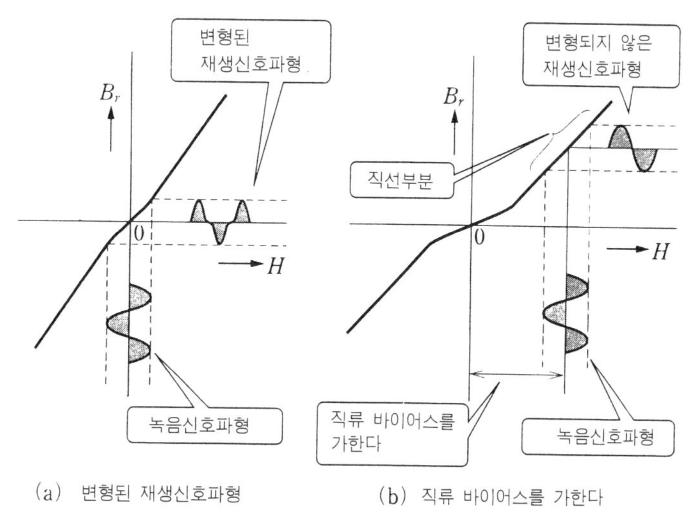

(a) 변형된 재생신호파형 (b) 직류 바이어스를 가한다

그림 2. 녹음신호파형과 재생신호파형

3. 교류 바이어스

직류 바이어스법은 잔류 서브의 폭을 크게 할 수 없고 재생시에 노이즈가 크다는 결점이 있다. 그래서 50~100kHz의 고주파 전류를 사용한 교류 바이어스가 널리 사용되고 있다. 그림 3에 원리를 나타내었다. 그림 3(a)와 같이 녹음 헤드에 흐르는 신호전류에 고주파 전류를 중첩시킨다.

고주파의 자계는 테이프상에 남지 않으므로 B_r-H 특성은 그림 3(b)의 사선부분을 제거한 것과 같은 결과가 된다. 즉 그림 3(c)의 특성과 같이 되어 변형이 없는 재생신호 파형이 된다.

4. 소거의 원리

그림 4는 소거의 원리이다. 고주파 발진기에서 소거 헤드에 고주파 전류를 흐르게 하면 자기 테이프에 기록되어 있던 정보가 깨끗이 소거된다.

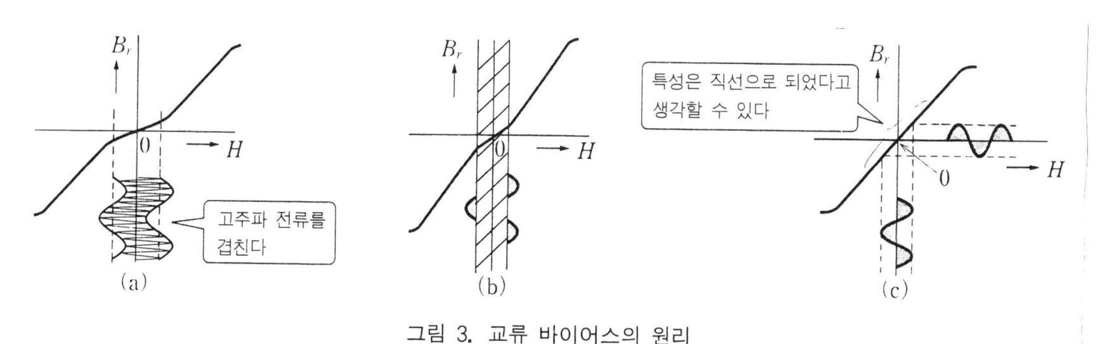

(a) (b) (c)

그림 3. 교류 바이어스의 원리

테이프의 진행방향
정보는 깨끗이 소거되었다
S N S N S N S N S
소거 헤드
고주파 전류
고주파 발진기

그림 4. 소거의 원리

B $-H$ H $-B$ t

그림 5. 고주파에 의한 소거

그림 5는 고주파에 의하여 자속밀도가 어떻게 변화해 가는지를 표시한 것이다. 자계는 소거 헤드에서 멀어질수록 약해지므로 그림과 같이 테이프상의 자화는 소거된다. 즉 신호에 의한 N과 S의 배열이 흩어지게 되어 정보는 소거된다.

복 습

1. 다음 문장 중 ( ) 안에 적절한 용어를 기입하라.

(1) 녹음 헤드를 테이프가 통과하면 테이프상에는 (①)가 남는다.

(2) 변형이 없는 재생신호 파형을 얻기 위해서는 B_r-H 특성의 (②)을 사용한다.

(3) B_r-H 특성의 직선부분을 사용하기 위해 (③)법이 사용된다.

(4) 직류 바이어스법의 결점은 (④)과 (⑤)이다.

(5) 바이어스법에는 고주파 전류를 녹음신호 전류에 중첩시키는 (⑥)법이 있다.

(6) 소거를 하기 위해서는 소거 헤드에 (⑦)를 흐르게 한다. 일반적으로 소거는 (⑧)에 앞서 실시된다.

6 콤팩트 디스크 플레이어

1. 아날로그 신호와 디지털 신호

콤팩트 디스크(CD)는 음악이나 음성을 기록하는 장치로서 널리 이용되고 있다.

CD에 음성신호를 기록하기 위해서는 아날로그 신호인 음성신호를 디지털 신호로 변환해야 한다.

그림 1은 아날로그 신호를 디지털 신호로 변환하는 원리를 나타낸 그림이다. 그림 1(a)와 같이 시간과 함께 연속적으로 변화하는 양을 **아날로그량**이라 하며 음악이나 음성을 전압으로 표시한 신호를 **아날로그 신호**라 한다..

그림 1(b)는 그 아날로그 신호를 일정한 시간 간격으로 전압으로서 추출한(**샘플링**) 것이다.

이와 같이 디지털 신호를 추출하는 것을 **표본화**라 한다.

표본화를 위해 시간은 주파수로서 표시하며 이것을 **표본화 주파수**라 한다. 표본화 주파수는 아날로그 신호 최대 주파수의 2배로 한다(표본화 정리). 예를 들면 4kHz의 경우의 표본화 주파수는 8kHz이다.

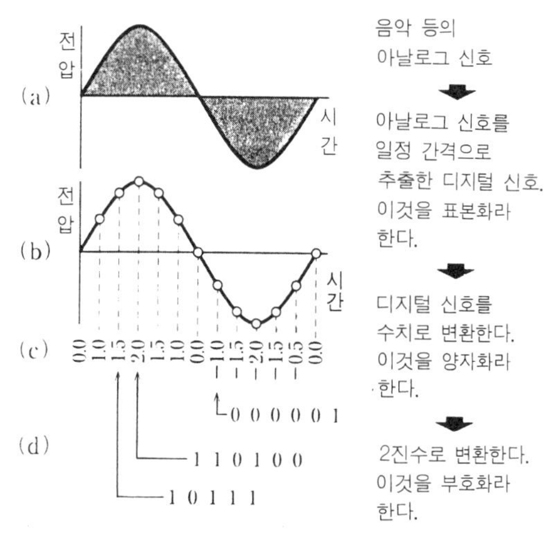

그림 1. 아날로그 신호의 디지털화

2. CD의 트랙과 피트

그림 1(c)는 디지털 신호를 수치로 변환한 것이며 이것을 **양자화**라 한다. 그림 1(d)는 양자화한 값을 2진수로 표시한 것으로 이것을 **부호화**라 한다.

이 부호화된 2진수를 디스크(원반)에 기록한다. **그림 2**는 CD의 일부를 확대한 것이다. 그림과 같이 CD의 표면에는 홈이 있다. 이 홈을 **트랙**이라 한다. 트랙을 따라 길고 짧은 여러 가지의 요철이 있다. 이 요철을 **피트**라 한다.

부호화된 2진수는 이 피트의 유무 및 피트의 장단으로서 표시된다. 즉 2진수 1은 피트가 있고 0은 없는 형태로 기록된다.

CD의 크기는 지름 12cm의 투명 플라스틱 재료로 되어 있다(**그림 3**). 피트의 크기는 길이가 0.9㎛ 정도이고 폭이 약 0.5㎛이다. 1㎛는 1mm의 1/1,000이므로 초미세라 하겠다.

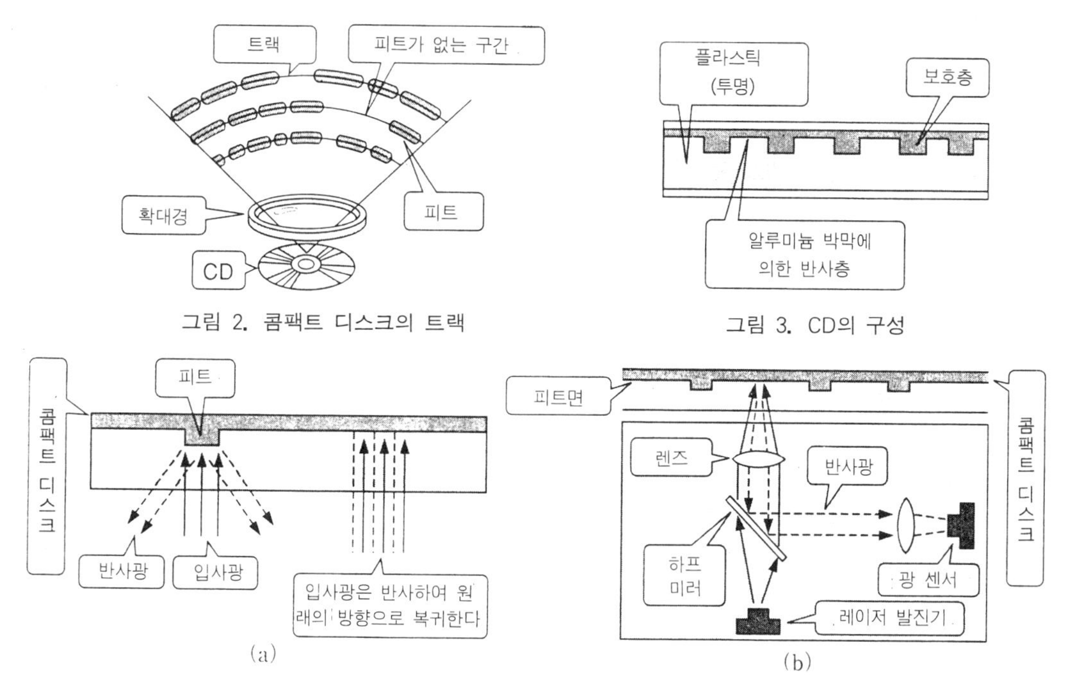

그림 2. 콤팩트 디스크의 트랙

그림 3. CD의 구성

그림 4. 피트의 판독

이 피트가 디스크 1매에 십수억개가 만들어져 있는 것이다. 또한 트랙의 수는 CD 1매에 약 2만개에 달한다.

3. 피트의 판독

그림 4는 피트 판독의 원리도이다. 피트 판독의 구조를 그림 4(a)에 나타내었다.

그림 4(a)와 같이 피트가 없는 곳에서 레이저 입사광은 반사하여 복귀하는데 피트가 있으면 레이저광은 산란되어 복귀하지 않는다. 이와 같이 반사광의 유무로 피트를 검출한다.

그림 4(b)와 같이 레이저 발진기에서 발사된 레이저광은 렌즈를 지나 피트가 있는 곳에서 초점이 맺히도록 조정된다.

피트 면에서 반사한 광은 하프 미러에서 반사하여 광 센서로 들어 간다. 피트가 있으면 산란되어 반사광은 광 센서에 도달하지 않지만 피트가 없으면 반사되어 광 센서에 입사하여 이것이 전기신호가 된다.

피트면 하부의 렌즈는 대물 렌즈라 하며 CD상의 반사면에 초점이 맺히도록 포커스 제어가 실시된다. 또한 광 센서 전면의 렌즈는 디텍터 렌즈라 하며 하프 미러에서의 반사광을 센서에 이르게 하는 역할을 하고 있다.

복　습

1. 다음 문장 중의 ( ) 안에 적절한 용어를 기입하라.

(1) 시간과 함께 연속적으로 변화하는 전기신호를 (①) 신호라 한다.

(2) 아날로그 신호를 일정한 시간 간격의 전압으로 추출하는 것을 (②)라 한다.

(3) 디지털 신호를 수치로 변환하는 것을 (③)라 하며 이 수치를 2진수로 표시하는 것을 (④)라 한다.

(4) CD의 표면을 확대해 보면 가는 홈은 (⑤)이며 이에 따른 요철은 (⑥)라 한다.

7 레코드 플레이어

1. 픽업·카트리지

• **레코드 플레이어** : 레코드 플레이어는 레코드에 기록된 음성 정보를 전기신호로 변환하여 오디오 앰프에 그 신호를 입력하기 위한 장치이다.

• **픽업** : 회전하고 있는 레코드의 음 홈을 트레이스하면서 음성신호를 판독하여 전기신호로 변환하는 카트리지와 그것을 지지하는 톤 암으로 구성된다.

• **카트리지** : 음 홈의 기계적인 변위에 의하여 기억되어 있는 음성정보를 전기신호로 변환하는 부품을 카트리지라 한다. 카트리지에는 여러 가지의 종류가 있는데 그 분류는 다음과 같다.

변위비례형
- 압전효과형
- 콘덴서형
- 광전효과형

속도비례형
- 마그넷형
- 다이내믹형

그림 1(a)는 무빙 마그넷형의 원리도이다. 진동전달자(이것을 캔틸레버라 한다)에 자석을 장착하여 바늘끝의 스타일러스 칩이 레코드의 음 홈에서 판독한 기계진동을 자속의 변화로 받아 그 자속의 변화를 코일이 전기량(전압, 전류)의 변화로 포착한다.

카트리지는 진동자의 형이나 자기회로에 따라 여러 가지 종류가 있다. 진동자의 형상에 따라

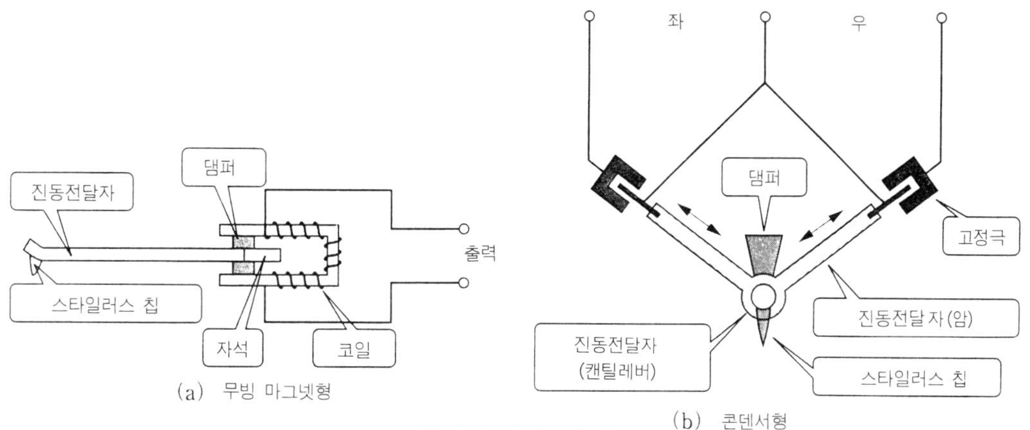

그림 1. 카트리지의 원리

분류하면 다음과 같이 된다.

봉상 마그넷 장착형
원반상 마그넷 장치형
V자 마그넷 장치형

그림 1(b)는 콘덴서형 카트리지이다. 이것은 가변용량 콘덴서의 가동부를 재생바늘에 접속한 카트리지이다. 스타일러스 칩이 레코드의 음 홈을 트레이스하여 암이 고정극을 출입할 때 정전용량의 변화를 전압의 변화로 변환한다. 이 타입은 구조상 진동자의 무게를 줄일 수 있고 고역 특성의 제어가 용이하다는 특징이 있다.

2. 레코드 플레이어 각 부의 명칭

그림 2에 레코드 플레이어 각 부의 명칭을 나타내었다.

• 턴 테이블 : 레코드를 놓는 원반상의 대(台)로 구동장치에 의해 회전한다.

• 밸런스 웨이트 : 카트리지와 톤 암의 무게 밸런스를 유지하고 카트리지 끝의 레코드 바늘에 적당한 압력이 가해지도록 조정하는 것이다.

• 톤 암 : 카트리지를 지지하는 암이다.

• 턴 테이블의 구동방법 : 구동방법에는 그림 3과 같이 다이렉트 드라이브 방식, 림 드라이브 방식, 벨트 드라이브 방식이 있다. 다이렉트 드라이브 방식은 서보 기구에 의하여 직접 모터의 회전수를 제어하는 방식이다. 림 드라이브 방식은 아이들러라 하며 속도 변환이 간단하고 모터가 소형이 된다는 이점이 있고 벨트식은 모터의 진동이 레코드에 잘 전달되지 않는다는 이점이 있다.

• 레코드 : 합성수지나 비닐의 원판에 음의 크기, 높이, 음색에 따라 홈에 커팅이 되어 있다. 스테레오의 홈은 그림 4와 같이 45° 경사로 커팅된 홈의 양면에 좌우의 음에 대응하는 커팅이 되어 있고 좌측과 우측은 커트의 방향이 90° 다르다. 회전수는 45° 회전이나 $33\frac{1}{3}$ 회전, 레

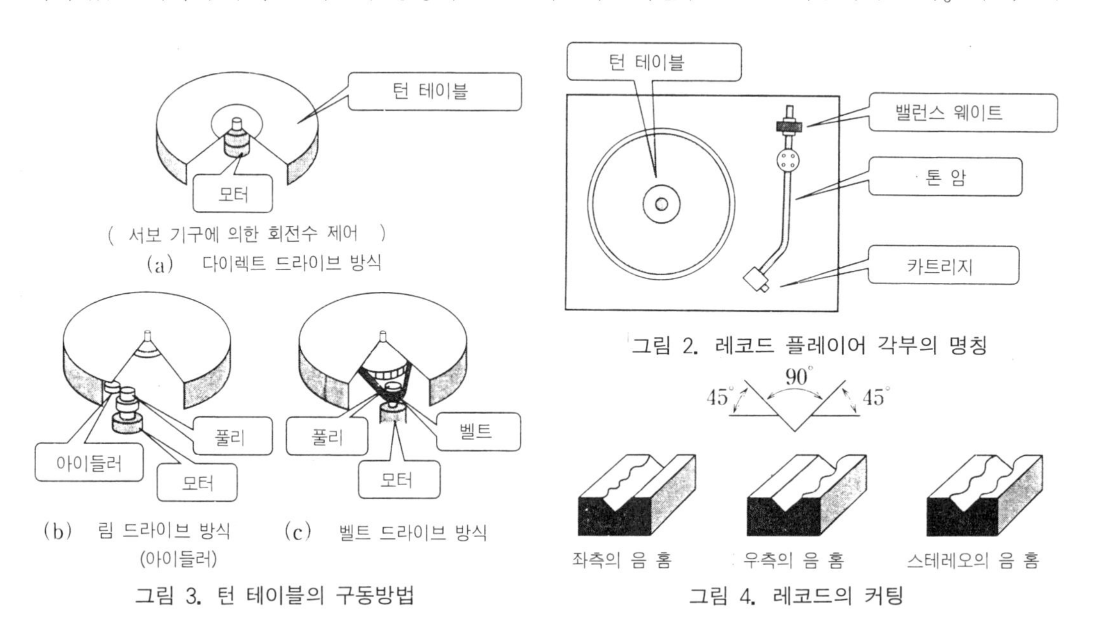

그림 3. 턴 테이블의 구동방법

그림 2. 레코드 플레이어 각부의 명칭

그림 4. 레코드의 커팅

코드의 지름은 17.5cm, 25cm, 30cm가 있다.

• **플레이어의 취급** : 레코드 플레이어의 보관장소는 우선 진동이 가급적 적은 곳을 선택할 필요가 있다. 먼지가 많은 장소, 습도가 높은 장소, 직사광선이 닿는 장소는 피해야 한다.

복 습

1. 다음 문장 중의 ( ) 안에 적절한 용어를 기입하라.

(1) 레코드의 음 홈에 기록된 음의 정보를 전기신호로 변환하는 장치를 (①)라 한다.

(2) 밸런스 웨이트는 카트리지와 (②)의 무게 밸런스를 조절하는 것이다.

(3) 턴 테이블의 구동방식에는 (③), (④), (⑤) 등이 있다.

(4) 스테레오용 레코드의 음 홈은 (⑥)의 경사로 커팅된다.

제8장의 정리

스피커는 고음용의 트위터, 저음용의 우퍼, 중음용의 스쿼커로 분류된다.

그림 1은 그 3종류 스피커의 주파수 특성이다. 그림과 같이 각각의 주파수 특성이 크로스되는 점의 주파수 f_1, f_2를 크로스 오버 주파수라 한다. 그림의 경우에 출력이 3dB 저하된 곳에서 크로스되어 있는데 일반적으로 주파수가 3dB 저하된 범위에서 그 장치가 사용할 수 있는 주파수 대역폭으로 하고 있다. 이 특성은 이상적인 상태이다.

그림 2는 각 스피커용의 네트워크이다. 콘덴서의 리액턴스는 주파수에 반비례하므로 콘덴서는 높은 주파수를 용이하게 통과한다.

한편 인덕턴스의 리액턴스는 주파수에 비례하므로 인덕턴스는 낮은 주파수를 용이하게 통과한다. 이상과 같이 생각하면 그림 2는 이해할 수 있을 것이다.

또한 그림 2와 같은 회로를 쓰리웨이 스피커의 디바이딩 네트워크라 한다.

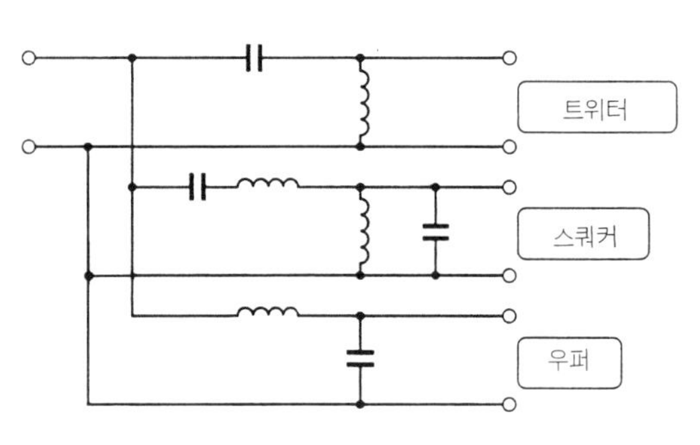

그림 1. 스피커의 주파수 특성

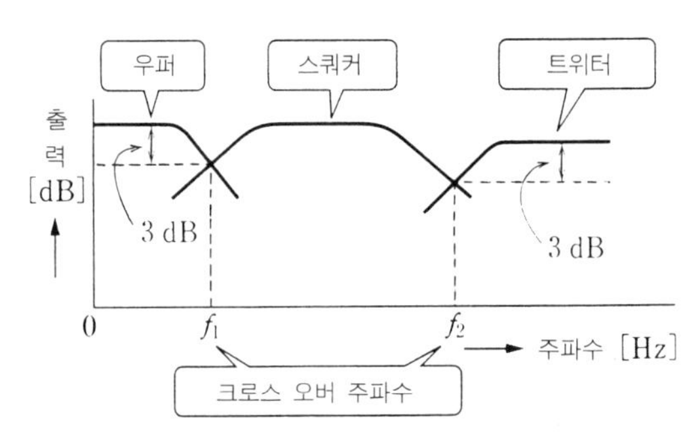

그림 2. 각 스피커용 회로

해 답

〈162페이지〉
1. ①, ②, ③, ④ 메인, 서브, 증폭회로, 전환 스위치, ⑤, ⑥ 메인, 서브 ⑦ 전압

〈164페이지〉
① 입체 ② 장치 ③ 모노 ④ 음상의 정위 ⑤, ⑥ 라이브, 데드 ⑦ 라이브

〈167페이지〉
1. ① 메인 ② 전치증폭기 ③ 주증폭기 ④ B급 푸시풀 ⑤ 등화기 ⑥ 보정

〈169페이지〉
1. ①, ②, ③ 소거, 녹음, 재생 ④, ⑤ 녹음 재생증폭기 ⑥, ⑦ 강약, 고저 ⑧ 갭 ⑨ 강자성 산화막

〈172페이지〉
1. 잔류자기 ② 직선부분 ③ 바이어스 ④, ⑤ 노이즈가 크다는 것, 전류자기의 폭을 크게 할 수 없다는 것 ⑥ 교류 바이어스 ⑦ 고주파 전류 ⑧ 녹음

〈174페이지〉
1. ① 아날로그 ② 표본화 ③ 양자화 ④ 부호화 ⑤ 트랙 ⑥ 피트

〈177페이지〉
1. ① 카트리지 ② 톤 암 ③, ④, ⑤ 다이렉트 드라이브 방식, 림 드라이브 방식, 벨트 드라이브 방식 ⑥ 45°

제 9 장

라디오·음향 기능 검정시험(3·4급) 문제

일본에서 실시되는 라디오·음향 기능 검정시험은 라디오 수신기나 오디오 기기 등에 관련되는 기능을 시험하여 합격증을 주는 검정제도이다.

이 검정은 레벨에 따라 4급, 3급, 2급, 1급의 4개 급으로 분류되어 있다. 여기서는 주로 3급의 문제를 수록했으며 4급 레벨도 다소 게재되어 있다. 공업고등학교 전자계통 학과에서는 3급에 합격하면 일단 학과 교육 내용의 기초부분은 습득한 것으로 본다. 좀 더 노력해서 2급에 도전하도록 한다.

전자회로의 기초를 이해할 수 있으면 쉽게 해답을 얻을 수 있을 것이다. 반복 복습하여 실력을 양성하도록 한다.

또한 여기에 수록된 문제는 이미 출제된 것 중에서 학습의 편이를 고려하여 필기와 실기 각각에 대하여 학습 내용에 따라 분류, 게재했다.

1. 필기에 관한 문제

【문 1】 그림 1의 회로에서 스위치 S를 닫았을 때에 전류계에 흐르는 전류는 다음 중 어느 것인가?

① 100mA ② 150mA
③ 200mA ④ 400mA

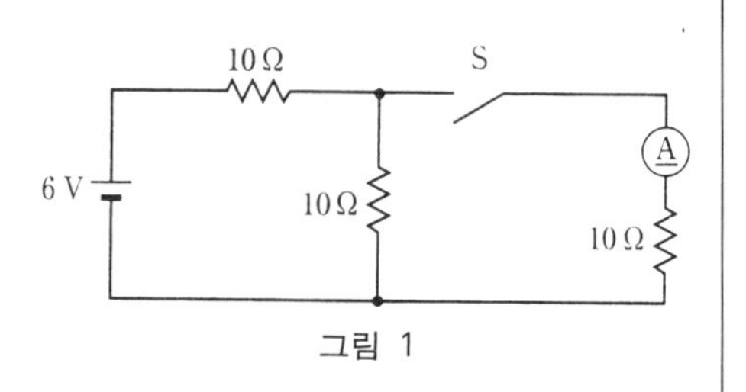

그림 1

【문 2】 같은 크기의 저항을 그림 2와 같이 병렬로 접속한 결과 6kΩ의 저항에 0.5mA의 전류가 흘렀다. 이 경우 전원 전압 E는 몇 볼트인가?

① 2V ② 3V
③ 4V ④ 6V

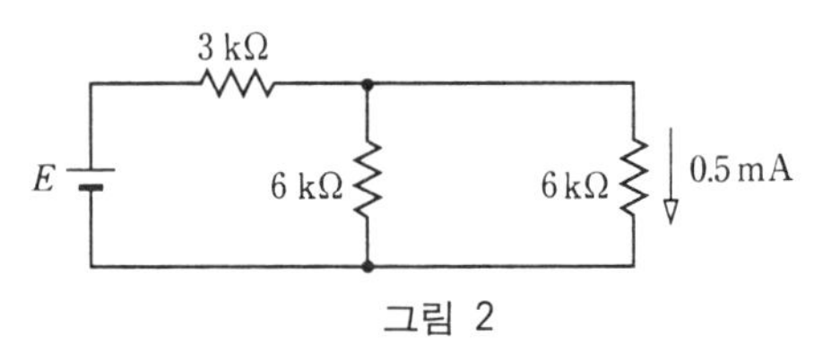

그림 2

【문 3】 그림 3의 회로에서 저항 10Ω에 소비되는 전력은 몇 와트인가? 단, 저항 50Ω에는 전류 1A가 흐르고 있는 것으로 한다.

① 10W ② 20W
③ 40W ④ 50W ⑤ 60W

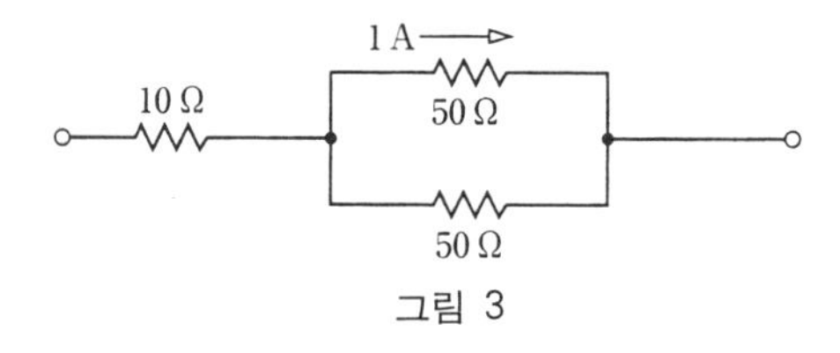

그림 3

【문 4】 그림 4의 회로에서 단자 A-B 간의 전압은 몇 볼트인가?

① 1V ② 2V ③ 3V
④ 4V ⑤ 6V

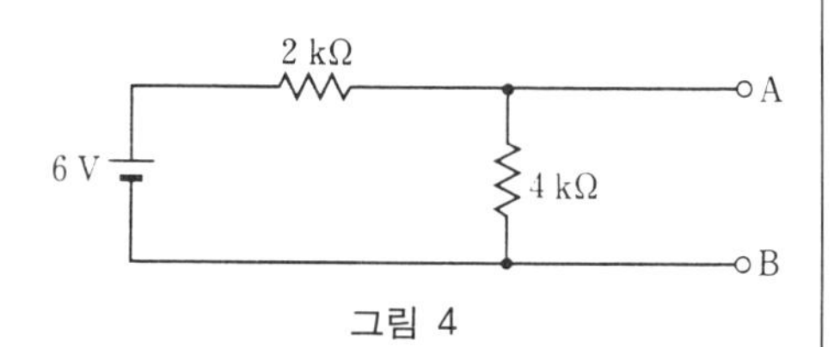

그림 4

【문 5】 그림 5의 회로에서 단자 A-B 간의 전압은 몇 볼트인가?

① 2V ② 4V ③ 6V
④ 8V ⑤ 10V

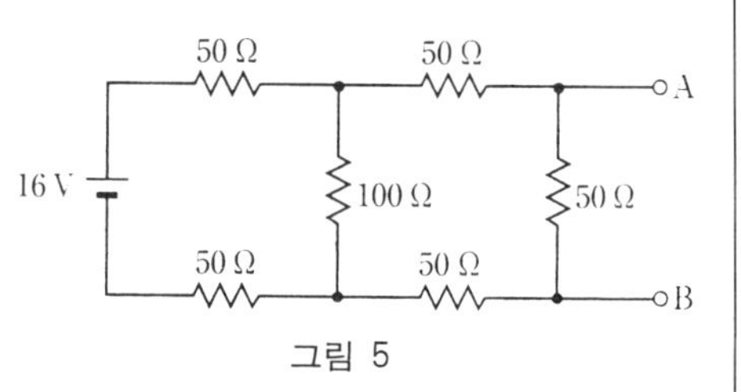

그림 5

【문 6】 전파가 전달되는 속도는 3×10^8m/s이다. 파장이 6m인 전파의 주파수는 다음 중 어느 것인가?

① 50kHz ② 100kHz ③ 50MHz
④ 100MHz ⑤ 5GHz

【문 7】 그림 6의 회로에서 직류 바이어스가 가장 안정된 회로는 ①~③ 중 어느 것인가?

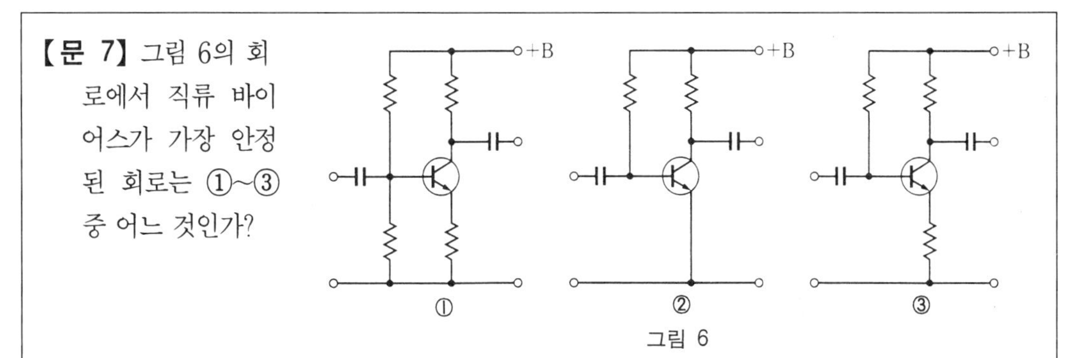

그림 6

【문 8】 그림 7은 수퍼 헤테로다인 수신기(중파용)의 블록도이다. 1,134kHz를 수신하고 있을 때 (1)~(3)의 주파수는 다음 중 어느 것인가?

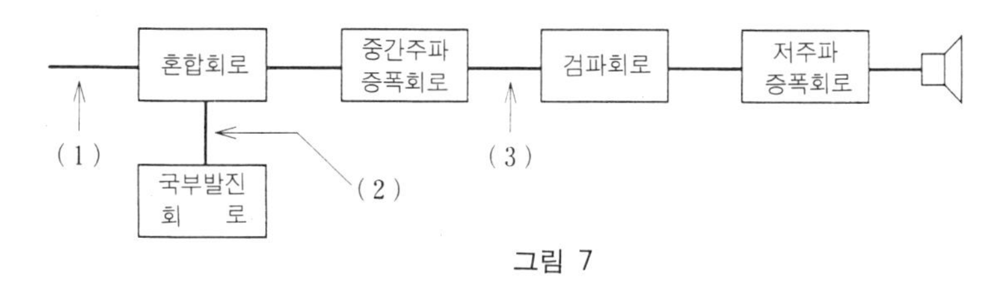

그림 7

① 455kHz ② 679kHz ③ 1,134kHz ④ 1,589kHz ⑤ 2,044kHz

【문 9】 그림 8은 수퍼 헤테로다인 수신기의 블록도이다. 블록의 ①~③에 적절한 증폭회로명을 기입하라.

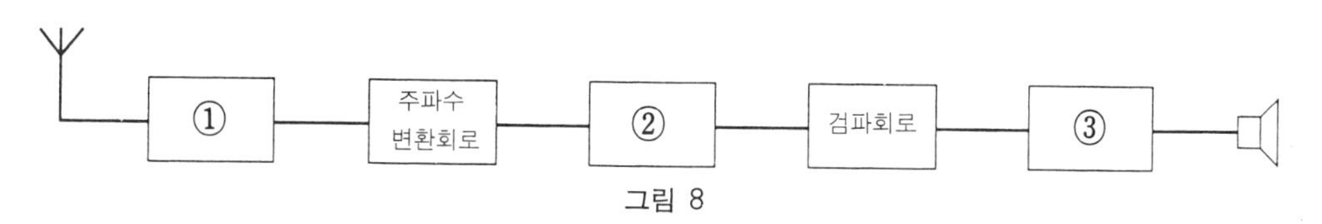

그림 8

【문 10】 그림 9의 회로는 수퍼 헤테로다인 수신기의 중간주파 증폭회로와 검파회로이다. 콘덴서 C_1~C_3의 작용은 각각 다음 중 어느 것인가?

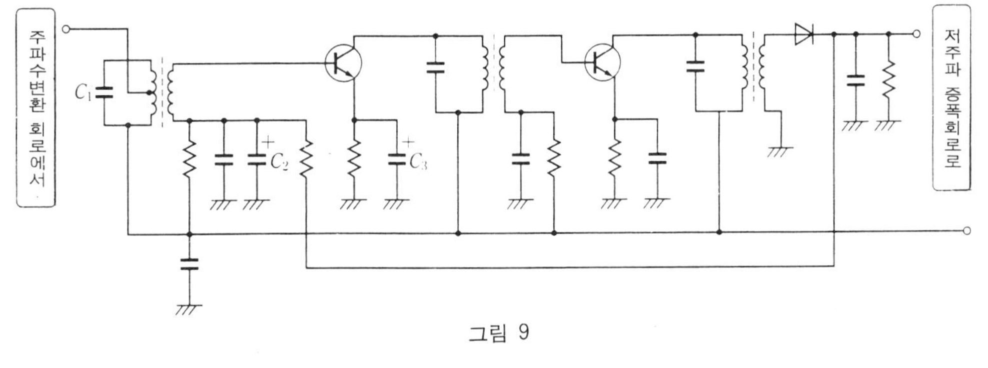

그림 9

① 이미터 바이패스용 ② 공진용 ③ 결합용 ④ AVC 시상수용

【문 11】 그림 10의 증폭기에서 입력전압이 10mV일 때 출력전압은 2V였다. 증폭기의 이득은 몇 데시벨인가?

① 20dB ② 34dB

③ 46dB ④ 60dB

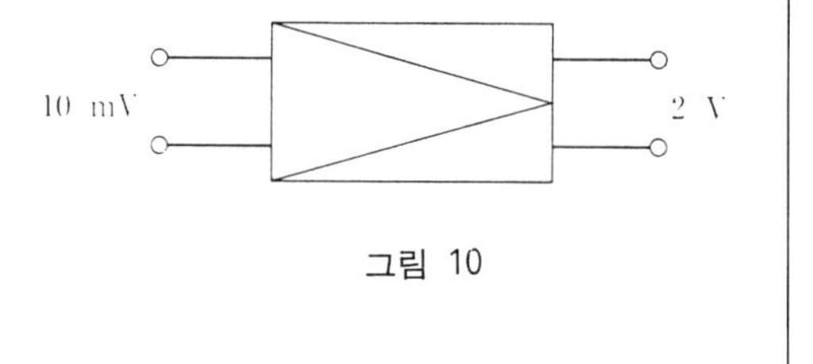

그림 10

【문 12】 이득이 40dB의 증폭기가 있다(그림 11). 이 증폭기의 입력에 3mV의 전압을 가했을 때 출력전압은 얼마인가? 단, 출력전압은 변형은 없는 것으로 한다.

① 0.12V ② 0.3V ③ 1.2V

④ 3V ⑤ 12V ⑥ 30V

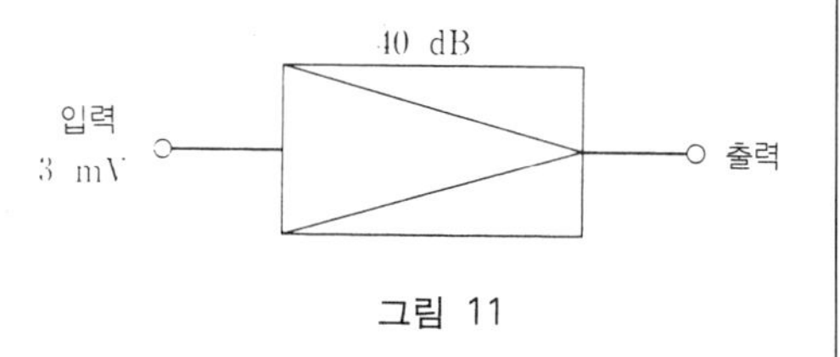

그림 11

【문 13】 다음 회로에서 AM 수신기에 사용되지 않고 FM 수신기에만 사용되는 것은 다음 중 어느 것인가?

① 국부 발진회로 ② AGC 회로 ③ 진폭 제한회로

④ 중간주파 증폭회로 ⑤ 검파회로

【문 14】 그림 12는 부귀환 증폭회로이며 증폭기의 증폭도를 A배, 귀환회로의 귀환율을 β라 하면 증폭도는 다음 식으로 표시된다.

$$\frac{v_o}{v_i} = \frac{A}{1+\beta A}$$

증폭도 이득이 80dB, 귀환율이 1/20일 때 회로 전체의 증폭도는 다음 중 어느 것인가?

① 1배 ② 10배 ③ 16배 ④ 20배 ⑤ 100배

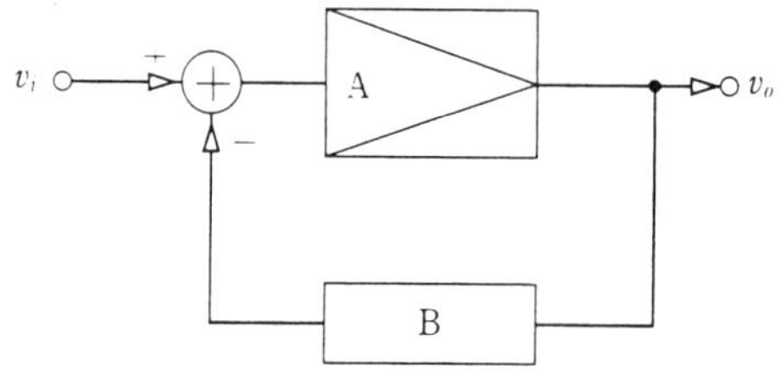

그림 12

【문 15】 그림 13은 간단한 투웨이 스피커 시스템의 결선도이다. 트위터를 접속하는데 올바른 방법은 다음 중 어느 것인가?

① ⊕를 ①에, ⊖를 ②에 접속한다.

② ⊕를 ②에, ⊖를 ①에 접속한다.

③ 극성에 관계 없이 접속해도 된다.

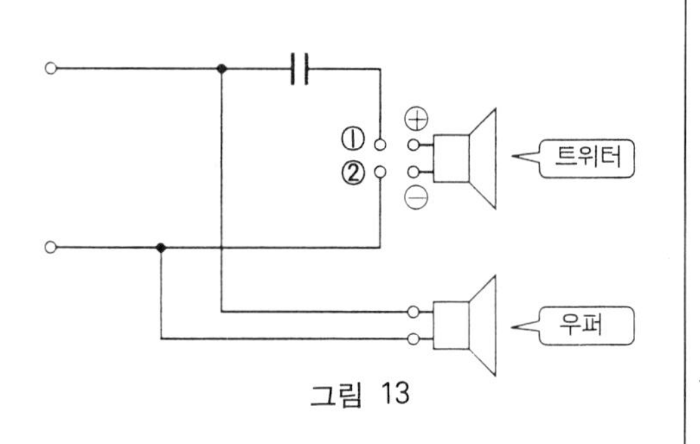

그림 13

【문 16】 논리소자로서는 AND, OR, NOT 등이 있으며 AND와 OR는 2개 이상의 입력을 가할 수 있는데 NOT에는 하나의 입력밖에 없다.
다음 논리소자의 그림기호는 그림 14 ①~④ 중 어느 것인가?
㉠ AND ㉡ OR

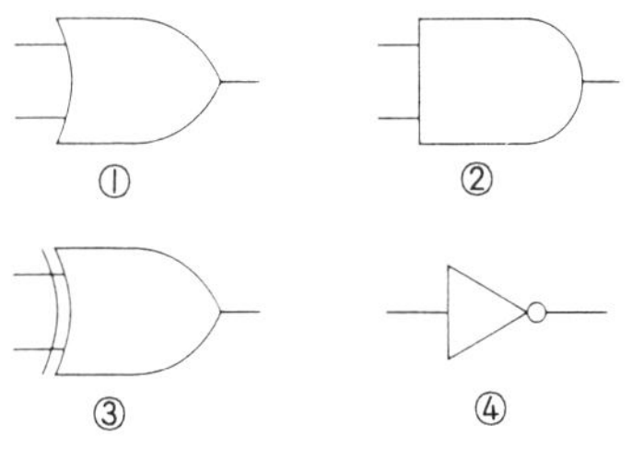

그림 14

【문 17】 그림 15의 회로의 입력과 출력과의 관계를 표시한 것은?

①
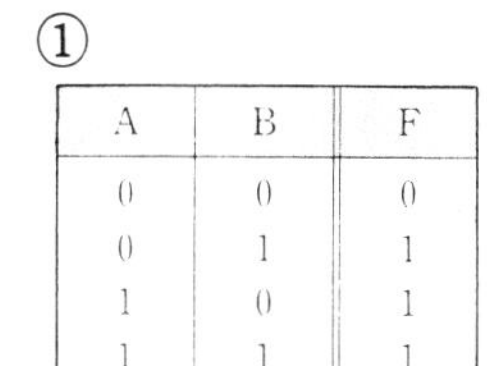

A	B	F
0	0	0
0	1	1
1	0	1
1	1	1

②
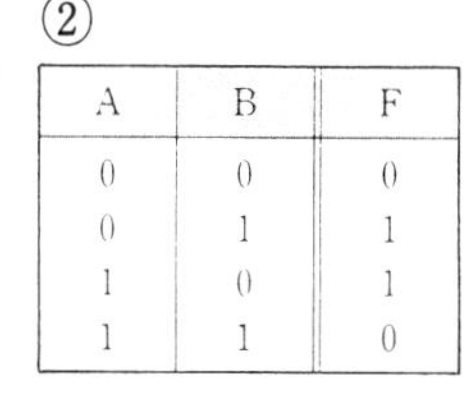

A	B	F
0	0	0
0	1	1
1	0	1
1	1	0

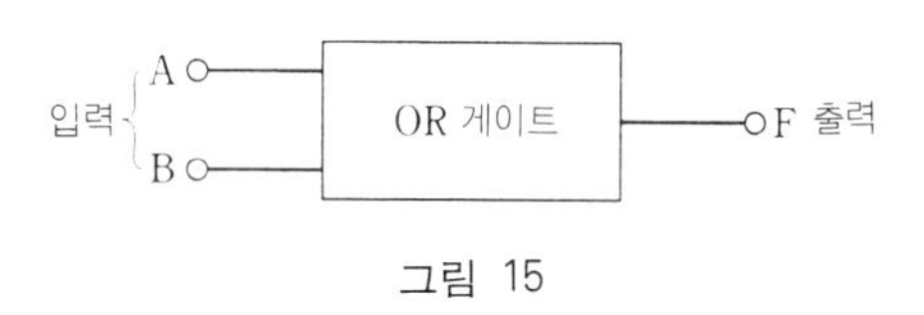

그림 15

【문 18】 26을 2진수로 표시하면 ①~⑤ 중 어느 것인가?
① 11010 ② 0111 ③ 11001 ④ 1111

【문 19】 오디오 신호회로에 디지털 기술이 사용되고 있는 기기는?
① 파워 앰프 ② 프리 앰프 ③ 카세트 덱 ④ CD 플레이어

【문 20】 테이프 리코더의 바이어스에 관한 설명 중 잘못된 것은?
① 직류 바이어스 방식은 간단하며 현재는 간이형 테이프 리코더에만 사용되고 있다.
② 교류 바이어스 방식은 사용할 수 있는 테이프의 범위가 넓고 성능도 좋다.
③ 교류 바이어스 방식의 바이어스 주파수는 음성주파수이다.

【문 21】 임피던스가 8Ω인 스피커를 접속한 오디오 앰프가 있다. 이 앰프의 입력에 사인파 신호를 가하여 스피커의 단자전압을 측정한 결과 4.3V였다. 스피커에는 몇 와트의 전력이 공급되고 있는가?
① 0.76W ② 1.1W ③ 1.5W ④ 2.3W ⑤ 4.6W

【문 22】 콘덴서 마이크로폰은 다음 중 어떤 것에 속하는가?
① 동전형 ② 압전형 ③ 정전형

2. 실기에 관한 문제

【문 1】 직류전압계는 전압계의 정격전압에 풀스케일의 전류가 흐르고 있으므로 직렬저항을 가하여 전압계의 정격전압을 변화시켜도 풀스케일일 때 흐르는 전류의 값은 변화하지 않는다. 풀스케일 2V, 내부저항 40kΩ의 직류전압계를 6V 풀스케일의 전압계로 하기 위해서는 다음의 어떤 저항기를 직렬로 접속하면 되는가?

① 40kΩ ② 60kΩ ③ 80kΩ ④ 100kΩ ⑤ 120kΩ

【문 2】 저항기에 전류를 흐르게 하면 줄열이 발생하는데 온도가 너무 올라 가면 타게 되므로 각각의 저항기에는 허용전력을 정하고 있다.

라디오 수신기를 조립하여 테스트한 결과 어떤 저항기가 뜨거워진 것을 발견했다. 이 경우의 조치로서 가장 적절한 것은 ①~③ 중 어느 것인가?

① 허용전력이 큰 것으로 교체한다. ② 저항값이 큰 것으로 교체한다.

③ 직렬로 콘덴서를 접속한다.

【문 3】 600Ω의 저항으로서 최적의 조합은 다음 중 어느 것인가?

①

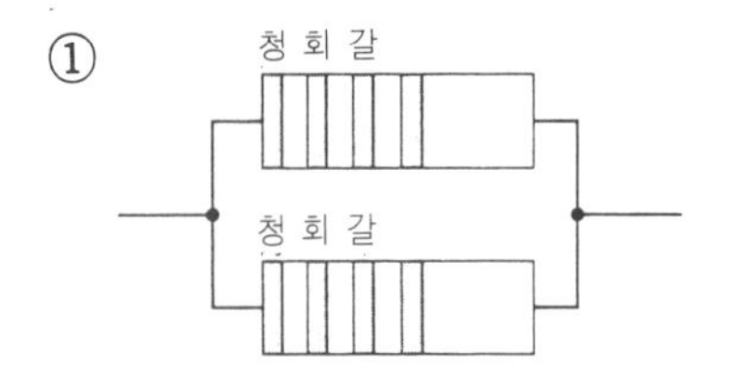

③ ④

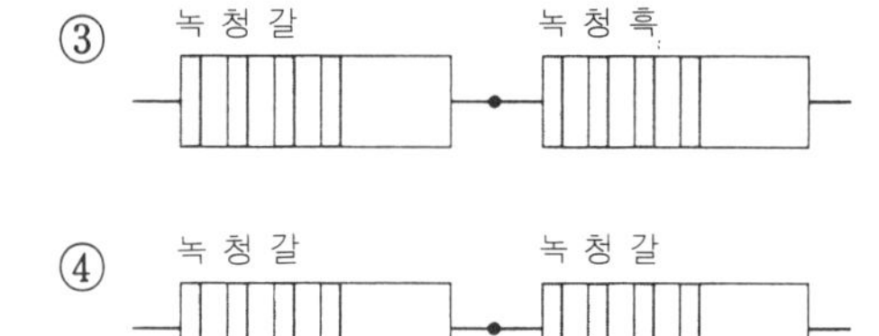

②

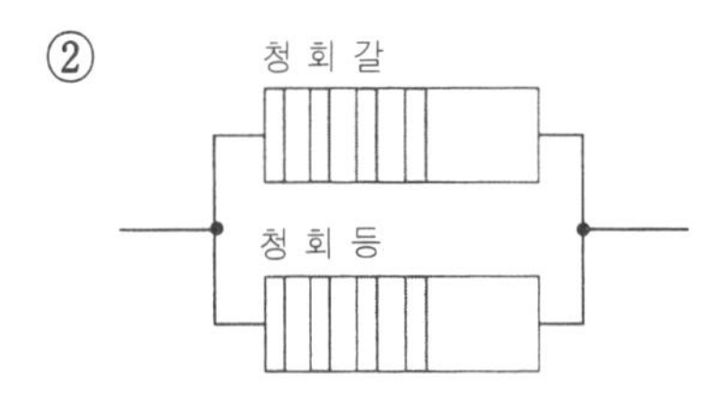

⑤

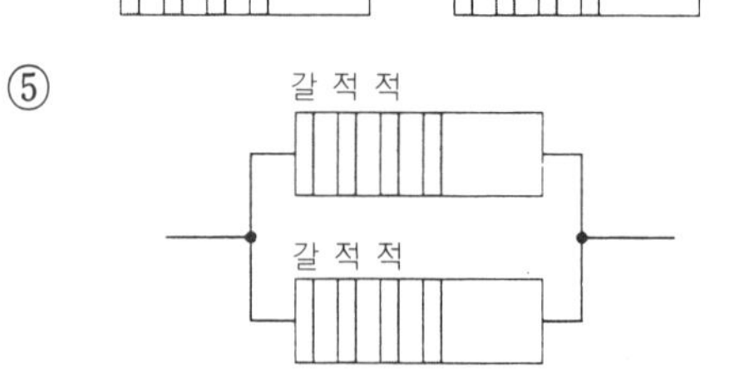

그림 1

【문 4】 그림 2의 회로에서 단자 ①, ② 간의 저항은 몇 옴인가?

① 500Ω ② 750Ω ③ 1kΩ
④ 1.5kΩ ⑤ 1.8kΩ

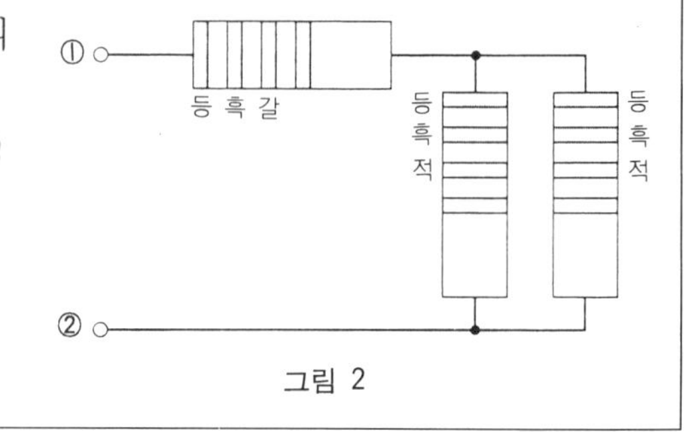

그림 2

【문 5】 정류회로의 출력파형은 반파 정류회로와 전파 정류회로가 다르며 또한 평활용 콘덴서가 사용되면 파형의 골짜기 부분이 메꾸어진 형태가 된다.

그림 3의 정류회로에서는 단자 A-B 간의 파형은 어떻게 되는가? 그림 4에서 선택하라.

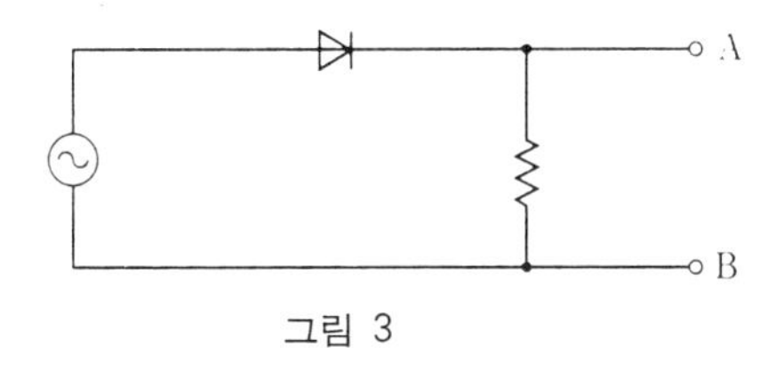

그림 3

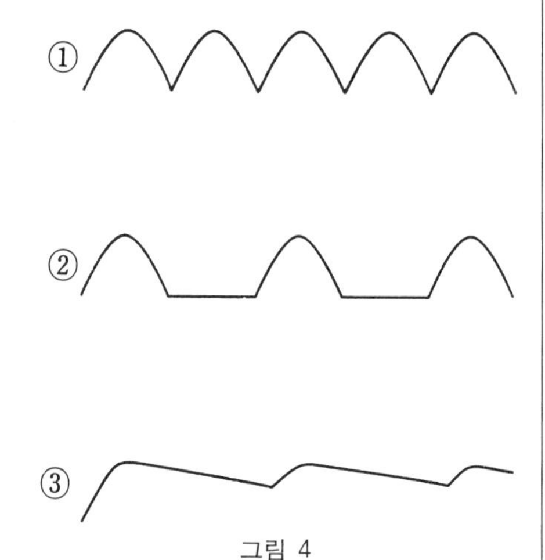

그림 4

【문 6】 트랜지스터의 최대 정격이나 특성은 규격표에 주어져 있고 회로의 설계는 이에 따르고 있다.

표 1은 트랜지스터 규격표의 일부인데 이 트랜지스터에서 저주파 증폭기를 만들 때 컬렉터-이미터 간 전압 5V에서 컬렉터 전류를 500mA 흐르게 하기 위해서는 베이스 전류는 몇 밀리암페어를 흐르게 하면 되는가?

표 1

형식	최대정격		특성		
			h_{FE}		
	V_{CE}[V]	I_C[A]		V_{CE}[V]	I_C[mA]
2 SD 130	68	3	50	5	500

① 1mA ② 5mA ③ 10mA ④ 50mA ⑤ 100mA

【문 7】 내부 저항 4kΩ/V의 테스터를 DC 5V 레인지로 하여 그림 5의 A-B 간 전압을 측정했을 때 테스터가 지시하는 전압은 다음 중 어느 것인가?

① 4.5V ② 3.4V ③ 1.6V ④ 0.6V

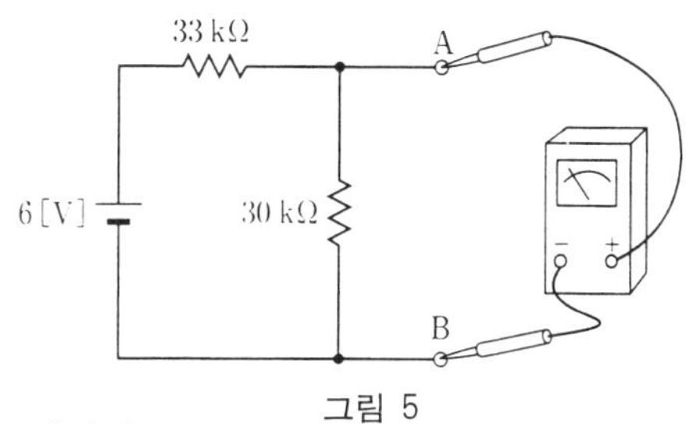

그림 5

【문 8】 다음 부품의 사용방법이 잘못된 것은 어느 것인가?

① 전해 콘덴서의 +단자에 +의 전압이 가해지도록 접속했다.

② 배리스터는 극성이 없으므로 접속할 때 극성에 주의하지 않았다.

③ 제너 다이오드를 전압 안정화 회로에 사용하기 위해 애노드측에 +의 전압이 가해지도록 접속했다.

④ 발광 다이오드를 표시 램프로 사용하기 위해 애노드측에 +의 전압이 가해지도록 접속했다.

【문 9】 휴대용 카세트 리코더를 집에서 듣기 위해 그림 6과 같은 AC 어댑터를 만들어 사용한 결과 스피커에서 잡음이 발생했다. 이 잡음을 적게 하기 위해서는 다음의 ①~④ 중 어떤 처치가 올바른 것인가?

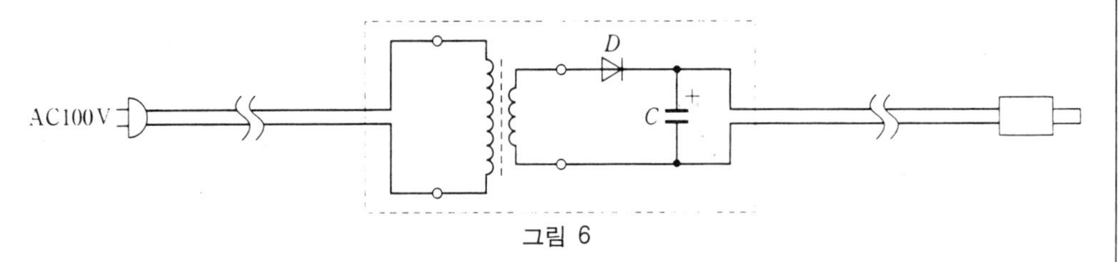

그림 6

① 다이오드 D의 극성을 반대로 접속한다.
② 콘덴서 C의 극성을 반대로 접속한다.
③ 콘덴서 C의 용량을 좀더 크게 한다.
④ 콘덴서 C에 병렬로 0.1㎌ 정도의 세라믹 콘덴서를 접속한다.

【문 10】 그림 7과 같은 저주파 증폭회로를 조립하려 한다. 저항 R의 값이 정확하지 않으므로 다음 ①~④의 저항중에서 선택하여 사용하기로 했다. 어떤 저항을 사용하면 되는가?

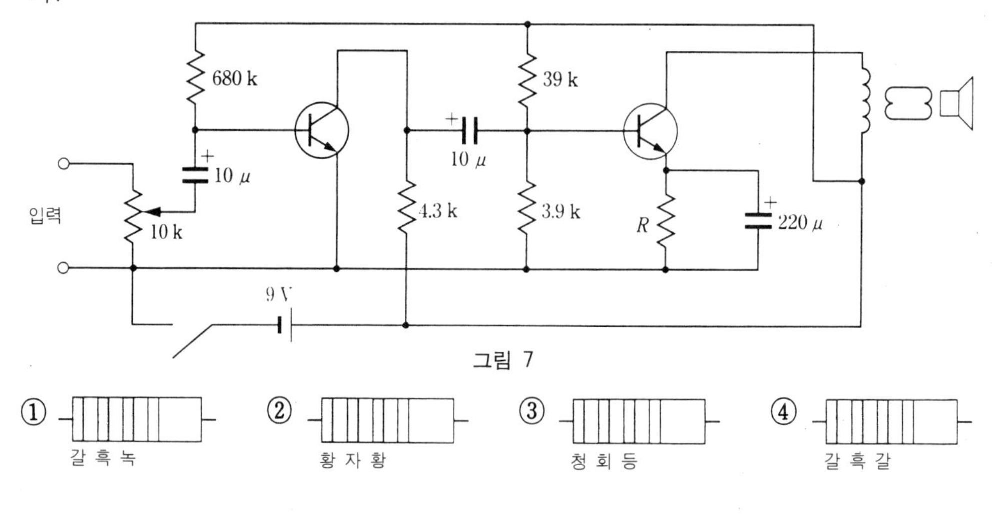

그림 7

① 갈 흑 녹 ② 황 자 황 ③ 청 회 등 ④ 갈 흑 갈

【문 11】 그림 8의 회로에서 출력 트랜스의 1차측에서 본 임피던스는 다음 중 어느 것인가?

① 40 Ω ② 200 Ω
③ 800 Ω ④ 1.6k Ω

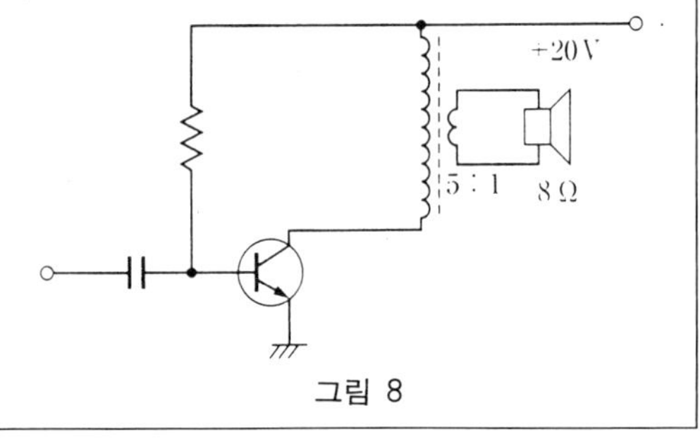

그림 8

【문 12】 그림 9의 회로에서 저주파 발진기의 출력을 일정하게 유지한 상태로 주파수를 변화시키면 출력전압 V의 변화는 ①~④ 중 어느 것인가?

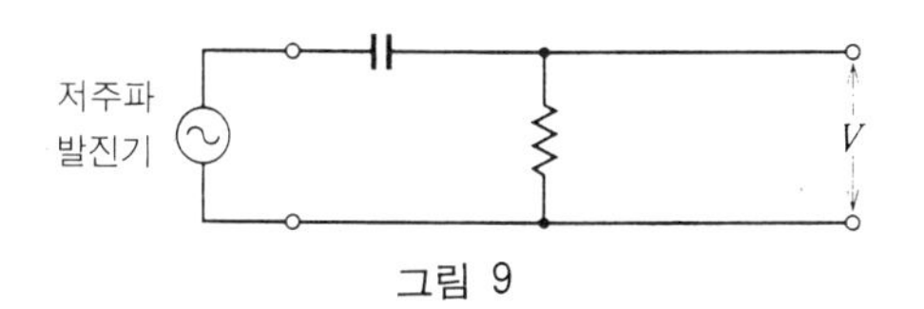

그림 9

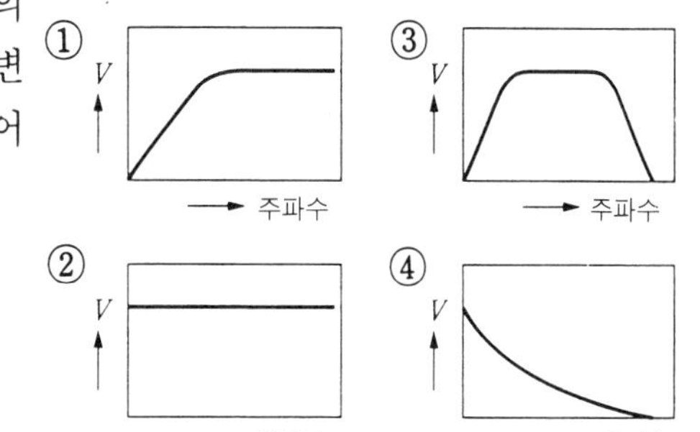

【문 13】 그림 10과 같은 증폭회로에 고장이 발생하여 각 부의 전압이 다음과 같이 되었다. 고장 원인은 ①~⑤ 중 어느 것인가?

- 컬렉터 전압 0.9V(정상시 14V)
- 베이스 전압 1.4V(정상시 0.9V)
- 이미터 전압 0.7V(정상시 0.3V)

① R_1의 단선 ② R_2의 단선
③ R_3의 단선 ④ R_4의 단선
⑤ C_2의 쇼트

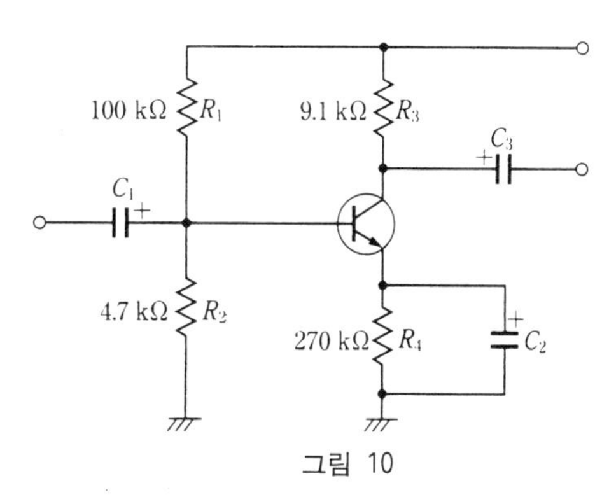

그림 10

【문 14】 그림 11은 3웨이 스피커 시스템의 6dB/oct 분할회로이다.
스쿼커는 ①~③의 어디에 접속하면 되는가?

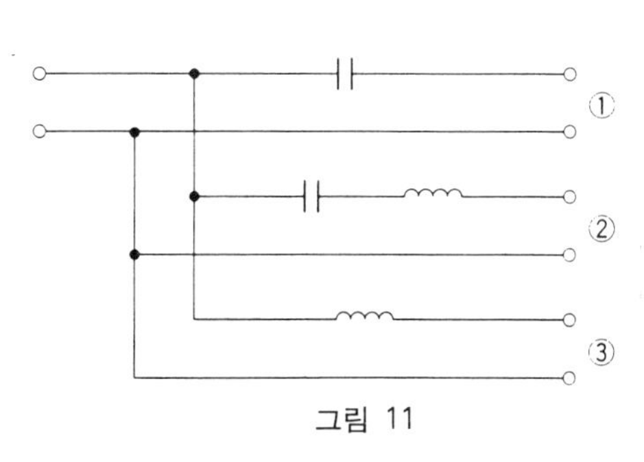

그림 11

【문 15】 FM 안테나를 설치하는 경우 안테나의 방향으로서 올바른 것은 그림 12 중 어느 것인가?

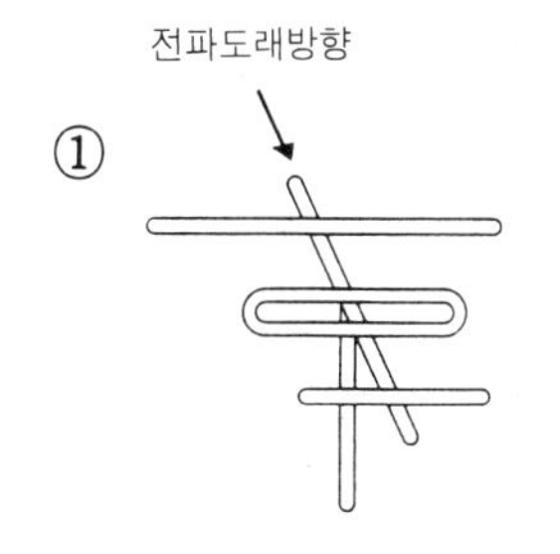

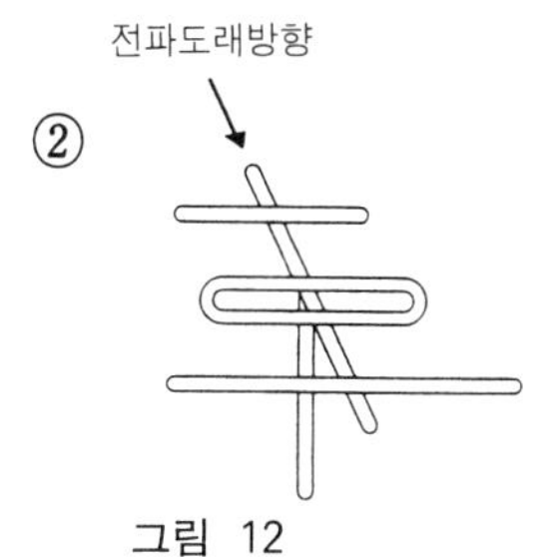

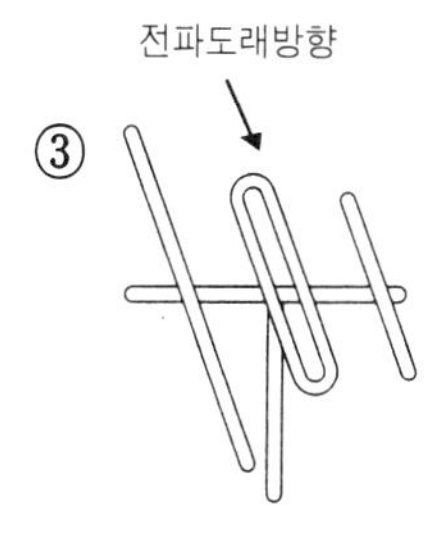

그림 12

【문 16】 그림 13과 같이 트랜지스터의 전극 간 저항을 측정했을 때에 측정 A, B의 지시값에 큰 차이가 없는 것은 어느 것인가?

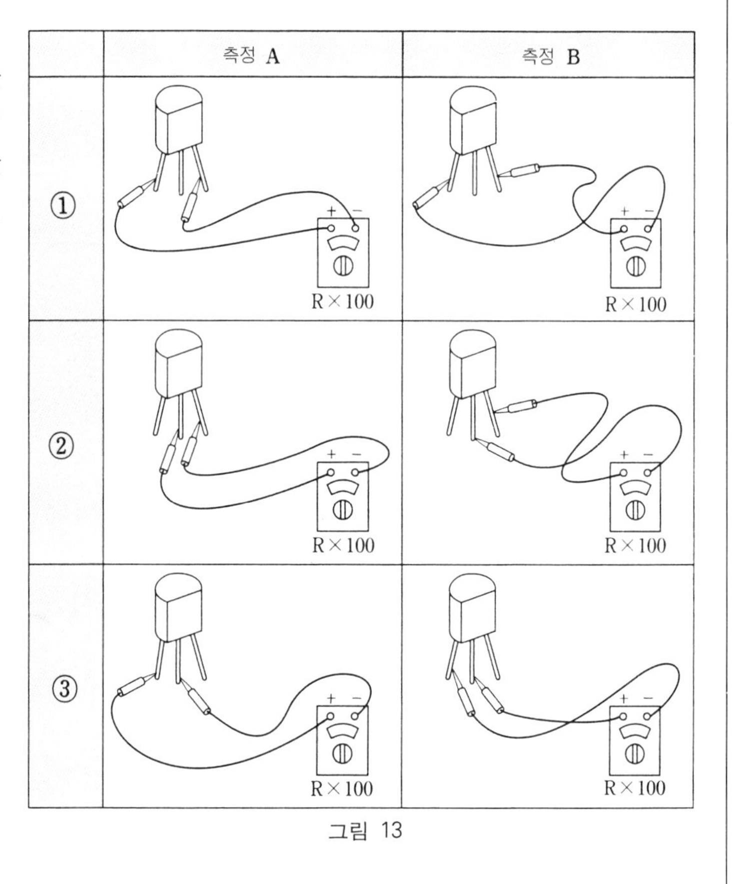

그림 13

해 답 ◇

• 필기에 관한 문제

문 1-③ 문 2-④ 문 3-③ 문 4-④
문 5-① 문 6-③ 문 7-①
문 8 (1)-③ (2)-④ (3)-①
문 9 ① 고주파 증폭회로
② 중간주파 증폭회로
③ 저주파 증폭회로
문 10 C_1-② C_2-④ C_3-①
문 11-③ 문 12-② 문 13-③
문 14-④ 문 15-①
문 16 ㉠-② ㉡-① 문 17-① 문 18-①
문 19-④ 문 20-③ 문 21-④ 문22-③

• 실기에 관한 문제

문 1-③ 문 2-① 문 3-⑤ 문 4-⑤
문 5-② 문 6-③ 문 7-③
문 8-③ 문 9-③ 문 10-④
문 11-② 문 12-① 문 13-②
문 14-② 문 15-② 문 16-③

찾아보기

(ㅊ)

영 문

BM 성안당

PLC 제어기술

김원회, 김준식, 남대훈 지음 | 4 · 6판형 | 320쪽 | 18,000원

NCS를 완벽 적용한 알기 쉬운 PLC 제어기술의 기본서!!

이 책에서는 학습 모듈 10의 PLC 제어 기본 모듈 프로그램 개발과 학습 모듈 12의 PLC제어 프로그램 테스트를 NCS의 학습체계에 맞춰 구성하여 NCS 적용 PLC 교육에 활용토록 집필하였다. 또한 능력단위 정의와 학습체계, 학습목표를 미리 제시하여 체계적인 학습을 할 수 있도록 하였으며 그림과 표로 이론을 쉽게 설명하여 학습에 대한 이해도를 높였다.

알기쉬운 **메카트로 공유압 PLC 제어**

니카니시 코지 외 지음 | 월간 자동화기술 편집부 옮김 | 4·6판형 | 336쪽 | 20,000원

공유압 기술의 통합 해설서!

이 책은 공 · 유압 기기편, 시퀀스 제어편 그리고 회로편으로 공 · 유압 기술의 통합해설서를 목표로 하고 있다. 공 · 유압 기기의 역할, 특징, 구조, 선정, 이용상의 주의 그리고 특히 공 · 유압 시스템의 설계나 회로상의 주의점 등을 담아 실무에 도움이 되도록 구성하였다.

시퀀스 제어에서 PLC 제어까지 **PLC 제어기술**

지일구 지음 | 4 · 6판형 | 456쪽 | 15,000원

시퀀스 제어에서 PLC 제어까지 알기 쉽게 설명한 참고서!!

이 책은 시퀀스 회로 설계를 중심으로 유접점 시퀀스와 무접점 시퀀스 제어를 나누어 설명하였다. 상황 요구 조건 변화에 능동적으로 대처할 수 있도록 PLC를 중심으로 개요, 구성, 프로그램 작성, 선정과 취급, 설치 보수, 프로그램 예에 대하여 설명하였다. 또한 PLC 사용 설명, LOADER 조작 방법, 응용 프로그램을 알기 쉽게 설명하였다.

BM 성안당
www.cyber.co.kr
04032 서울시 마포구 양화로 127 첨단빌딩 3층(출판기획 R&D센터) TEL_02.3142.0036
10881 경기도 파주시 문발로 112 출판문화정보산업단지(제작 및 물류) TEL_도서:031.950.6300 | 동영상:031.950.633

초보자를 위한
전자기초 입문

1998. 4. 18. 초 판 1쇄 발행
2023. 1. 4. 초 판 7쇄 발행

지은이 | 이와모토 히로시(岩本 洋)
옮긴이 | 이영실
펴낸곳 | BM (주)도서출판 성안당
주소 | 04032 서울시 마포구 양화로 127 첨단빌딩 3층(출판기획 R&D 센터)
10881 경기도 파주시 문발로 112 파주 출판 문화도시(제작 및 물류)
전화 | 02) 3142-0036
031) 950-6300
팩스 | 031) 955-0510
등록 | 1973. 2. 1. 제406-2005-000046호
출판사 홈페이지 | **www.cyber.co.kr**
ISBN | 978-89-315-3282-1 (13560)
정가 | 23,000원

이 책을 만든 사람들
책임 | 최옥현
진행 | 박경희
교정·교열 | 이태원
전산편집 | 김인환
표지 디자인 | 박현정
홍보 | 김계향, 이보람, 유미나, 이준영
국제부 | 이선민, 조혜란, 권수경
마케팅 | 구본철, 차정욱, 오영일, 나진호, 강호묵
마케팅 지원 | 장상범, 박지연
제작 | 김유석

■ **도서 A/S 안내**

성안당에서 발행하는 모든 도서는 저자와 출판사, 그리고 독자가 함께 만들어 나갑니다.
좋은 책을 펴내기 위해 많은 노력을 기울이고 있습니다. 혹시라도 내용상의 오류나 오탈자 등이 발견되면 **"좋은 책은 나라의 보배"**로서 우리 모두가 함께 만들어 간다는 마음으로 연락주시기 바랍니다. 수정 보완하여 더 나은 책이 되도록 최선을 다하겠습니다.
성안당은 늘 독자 여러분들의 소중한 의견을 기다리고 있습니다. 좋은 의견을 보내주시는 분께는 성안당 쇼핑몰의 포인트(3,000포인트)를 적립해 드립니다.

잘못 만들어진 책이나 부록 등이 파손된 경우에는 교환해 드립니다.